CNC 綜合切削中心機 程式設計與應用

沈金旺　編著

全華圖書股份有限公司

自 序

本書的順利出版，筆者有三點感謝與一點期盼：

    ◇感謝全華科技圖書公司給我機會。

    ◇感謝台南職訓中心給我成長。

    ◇感謝幕後協助的朋友、全華圖書編輯團隊及家人。

期盼本書的出版，能給讀者在CNC綜合切削中心機領域有所精進。

沈金旺

編輯部序

　　「系統編輯」是我們的編輯方針，我們所提供給您的，絕不只是一本書，而是關於這門學問的所有知識，它們由淺入深，循序漸進。

　　我國的工業已達到自動化的階段，而在大量採用電腦數值控制機械的情況下相繼也需要大量的專業人才投入，因此人才的培養就顯得很重要。我們基於促進工業發展與加強人才專業素質為理念，特此請來台南職業訓練中心的沈金旺老師執筆，以作者豐富的教學與實務經驗撰寫此書，加強圖文解說的鋪陳，並例舉範例供讀者練習，相信能提供讀者豐富的學習內容與正確的學習方向。

　　同時，為了使您能有系統且循序漸進研習相關方面的叢書，我們以流程圖方式，列出各有關圖書的閱讀順序，以減少您研習此門學問的摸索時間，並能對這門學問有完整的知識。若您在這方面有任何問題，歡迎來函連繫，我們將竭誠為您服務。

相關叢書介紹

書號：04G08106
書名：數值控制機械實習全一冊
　　　(附工作單)
編著：陳進郎、陳正瑄
菊 8/276 頁/基價 10 元

書號：0245509
書名：CNC 車床程式設計實務與檢定
　　　(第十版)
編著：梁順國
16K/480 頁/560 元

書號：0320903
書名：CNC 綜合切削中心機程
　　　式設計(第四版)
編著：傅能展
16K/368 頁/400 元

書號：0630202
書名：乙級銑床－ CNC 銑床學
　　　術科題庫解析(2021 最新
　　　版)
編著：楊振治、陳肇權、
　　　陳世斌
菊 8/576 頁/680 元

書號：0635501
書名：乙級車床－ CNC 車床項
　　　技能檢定學術科題庫解
　　　析(2019 最新版)
編著：楊振治、陳世斌
菊 8/320 頁/490 元

◎上列書價若有變動，請
　以最新定價為準。

流程圖

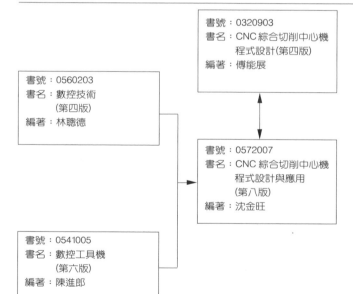

書號：0560203
書名：數控技術
　　　(第四版)
編著：林聰德

書號：0320903
書名：CNC 綜合切削中心機
　　　程式設計(第四版)
編著：傅能展

書號：0572007
書名：CNC 綜合切削中心機
　　　程式設計與應用
　　　(第八版)
編著：沈金旺

書號：0541005
書名：數控工具機
　　　(第六版)
編著：陳進郎

目 錄

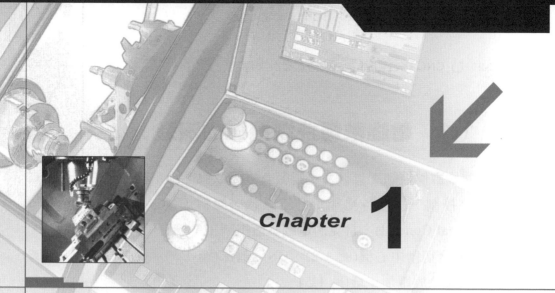

Chapter 1

CNC Program Design & Applicate

電腦數值控制機械概述

▶ 1.1 電腦數值控制機械的演進

電腦數值控制工具機乃是指裝有電腦數值控制系統，藉由數值程式資料來控制、執行各種加工的工具機，簡稱 CNC 工具機(Computer Numerical Control)。常見的電腦數值控制工具機有CNC車床(圖1.1)、CNC 綜合切削中心機(圖 1.2)、CNC 磨床(圖 1.3)、CNC 線切割機(圖 1.4)、CNC 放電加工機(圖 1.5)。

電腦數值控制技術自1950年代初期萌芽至今，已有甚長一段時間，在二十一世紀的今天，金屬工業能夠蓬勃發展，電腦數值控制機械扮演著相當重要的角色。我國電腦數值控制技術的發展大部份依藉著日本，尤以日本FANUC公司所生產的各型CNC控制系統，廣爲國人所採用。目前市面上常見的 FANUC 控制器有 FANUC 0i/16i/18i/21i 等機型，而 FANUC 30i/31i/32i 等機型最近亦將引入國內。除此之外，日本三菱(MITSUBISH)、歐洲系統之海德漢(HEIDENHAIN)、西門子(SIEMENS)等控制器亦漸爲國人所採用。圖1.6爲各廠牌之控制器。

圖 1.1　CNC 車床

圖 1.2 CNC 綜合切削中心機

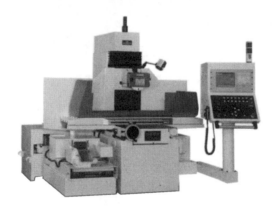

圖 1.3 CNC 磨床

圖 1.4 CNC 線切割機

圖 1.5　CNC 放電加工機

電腦控制器(CNC CONTROLLER)

FANUC	HEIDENHAIN	MITSUBISHI	SIEMENS

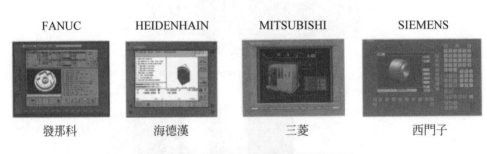

發那科	海德漢	三菱	西門子

圖 1.6　國人常用之各廠牌 CNC 控制器

　　電腦數值控制技術的發展與半導體技術有著直接的關連，最早期的 NC 控制器是由單晶體與二極體所組成，因為是由特製的硬體組件所組成，性能也因此受到很多的限制。近年來由於半導體技術與數位式伺服馬達的使用，控制器的功能也受惠於電腦技術的進步而大大的提升了。

　　爲了迎接 IT 時代(Information Technology：資訊科技產業)的來臨，目前FANUC i-Mode系列產品均有Ethernet Interface(網卡介面)，使其可以與上位電腦系統來作連結，從事遠端的診斷、監視、資料傳輸等工作，以求達到IT化。

　　電腦數值控制系統的IT化，以下的機能可以實現：

1.　藉由PCMCIA介面作DNC運轉(Direct Numerical Control直接數值控制，直接數值控制是以一部主電腦控制數部 CNC 工具機之運轉)

　　　藉由 PCMCIA 插槽(Personal Computer Memory Card International Association)，透過PCMCIA卡筆記型電腦才眞正能作到移動辦公室的境界。目前市面上的 PCMCIA 卡有數據卡(Fax/Modem Card)、網路卡(LAN Card)、記憶卡(Memory Card)、硬碟卡(PCMCIA Hard Disk Drive Card)等，透過PCMCIA標準的一致化，使得筆記型電腦不需要再增加不同的插槽以因應使用者的需要，利用ATA(Advanced Technology Attachment，ATA是指硬碟與電腦連接的介面規格)快閃記憶卡(圖 1.7)來做DNC運轉，透過 ATA 快閃記憶卡做資料讀寫，此記憶卡通常在一般電腦上也可以執行，不需再額外追加硬體。

2.　Data Server 機能

　　　追加大容量記憶卡的 Ethernet 機板(圖 1.8)，使下列工作變的更容易。

⑴　模具等很長的加工程式可以利用 Data Server 機能執行高速傳送，保存。

⑵　可從NC，PC雙向來傳送、參考、刪除資料。

⑶　可直接呼叫 Data Server 內部的加工程式來高速加工運轉。

PCMCIA 插槽

固定架

ATA 快閃記憶卡

圖 1.7　PCMCIA 插槽與 ATA 快閃記憶體

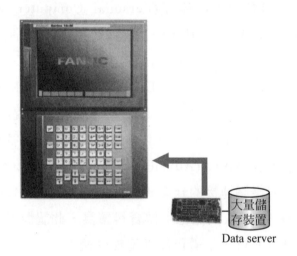
大量儲存裝置

Data server

圖 1.8　Data Server

3.　機械遠端診斷，支援機械的遠端維護

(1)　很容易由工具機廠商來作機械的遠端診斷。

(2)　迅速解決問題，提升服務效率。

　　遠端監控的技術(圖 1.9)，主要是將所有工廠內之CNC機械、週邊設備等裝置均納入系統內統一於監控室作管理。若機械或週邊設備故障時可立即看到，並可了解機械有何種ALARM產生，在監控室之內即可作即時對應。現在之遠端監控不是以前所使用廠內CABLE方式，而是經過Internet的方式來執行監控。

遠端監控方式若完成後，於服務上不須人員在現場即可以開始服務之作業、確認與診斷之工作，所以人員的出差次數可以減少，相對的效率可以提昇，使得客戶可以減少停機待修時間，工具機業者與使用者都可以得到成本降低的效用。

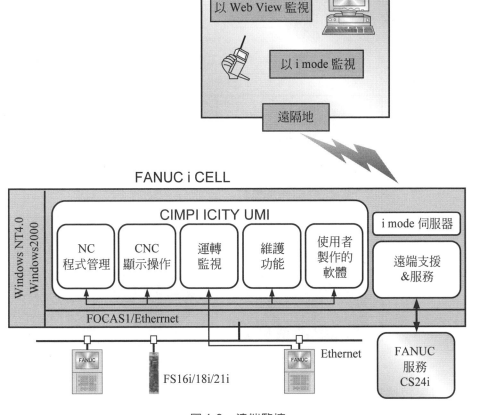

圖 1.9　遠端監控

▶ 1.2　電腦數值控制機械加工流程與經濟性

　　圖 1.10 即 CNC 加工流程圖，首先技術人員依工作圖，決定工件夾持方式與加工所需刀具，製作加工程式，然後將加工程式輸入數值控制系統中，經由數控資料處理器將加工程式轉成指令脈衝，控制伺服驅動系統，指令 CNC 機具執行加工製出成品(圖 1.11)。

| 工作圖 | CNC 加工程式 | 輸入介面 | CNC 控制系統 | CNC 伺服系統 | CNC 工具機 | 加工成品 |

圖 1.10　NC 加工流程圖

圖 1.11　各種 CNC 加工成品

　　電腦數值控制機械在程式輸入完成，執行加工前一般需經程式預演與試切削之演練，用以修正錯誤的程式點與各項補正值，程式經修正完成後即可正式從事生產加工。

　　傳統機械的生產加工有賴於熟練工作人員之操作，但以人力來控制機具，不但生產速度慢且容易產生誤差，無法穫得低成本、高良率、高速度的生產。但利用電腦數值控制機械來生產則無此限制，它可依照客戶之要求，完成各種高精度且複雜的製品。產能具有很大的彈性，可成批生產，亦可零星加工，適於汽車、航太、電腦、半導體、精密模具等高科技產業。利用電腦數值控制機械來生產具有以下的優點：

1. 減少技術人員的數量、縮短加工時間降低生產成本。

2. 可用最適當的加工條件、降低不良率並提高生產量。

3. 生產彈性化，保留加工程式，可隨時生產所需產品。

4. 產品均質化，產品不受工作人員人為因素干擾。

5. 生產計畫合理化，降低庫存，減少呆料。

▶ 1.3　電腦數值控制機械之未來發展

　　電腦數值控制機械是否大量被採用，它不僅代表科技產業的強弱，更代表產品品質的等級。在近代產業結構的改變中，各國均致力於自動化與省力化的發展。電腦數值控制機械未來發展的主要項目大致可歸納如下：

1. 生產監控 IT 化：結合網際網路與電腦數值控制系統，使其可以與 PC 電腦連結作遠端的診斷、監視、資料傳輸等工作，以求達到 IT 化。

2. 設計生產 CAD/CAM 化：電腦輔助設計與製造(Computer Aided Design/Manufacturing)簡稱 CAD/CAM，是指利用電腦來從事分析、模擬、設計、繪圖並擬定生產計劃、製造程序、控制生產過程，也就是從設計到加工生產，全部借重電腦的助力，因此 CAD/CAM 是自動化的重要中樞，影響工業生產力與品質。圖 1.12 利用 CAD/CAM 來設計製造手機蓋。

3.　製造彈性系統化(FMS)：彈性製造系統(Flexible Manufacturing System)簡稱 FMS，就是利用電腦來安排機械自動加工、自動替換模夾具、刀具、工件等。彈性製造系統最大的特色，在於更換產品形態生產時，只需要電腦軟體程式修正，而無須更換機械設備。因此彈性製造系統能適應產品市場的快速變化，從事多樣少量的生產，以滿足市場的需求。

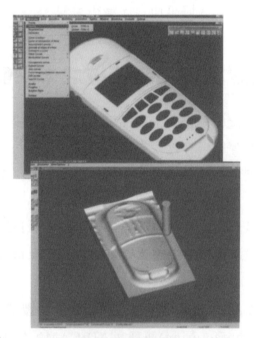

圖 1.12　CAD/CAM 電腦輔助設計／製造

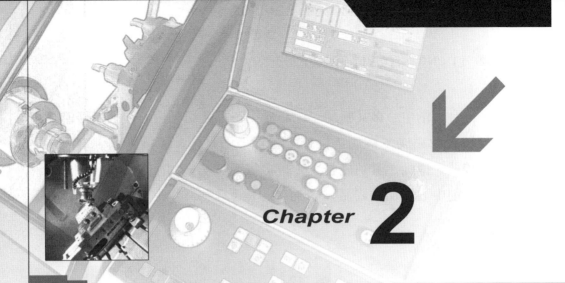

Chapter **2**

CNC Program Design & Applicate

綜合切削中心機及其構成

　　綜合切削中心機又稱加工中心機，在綜合切削中心機上工件僅需一次安裝就能完成多樣加工操作，如：平面銑削、溝槽銑削、鑽孔、攻牙、鉸孔、搪孔。其功能強大，是機械產業必備的生產機具。圖 2.1 為綜合切削中心機加工成品。

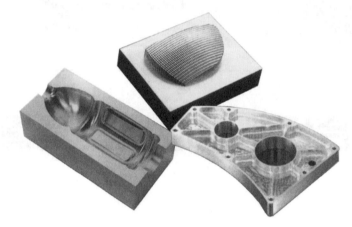

圖 2.1　綜合切削中心機加工成品

▶ 2.1　綜合切削中心機之種類

　　由於各製造廠不斷的改良，綜合切削中心機之種類，在細部上差異甚大，但大體上可歸類如下：

一、立式綜合切削中心機

　　立式綜合切削中心機之主軸與床台成垂直，其驅動形式為 X、Y、Z 三線性軸，加工方向侷限 XY 平面，欲加工側面時須改變工件之夾持或利用橫向銑頭方能達成(圖 2.2)。

圖 2.2　90°與 45°橫向銑頭

圖 2.3　標準型立式綜合切削中心機

　　立式綜合切削中心機有標準型(圖 2.3)及門型(圖 2.4)兩種，其中標準型又分為定柱型立式綜合切削中心機(圖 2.5)與全動柱型立式綜合切削中心機(圖2.6)。在立式綜合切削中心機的床台上安裝NC回轉工作台(圖2.7、圖2.8)可從事分度及螺旋槽之加工。

圖2.4　門型立式綜合切削中心機

圖2.5　定柱型立式綜合切削中心機

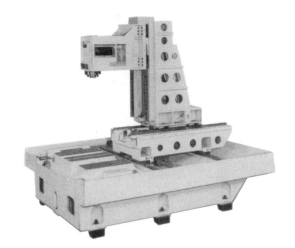

圖 2.6 全動柱型立式綜合切削中心機

圖 2.7 NC 回轉工作台

圖 2.8　五軸 NC 回轉工作台

　　圖 2.9 為 5 軸立式綜合切削中心機，其驅動形式為 X、Y、Z 三線性軸及二旋轉軸共五軸、二旋轉軸其型式有頭部旋轉型(圖 2.10)(圖 2.11)、工作台旋轉型(圖 2.12)(圖 2.13)與混合型(圖 2.14)。

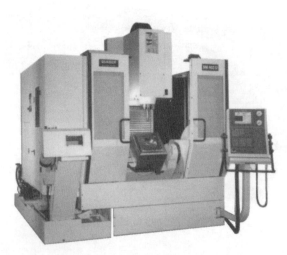

圖 2.9　5 軸立式綜合切削中心機

圖 2.10　頭部旋轉型 5 軸綜合切削中心機

圖 2.11　頭部旋轉示意圖

圖 2.12　工作台旋轉型 5 軸綜合切削中心機

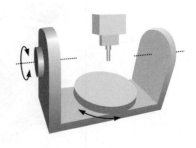

圖 2.13　工作台旋轉示意圖

5 軸切削中心機在傾斜面加工時，可指定一傾斜面為一個加工面(X、Y)並下達程式在此平面上，加工動作可以自動轉換到此傾斜面上，旋轉軸的動作可以自動控制以垂直於傾斜面，利用此機能可以很容易地在傾斜面上製作加工程式。

圖2.14　混合型示意圖

二、臥式綜合切削中心機

臥式綜合切削中心機(圖2.15)之主軸與床台平行，用以加工工件側邊面，其驅動形為X、Y、Z三線性軸外，常附加一旋轉台(圖2.16)，方便於工件分度與任意側邊的加工。圖2.17為附交換拖板的臥式綜合切削中心機。

圖2.15　臥式切削中心機

圖 2.16　臥式切削中心機旋轉台

圖 2.17　附交換拖板的臥式綜合切削中心機

三、五面綜合切削中心機

　　五面綜合切削中心機上(圖 2.18)，工作僅需一次安裝即可完成所有可加工面之加工，常用於大型工件複雜外形之加工，功能強大並可節省變換加工面之程序與時間。

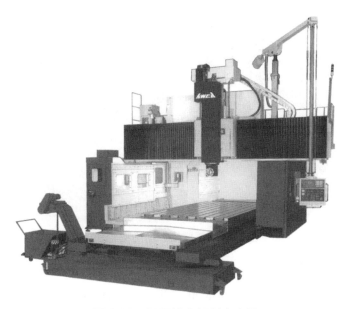

圖 2.18　五面綜合切削中心機

四、車銑複合切削機

　　一般綜合切削中心機之設計觀念均源於立式銑床或臥式搪床，但車銑複合切削機(圖2.19)則結合了銑床與車床之設計觀念(圖2.20)，使具

圖 2.19　車銑複合切削機

圖 2.20 車銑複合切削機刀台

有鍵槽或多邊形的圓形車削件，在不需變換機械、變更夾持的情況下即可完成所有加工(圖 2.21)。亦即車銑複合切削機兼具有車削加工與銑削加工之機能(圖 2.22)。

圖 2.21 車銑複合切削機加工成品

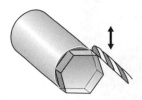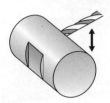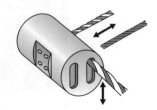

圖 2.22 車銑複合切削機加工示意圖

▶ 2.2 綜合切削中心機之構成與各部名稱

綜合切削中心機之構成可分為機械本體、數控系統、驅動系統、量測系統、潤滑系統、空壓裝置與切屑排除裝置等七大部份。其各部名稱如圖2.23、2.24所示。

一、機械本體

綜合切削中心機之機械本體包含頭部、主軸、立柱、底座、鞍座、工作台、ATC自動刀具交換裝置與拖板交換裝置等部份。

1. 頭部

頭部(圖2.25)是在立柱前面,裝配在角形滑道上,以平衡配重塊使頭部上下(Z軸)滑動順暢。主軸採用無碳刷AC伺服馬達驅動,並由高精度的軸承構成。頭部的結構有純電氣式主軸定位裝置、主軸中裝有刀柄夾持裝置與風吹裝置,風吹裝置用於吹除主軸及刀柄切粉的附著,這些裝置以簡單的設計構造來執行確實的動作。

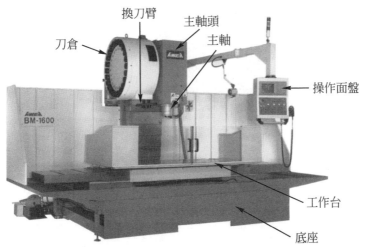

圖2.23 立式切削中心機各部名稱

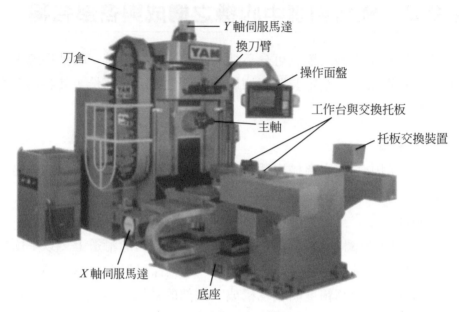

圖 2.24 臥式切削中心機各部名稱

圖 2.25 頭部

2. 主軸

　　主軸由高精度的軸承構成(圖 2.26)，利用 AC 伺服馬達驅動 (圖 2.27)，依伺服馬達與主軸之聯結方式有：皮帶式精密主軸(圖 2.28)、直結式主軸(圖 2.29)、內藏式主軸(圖 2.30)等型式，直結 式主軸與內藏式主軸具有可靠的高回轉精度與低噪音。為降低主 軸在高速回轉下的熱變形，確保主軸使用壽命可選配主軸冷卻機 (圖 2.31)以有效控制主軸溫升，提高加工精度。

圖 2.26　主軸與軸承

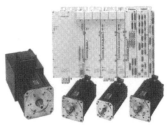

圖 2.27　主軸用 AC 伺服馬達

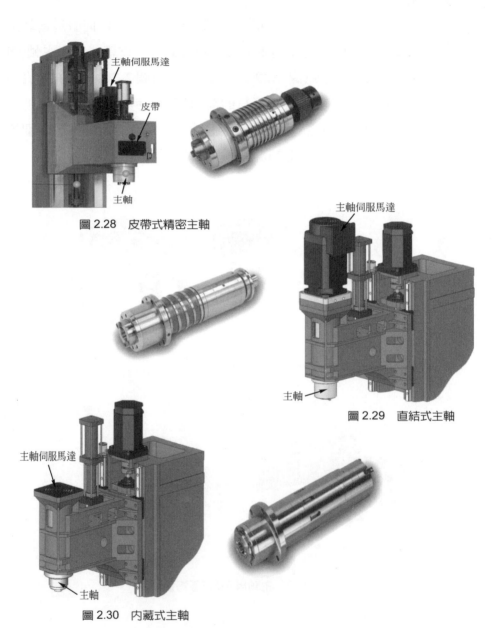

主軸伺服馬達

皮帶

主軸

圖 2.28　皮帶式精密主軸

主軸伺服馬達

主軸

圖 2.29　直結式主軸

主軸伺服馬達

主軸

圖 2.30　內藏式主軸

圖 2.31　主軸冷卻機

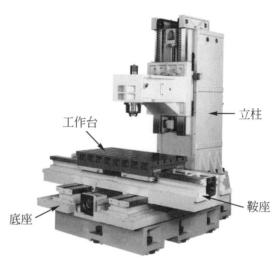

圖 2.32　主柱、底座、鞍座、工作台

3.　立柱

　　　　立柱(圖 2.32)是放在底座上方以螺栓固定，設計上充份考慮高剛性的獲得。頭部上下運動的滑道面是角形構造經表面熱處理研磨並貼附樹脂。為了使頭部上下運動滑順，在立柱中央配置平衡配重塊，立柱上部是 Z 軸進給馬達。

4.　底座

　　　　底座支持機械全體，下面是機械安裝的水平調整螺栓，上方是立柱，兩側是前後運動的滑道部，內裝前後進給馬達。如此配置確保底座、立柱、Y軸的結合，是機械精度、各種機能的支持基礎。設計上充份考慮機械剛性、切屑、切削油、潤滑油等排除、回收容易。

5. 鞍座

　　　　鞍座裝置在底座兩側的滑軌上，作前後運動，底部有滑道油管配置，上面兩側是左右運動的滑軌部，中央用於容納滾珠螺桿，設計上充分考慮剛性。

6. 工作台

　　　　工作台裝置在鞍座兩側的滑軌上，作左右運動。有數條T型槽，便於加工件及治具的安裝。床台周圍二側有切屑、切削油之排出溝槽，用於切屑、切削油之排出。

7. ATC自動刀具交換裝置

　　　　自動刀具交換裝置(Automatic Tool Changer)簡稱 ATC(圖2.33)，ATC 是綜合切削中心機在加工的過程中，負責刀具交換的重責大任，要是沒有ATC，那更換刀具的工作將是非常辛苦且危險的差事，因此 ATC 是綜合切削中心機的一大特色，它由刀倉與換刀臂兩大部份所組成。

圖2.33　ATC自動刀具交換裝置

(1) 刀倉：用於儲存刀具，並將指定的刀具移至換刀準備位置。依其型式有轉塔式刀倉(圖2.34)、斗笠式刀倉(圖2.35)、刀臂式刀倉(圖2.36)，其中斗笠式刀倉又稱為日內瓦式刀倉，而刀臂式刀倉又可分為圓盤凸輪式刀倉(圖2.37)、與鏈條凸輪式刀倉

(圖2.38)。刀具容量轉塔式刀倉約爲6～8支，斗笠式刀倉約爲
10～30支，刀臂式刀倉一般在20支以上。

圖2.34 轉塔式刀倉

圖2.35 斗笠式刀倉

圖2.36 刀臂式刀倉

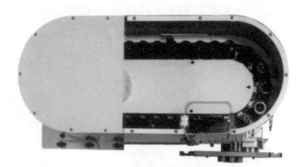

圖 2.37　圓盤凸輪式刀倉　　　　　圖 2.38　鏈條凸輪式刀倉

(2)　換刀臂：一般以凸輪機構作動方式交換心軸與刀倉中之刀具，
圖 2.39 為換刀臂換刀情形。

圖 2.39　換刀臂換刀情形

　　ATC 之換刀依有無換刀臂，可分為有臂式換刀與無臂式換
刀兩種，一般而言轉塔式刀倉與斗笠式刀倉均為無臂式換刀、
刀臂式刀倉為有臂式換刀。圖 2.40 為有臂式換刀之順序，圖
2.41 為無臂式換刀之順序。

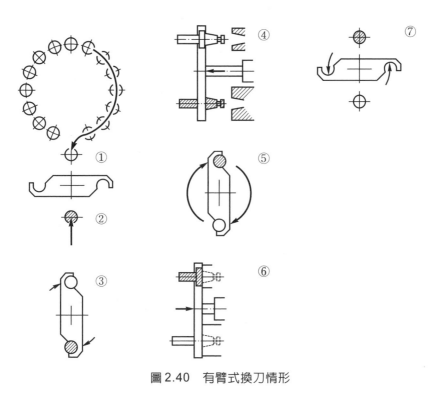

圖 2.40　有臂式換刀情形

圖 2.41　無臂式換刀情形

有臂式換刀之順序：

① 以T指令設定欲使用之刀具，使該刀具移至換刀準備位置，等待交換，此動作常在前一刀具仍在加工的期間進行，以節省換刀時間。

② 主軸上提完成加工之刀具來到換刀位置。

③ 刀具交換臂順時針方向旋轉90°，並握持雙方刀具。

④ 刀具交換臂前伸，使刀具脫離刀套及心軸。

⑤ 刀具交換臂迴臂180°，將雙方刀具互換。

⑥ 刀具交換臂後縮，使刀具裝於刀套及心軸中。

⑦ 刀具交換臂反時針方向旋轉90°，回復原來狀態。

8. 拖板交換裝置

拖板交換裝置(Pallet Changer)(圖2.42)是綜合切削中心機達成無人化、自動化必備之設備，綜合切削中心機若無拖板交換裝置，則裝卸工件均須停止機械運轉，造成時間上、產量上的浪費，為改進此種缺點，有賴於拖板交換裝置的被採用。

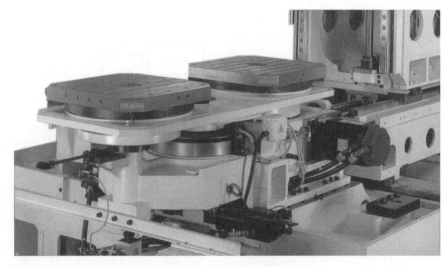

圖 2.42　交換拖板裝置

二、數控系統

　　數控系統(圖2.43)是綜合切削中心機的大腦,操作人員藉由操作面盤或週邊設備與數控系統進行資料之輸出輸入。現今 CNC 工具機之數控系統均具有開放式架構,可連結網路,並具有 NURBS 非線性曲面切削功能,使加工速度及表面精度大幅提升。

　　拜電子業的進步,目前的控制器比以往的更輕薄短小、但容量更大、可靠性更高,而 LCD 液晶螢幕已普遍應用於操作面盤之顯示器,使圖形模擬更清晰漂亮,而手提式輔助控制器之使用使操作人員工作更便捷(圖2.44)。

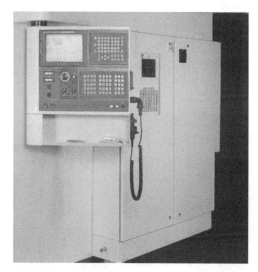

圖2.43　數控系統

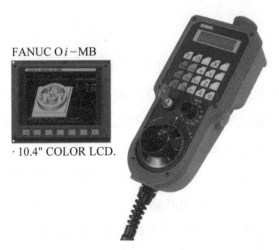

FANUC O*i*−MB

· 10.4" COLOR LCD.

圖 2.44 彩色 LCD 液晶螢幕與手提式輔助控制器

目前國人常用之數控系統廠牌有日本 FANUC 控制器(圖 2.45)、日本三菱MITSUBISHI控制器(圖 2.46)、而歐洲系統之海德漢HEIDENHAIN (圖 2.47)、西門子SIEMENS(圖 2.48)等控制器亦漸為國人所採用。

圖 2.45 FANUC 控制器

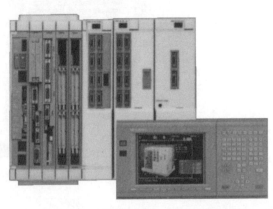

圖 2.46 三菱 MiTSUBiSHI 控制器

■Siemens 840d
　伺服控制系統

圖2.47　海德漢 HEIDEN HAIN 控制器　　　圖2.48　西門子 SIEMENS 控制器

三、驅動系統

　　驅動系統即進給機構，由進給伺服馬達、滾珠螺桿、直線導引機構
等三大部份所組成。分述如下：

1.　進給伺服馬達

　　　　數控機械使用的 AC 進給伺服馬達(AC Servo Motor)異於一
般的馬達，它具有獨特的轉矩與優異的加減速特性，能提供低轉

圖2.49　進給 AC 伺服馬達

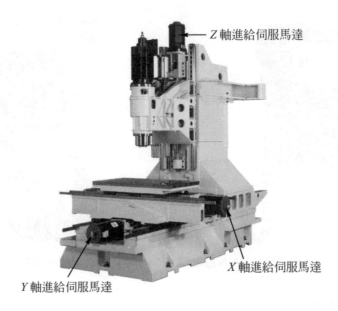

Z 軸進給伺服馬達

X 軸進給伺服馬達

Y 軸進給伺服馬達

圖 2.50 各軸向進給伺服馬達

速切削與高轉速位移的不同需求,以便於精準的控制工作台的各種切削進給與快速定位(圖 2.49),(圖 2.50)。

2. 滾珠螺桿

綜合切削中心機 X、Y、Z 軸向的定位是利用滾珠螺桿(Ball Screw)(圖 2.51)將進給伺服馬達的旋轉運動轉換成直線運動。由於滾珠螺桿的被利用,提高了數控機械的定位精度。與一般導螺桿比較,滾珠螺桿為使數控機械達成 μ 的定位精度,其齒隙必須為零。為達此目的,螺桿與螺帽間必須施與前置預壓組合,如圖 2.52 所示。預壓組合之功能類似防鬆用螺帽,對雙螺帽施加壓力時,螺帽間因摩擦力而不能動,但滾珠螺桿承受高預壓後仍可旋轉。圖 2.53 為進給伺服馬達與滾珠螺桿之組合情形。

圖 2.51 滾球螺桿

圖 2.52 雙螺帽單凸緣預壓螺桿

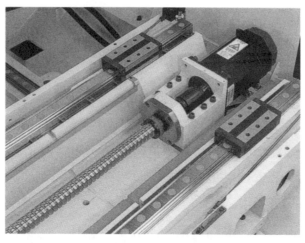

圖 2.53 進給伺服馬達與滾球螺桿之組合之情形

　　　　滾珠螺桿由螺桿、螺帽、回流管、鋼珠等所組成，如圖 2.54
所示。滾珠螺桿比傳統的螺桿具有以下的優點：

(1)　低摩擦

(2)　無阻滑情形

(3)　高定位精度

(4)　較高的移動速率

(5)　使用壽命長

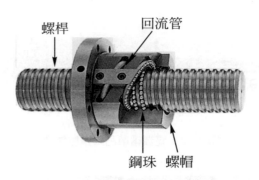

螺桿　　　　　　　回流管

鋼珠　螺帽

圖 2.54　滾球螺桿之內部構造

3.　直線導引機構

　　　　由於綜合切削中心機加工時需承受重切削與高速度的位移運
動，過去傳統工具機所採用的靜壓滑動接觸，因摩擦係數太大，
易產生附著滑動現象。為了改善此項缺失，目前均在導引接觸面
上使用線性滑軌(圖 2.55)，以確保高速進給之精度。圖 2.56 為線
性滑軌安裝於滑動面之情形。

四、量測系統

　　數控工具機位移精度的達成，除藉助於精確的進給伺服馬達與零間
隙的滾珠螺桿外，有賴於位置檢出器的使用。切削中心機上常用的檢出
器有旋轉式光電檢出器與移動式光電檢出器兩種。

圖 2.55　線性滑軌

圖 2.56　線性滑軌安裝於滑動面之情形

1.　旋轉式光電檢出器

　　旋轉式光電檢出器是在一透明圓板上細分等分,將此圓板置於一光源與光源強度檢驗器之間,加以旋轉,光源檢驗器將因圓板的旋轉而輸出不同的信號,完成檢驗工作,如圖 2.57 所示。

　　旋轉式光電檢出器,因其表面不容污染,因此一般均裝置於馬達後方的心軸上,並加蓋保護,其連結方式如圖 2.58 所示。

圖 2.57 旋轉式光電檢出器

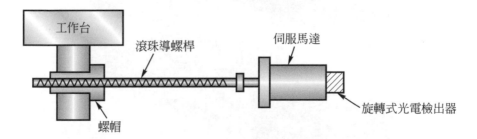

圖 2.58 旋轉式檢出器連結方式

2. 移動式光電檢出器

移動式光電檢出器(圖 2.59)與旋轉式類同。信號的產生是在長方形的玻璃板上，利用光干涉原理，產生明暗變化而輸出不同的波形，以完成位置檢測。

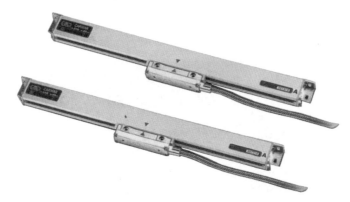

圖2.59　移動式光電檢出器

　　移動式光電檢出器由滑件與量尺構成，一方安裝於固定部，一方安裝於移動部，因此不管螺距發生誤差或有背隙產生，均能精確的檢測出位移量，其安裝方式如圖2.60所示。

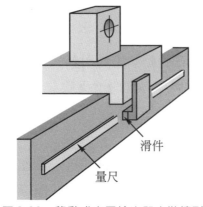

滑件

量尺

圖2.60　移動式光電檢出器安裝情形

五、潤滑系統

　　綜合切削中心機之潤滑一般採用中央潤滑系統脫壓式注油(圖2.61)，配合PLC程式控制注油時間，方便查看油表及油的添加，確保機台精度及壽命。

圖 2.61　注油器

六、空壓裝置

空壓裝置主要功能在於控制主軸刀具裝卸、ATC刀套的上下運動，ATC 儲刀倉的旋轉定位與主軸孔的清潔吹氣。

七、切屑排除裝置

綜合切削中心機在工作台與立柱間，一般配有螺旋式切屑排除裝置(圖 2.62)，搭配輸送帶，將切屑自動收集於推車上，方便於切屑的清除如圖 2.63 所示。

圖 2.62　螺旋式切屑輸送機

切屑輸送機

圖 2.63　切屑輸送帶與手推車

Chapter **3**

CNC Program Design & Applicate

綜合切削中心機切削刀具

▶ 3.1 刀把與拉栓

綜合切削中心機刀具裝卸原理，一般利用空壓裝置控制主軸中束仔之鬆緊，來達成夾持、鬆卸刀具(圖 3.1)。為能牢固夾持刀把，刀柄斜度值必須與主軸孔相符合，且拉栓規格必須與束仔相同，如此才能確保刀具夾持的精度。綜合切削中心機之刀把規格一般採用 BT40 與 BT50 兩種居多，其斜度值為NT7/24。圖 3.2 為各類型刀把、圖3.3為刀把各部尺寸。

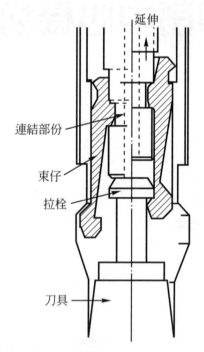

圖 3.1　刀把與主軸結合情形

圖 3.2　各類型刀把

刀　　柄：B. T. 50
拉緊螺栓：MAS 1 型

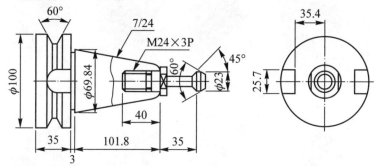

刀　　柄：B. T. 40
拉緊螺栓：MAS 1 型

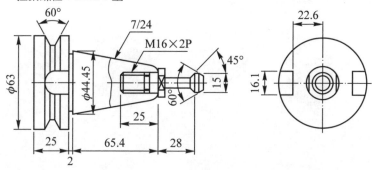

圖 3.3　刀把各部尺寸

　　拉栓(圖 3.4)係鎖於刀把上，以利主軸束仔拉緊刀把之零件，其形狀依廠商之不同各有差異，使用時須遵守機械製造廠商之規定，以免夾持不牢固，刀具鬆脫傷人。

圖 3.4 各型拉栓

▶ 3.2 各型切削刀具

1. 平面銑刀

平面銑刀為綜合切削中心機上銑削平面之利器，其刀體一般以工具鋼製成，再嵌以捨棄式碳化鎢刀片，常用型式有一般型平面銑刀(圖 3.5)與 R 角型平面銑刀(圖 3.6)。

圖 3.5 一般型平面銑刀

圖 3.6 尺角型平面銑刀

2.　端銑刀

　　　　端銑刀用於加工工件之凹槽或輪廓，依材質、刃數、刃形、
刀刃替換方式及用途之不同，有多種規格，使用時須依被切削材
料選用合適的端銑刀。

⑴　依材質來分：端銑刀依材質來分一般有高速鋼端銑刀(圖3.7)、
　　鍍鈦高速鋼端銑刀、鎢鋼端銑刀(圖3.8)、鍍鈦鎢鋼端銑刀。

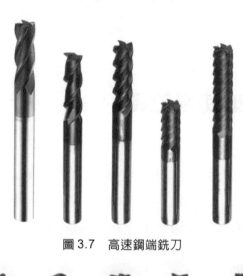

圖 3.7　高速鋼端銑刀

圖 3.8　鎢鋼端銑刀

(2) 依刃數來分：依刃數來分有二刃、三刃、四刃與多刃(圖3.9)。

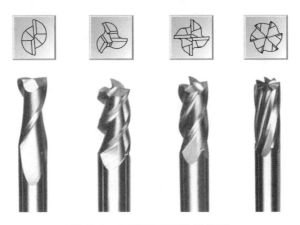

圖3.9　各種不同刃數端銑刀

(3) 依刃形來分：依刃形來分有尖角端銑刀(圖3.10)、R角端銑刀
(圖3.11)、球型端銑刀(圖3.12)。

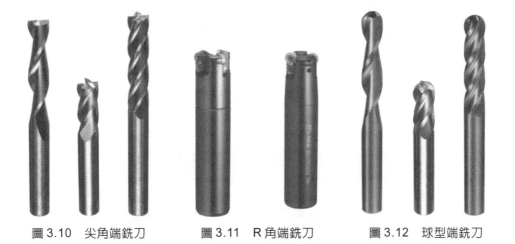

圖3.10　尖角端銑刀　　　　圖3.11　R角端銑刀　　　　圖3.12　球型端銑刀

(4) 依刀片替換方式來分：依刀片替換方式來分有一體式端銑刀、
捨棄式端銑刀(圖3.13)、刀頭替換式端銑刀(圖3.14)(圖3.15)。

圖 3.13 刀片捨棄式端銑刀

圖 3.14 替換式端銑刀刀頭   圖 3.15 替換式端銑刀刀桿

(5) 依用途來分：依用途來分有精切削用端銑刀、粗切削用端銑刀 (圖 3.16)。

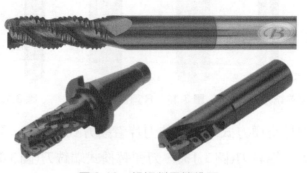

圖 3.16 粗切削用端銑刀

3. 鑽頭

　　鑽頭一般有高速鋼鑽頭、鎢鋼鑽頭(圖 3.17)、快速鑽頭(圖 3.18)及附油孔的深孔鑽頭(圖3.19)等，鑽柄有直柄與錐柄，以鑽夾或套筒安裝於主軸。進行大孔徑鑽孔加工時，應先以小徑鑽頭鑽導引孔，再以大徑鑽頭鑽削，為使導引孔位置正確，一般先以中心鑽或定位鑽頭(圖3.20)鑽一定位孔。

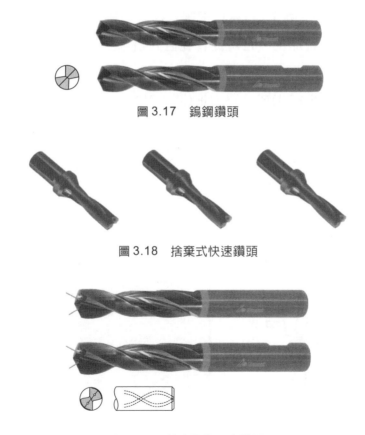

圖 3.17　鎢鋼鑽頭

圖 3.18　捨棄式快速鑽頭

圖 3.19　附油孔的深孔鑽頭

圖 3.20　中心鑽與定位鑽頭

圖 3.21　捨棄式鑽銑刀

　　鑽銑刀(圖 3.21)兼具鑽削及橫式切削功能，目前常被用來從事強勢鑽銑加工，它可從盲孔直式鑽削並橫式切削。

　　鑽深孔時，可選購主軸中心出水系統附件(圖 3.22)、(圖 3.23)、(圖 3.24)或油路刀把(圖 3.25)。主軸中心出水提供高壓冷卻效果，切削液由主軸中心通過，再由鑽頭鑽尖噴出，可直接冷卻工件與鑽刃，有效預防加工時鑽頭因熱能產生之磨耗並可快速排屑，適合需深孔加工的零件。

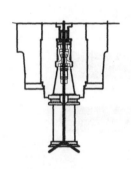

圖 3.22　主軸中心出水情形

圖 3.23　出水型拉栓

圖 3.24　中心出水大容量水箱

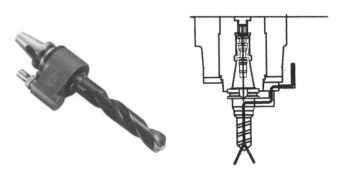

圖 3.25　油路刀把與出水情形

4.　螺絲攻

　　螺絲攻之切刃有直刃與螺旋刃型(圖 3.26)，螺旋刃型螺絲攻之刃溝具有引導切屑向後排出之功能，綜合切削中心機上一般利用螺旋刃型螺絲攻裝於可微量伸縮的攻牙器上實行攻牙(圖 3.27a)。

　　綜合切削中心機上加工大孔徑螺紋或圓柱螺紋一般採用螺紋切削指令，配合銑牙刀來銑出(圖 3.27b)。

圖 3.26　各型螺絲攻

圖 3.27a　攻牙器　　　　圖 3.27b　以銑牙刀銑削螺紋之情形

5.　搪桿與搪刀

　　搪孔加工是利用搪桿(圖 3.28)把已鑽削的孔擴大，加工至圖面所要求的尺寸公差及表面粗糙度。綜合切削中心機所用之搪桿均具一可微調的切刃(圖 3.29)，方便於搪孔尺寸的控制。圖 3.30 為搪刀柄與替換式搪刀。

圖 3.28　搪桿

圖 3.29　可微調搪桿切刃

圖 3.30　搪刀柄與替換式搪刀

6.　鉸刀

　　鉸孔一般用於小徑孔，無法使用搪桿來搪孔時使用，由於鑽孔之孔面粗糙且精度較差，為使孔徑正確、孔面光滑，一般利用鉸刀(圖 3.31)來執行小孔徑鉸孔加工。鉸孔加工裕留量一般約為 0.2～0.5mm。

圖 3.31　鉸刀

▶ 3.3 刀具預置與儲存

　　刀具預置是在機械外，利用刀具預置機(圖 3.32)預先組裝刀具並測得各項刀具諸元：如刀具長度值、刀徑值。以搪孔加工為例，搪孔前可利用刀具預置將搪桿刃徑調至正確尺寸，如此可免除加工時之調整，獲得正確而迅速的切削作業。

圖 3.32　刀具預置機

　　綜合切削中心機各種切削刀具之儲存常以刀具儲存架為之(圖 3.33)，利用刀具儲存架存放刀具可獲得整潔有序的刀具擺置，方便工作人員刀具之存取，亦可減少各刀具間因碰撞而損壞。圖 3.34 鎖刀座用於刀具之裝卸。

圖 3.33　刀具儲存架與工具車

圖 3.34　鎖刀座

▶ 3.4 各項常用加工數據

銑刀切削條件計算公式(表 3.1)。

表 3.1 切削條件計算公式

1. 切削速度(周速)：V (m/min) Velocity $V = \dfrac{\pi \times D \times N}{1000}$ or $N = \dfrac{1000V}{\pi D}$	$\pi = 3.14$(圓周率) $D =$ 銑刀直徑(mm) $N =$ 回轉數(rpm)
2. 回轉數：N (rpm) Spindle Speed $N = \dfrac{1000 \times V}{\pi \times D}$	$V =$ 切削速度(m/min) $\pi = 3.14$(圓周率) $D =$ 銑刀直徑(mm)
3. 進給速度：F (mm/min) Feed $F = N \times Z \times S_Z$	$N =$ 回轉數(rpm) $Z =$ 刃數 $S_Z =$ 每一刃的進刀量(mm/刃)
4. 每一刃的進刀量(mm/刃) Feed per tooth $S_Z = \dfrac{F}{N \times Z}$	$F =$ 進給速度(mm/min) $N =$ 回轉數(rpm) $Z =$ 刃數
例題：已知切削刀具直徑：100mm (D) 　　　刀片之切削速度　：100m/min (V) 　　　圓周率　　　　　：3.14 (π) 　　　刀具每刃進刀量　：0.15mm/tooth (S_Z) 　　　切削刀具之刃數　：6 齒 (Z) 計算： $N = \dfrac{1000V}{3.14D} = \dfrac{100*1000}{3.14*100} = 318$rpm $F = N*Z*S_Z = 318*6*0.15$ 　　$= 286$mm/min(分)	

攻牙鑽孔尺寸與 118°鑽尖長度計算(表 3.2)。

表 3.2 攻牙鑽孔尺寸與 118°鑽尖長度計算

1. 攻牙鑽孔尺寸 $\quad d = D - P$ $\quad d =$ 鑽頭直徑 $\quad D =$ 螺紋最大徑 $\quad P =$ 螺紋節距	
2. 118°鑽頭之鑽尖長度計算 $\quad L = \dfrac{D}{2\sqrt{3}} = 0.3D$ $\quad L =$ 鑽尖長度 $\quad D =$ 鑽頭直徑	

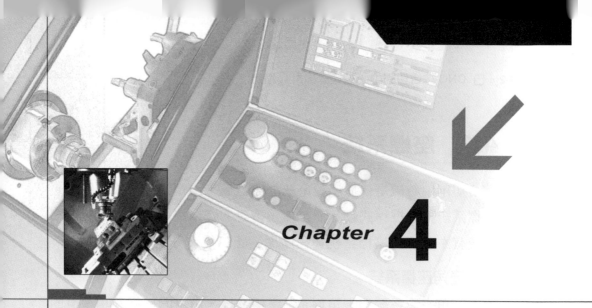

Chapter 4

CNC Program Design & Applicate

座標系統與程式製作

▶ 4.1 座標系統

綜合切削中心機是依據座標系統之座標值來決定刀具位移的路徑，因此座標系統對數控程式設計而言極為重要。綜合切削中心機所使用之座標系統有右手直角座標系統與極座標系統二種，分述如下：

一、右手直角座標系統

右手直角座標系統即卡笛爾 3 軸座標系統，由空間三條互相垂直的直線所構成，三直線稱之為X軸、Y軸、Z軸，其交點稱之為零點，以X0、Y0、Z0 表示之(圖 4.1)。而右手直角座標系統即以姆指、食指、中指來代表空間三條互相垂直的直線，其中姆指方向代表X軸正向、食指方向代表Y軸正向、中指方向代表Z軸正向(圖 4.2)，且三根指頭的交會點即是座標零點。

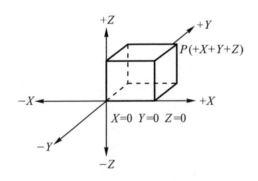

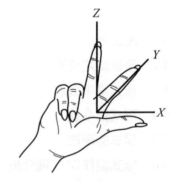

圖 4.1　右手直角座標系　　　　　圖 4.2　三軸座標系統

CNC加工程式若利用右手直角座標系統來建立時，則刀具每一位移點之座標值，必須依據座標系統之零點(即工件的座標零點)來建立。當然亦可不考慮座標零點，即不以座標值來設計程式，而以刀具每次之實際位移量來設計程式。

　　CNC加工程式製作時以工件的座標零點來設計程式之方法謂之絕對值座標法(指令碼為 G90)，以刀具每次之實際位移量來設計程式之方法謂之增量值座標法(指令碼為 G91)。

二、極座標系統

　　綜合切削中心機之程式亦可以極座標系統來製作(指令碼為 G16)，極座標系統係以半徑及角度來表示，半徑為選定平面之第一軸，角度為第二軸。例如：X-Y平面時，指令半徑跟隨X軸，角度跟隨Y軸，如圖 4.3 所示。角度正方向為選定平面之逆時針方向，負方向為選定平面之順時針方向，極座標之中心為座標之零點，如圖 4.4 所示。

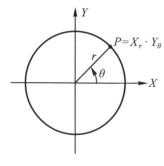

圖 4.3　極座標系統

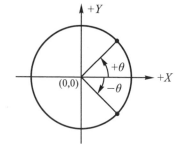

圖 4.4　極座標角度正負之判定

▶ 4.2　座標軸之決定

　　數控機械中可移動之軸稱為控制軸或座標軸，在綜合切削中心機上可控制軸數有X、Y、Z三標準軸與第四、第五回轉軸(圖 4.5)。

圖 4.5　第四軸／第五軸 NC 迴轉工作台

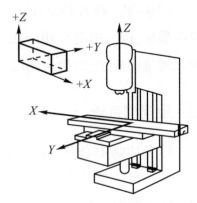

圖 4.6　立式綜合切削中心機之 Z 軸

1. Z 軸

　　數控機械之主軸或平行主軸之軸線被定為 Z 軸，Z 軸依數控機械設計之不同有水平及垂直兩種型式，如圖 4.6、4.7 所示。Z 軸之正向為刀具遠離工件之方向、刀具接近工件之方向則為負向，如圖 4.8 所示。

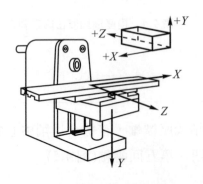

圖 4.7　臥式綜合切削中心機之 Z 軸

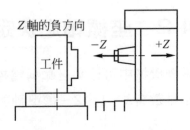

圖 4.8　Z 軸的正、負方向

2. X軸

一般將數控機械工作台長度較長之方向定為X軸,以立式綜合切削中心機而言,面對機械,左右移動之方向即為X軸向,且將刀具往右移動方向(即工作台往左移動)定為正向(圖4.9)。

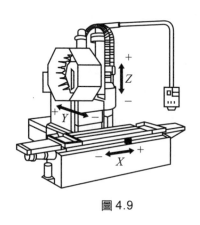

圖 4.9

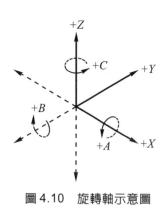

圖 4.10　旋轉軸示意圖

3. Y軸

一般將數控機械工作台長度較短之方向定為Y軸,以立式綜合切削中心機而言,面對機械,前後移動之方向即為Y軸向,且將刀具往立柱移動方向(即工作台往操作人員靠近)定為正向。

4. 旋轉軸

綜合切削中心機除X、Y、Z三標準軸外,於必要時尚可增購第四、第五回轉軸,常用之旋轉軸有繞X軸旋轉之A軸、繞Y軸旋轉之B軸、繞Z軸旋轉之C軸,如圖4.10所示。

▶ 4.3　程式基本概念

　　數控機械的加工是利用程式來控制刀具的切削位移，因此使用數控機械來加工時，首先須把刀具的位移路徑和其加工條件製作成加工程式。在製作程式時應注意下列事項：

1. 遵照右手直角座標系統之絕對值座標法、增量值座標法或極座標系統來製作程式，且工件座標之零點必須與座標系統之零點一致。

2. 假想工件固定不動，刀具沿著工件加工路徑移動，並依此製作出程式。

3. 選用夾治具、刀具並決定工件加工順序與切削條件。

　　一位優良的程式設計師必須具備良好的識圖能力與豐富的機械加工經驗、對切削條件的選定及夾治具之設定亦應有良好的能力。

　　數控機械加工程式之製作方法一般有：手寫程式製作與CAD/CAM電腦輔助設計/製造兩種，分述如下：

一、手寫程式製作

　　手寫程式製作係以人工書寫方式將加工圖製作成加工程式，一般用於程式較為簡短之工件的程式製作。在手寫程式製作過程中，程式設計人員必須計算出加工過程中刀具的座標位置或位移量，再依據加工順序將切削指令、切削速率、輔助機能等資料依一定的格式編寫成加工程式，經複核無誤後再輸入數控機械中。

二、CAD/CAM 電腦輔助設計/製造

　　電腦輔助設計/製造(Computer Aided Design/Manufacturing)簡稱CAD/CAM，是指利用電腦來從事分析、模擬、設計、繪圖並擬定生產

計劃、製造程序、控制生產過程，也就是從設計到加工生產，全部借重電腦的助力，因此CAD/CAM是數控機械加工自動化的重要工具，目前廣為數控機械加工業界所採用(圖4.11)、(圖4.12)、(圖4.13)。

圖4.11　利用CAD/CAM設計工件

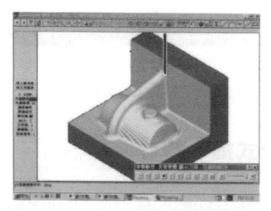

圖4.12　利用CAD/CAM切削模擬

圖 4.13　利用 CAD/CAM 所轉出之 CNC 程式

▶ 4.4　程式指令碼

(本書採用精機綜合切削中心機，FANUC Oi-M 控制器系統為範例)

　　綜合切削中心機之程式指令碼有：G 碼(準備機能碼)、M 碼(輔助機能碼)、F 碼(進給機能碼)、S 碼(主軸轉速機能碼)、T 碼(刀具機能碼)。

其中 F、S、T 碼為單一指令碼，其後跟隨所需之數值，例如 F150 (代表切削進給率 150mm/min)、S1200(代表主軸轉速 1200rpm)、T08 (代表 8 號刀)等等，而 G 碼、M 碼則各有其不同之機能。

一、G 機能碼一覽表

G 機能又稱準備機能(表 4.1)，它是數控系統付予數控機械準備去執行切削、補正、座標系選擇等等動作的機能碼，其範圍由 G00～G99，不同的 G 碼代表不同的意義與不同的動作方式。

表 4.1　G 碼一覽表

○：標準機能　　△：特殊機能

碼	群	功能	機能區分
G00	01	快速定位	○
G01	01	直線切削	○
G02	01	圓弧插位／螺旋插位 CW	○／△
G03	01	圓弧插位／螺旋插位 CCW	○／△
G04	00	暫停	○
G09	00	確實停止檢查	○
G10	00	資料設定	△
G11	00	資料設定模式消除	○
G15	17	極座標 OFF	△
G16	17	極座標 ON	△
G17	02	XP YP 平面指定	○

表 4.1 G 碼一覽表(續)

○：標準機能　△：特殊機能

碼	群	功能	機能區分
G18	02	ZP XP 平面指定	○
G19	02	YP ZP 平面指定	○
G20	06	英制輸入	○
G21	06	公制輸入	○
G28	00	原點復歸	○
G30	00	第二原點復歸	○
G31	00	跳躍機能	△
G40	07	刀具半徑補償消除	○
G41	07	刀具半徑補償(左側)	○
G42	07	刀具半徑補償(右側)	○
G43	08	刀長補償 "＋"	○
G44	08	刀長補償 "－"	○
G49	08	刀具長度補償消除	○
G50	19	比例放大、縮小 OFF	△
G51	19	比例放大、縮小 ON	△
G52	00	局部座標系設定	△
G53	00	機械座標系選擇	△
G54	12	第 1 加工座標系選擇	○
G55	12	第 2 加工座標系選擇	○

表 4.1　G 碼一覽表(續)

○：標準機能　△：特殊機能

碼	群	功能	機能區分
G56	12	第 3 加工座標系選擇	○
G57	12	第 4 加工座標系選擇	○
G58	12	第 5 加工座標系選擇	○
G59	12	第 6 加工座標系選擇	○
G60	13	同向趨近(同向定位)	△
G61	13	確實停止模式	△
G62	13	自動轉角加減速	△
G64	13	切削模式	△
G65	00	客戶自設程式群呼叫	△
G66	14	自設程式群呼叫 A	△
G68	16	旋轉座標系 ON	△
G69	16	旋轉座標系 OFF	△
G73	09	啄式鑽孔循環	○
G74	09	反攻牙循環	○
G76	09	精搪孔循環	○
G80	09	固定循環消除	○
G81	09	鑽孔循環	○
G82	09	鑽孔循環	○
G83	09	深孔啄式鑽孔循環	○

表 4.1 G 碼一覽表(續)

○：標準機能　△：特殊機能

碼	群	功能	機能區分
G84	09	攻牙循環	○
G85	09	鉸牙循環	○
G86	09	搪孔循環	○
G87	09	反搪孔循環	○
G88	09	搪孔循環	○
G89	09	搪孔循環	○
G90	03	絕對值座標系統	○
G91	03	增量值座標系統	○
G92	00	工件座標系建立與變更	○
G98	10	固定循環回到起始點	○
G99	10	固定循環回到 R 點	○

G 機能碼可區分為兩大類：

1.　一次式 G 碼(One Shot G Code)

　　一次式 G 碼僅在指令所在的單節有效，對其他單節則不構成影響，在表 4.1 中屬於 00 群的 G 碼均為一次式 G 碼，如 G04、G28、G92 等碼。

2.　模式 G 碼(Model G Code)

　　CNC 加工程式中模式 G 碼一經在單節中出現後，其機能一直有效，直到被同一群的 G 碼取代為止，在表 4.1 中非屬於 00 群的 G 碼均為模式 G 碼，如 G00、G21、G41、G54、G73、G98 等類群 G 碼。在同一單節中，同一群的 G 碼僅能出現一個，若重覆出現，則以最後一個 G 碼有效。

二、M 機能

M 機能又稱輔助機能(表 4.2)，在數值控制機械上常有一些單純的開／關(ON/OFF)動作，這些動作皆歸類於輔助機能。通常 M 機能除某些有通用性的標準碼外，亦可由製造廠商依其機械之動作要求，設計出不同之 M 指令，以為控制不同之開／關動作，或預留 I/O(輸入／輸出)接點，作為操作者自行聯結其它附件使用。

在同一單節中若有兩個 M 機能出現時，雖其動作不相衝突，但以排列在最後的 M 機能有效，如 S600 M03 M08；此時切削液開但主軸不轉。

表 4.2　M 機能碼一覽表

○：標準機能　　△：特殊機能

M 碼	機能	區分	M 碼	機能	區分
M00	程式停止	○	M06	自動換刀	○
M01	選擇性程式停止	○	M07	切削油射出(霧狀)	△
M02	程式結束	○	M08	切削液 ON	○
M03	主軸正轉	○	M09	切削液 OFF	○
M04	主軸逆轉	○	M10	第四軸鎖緊	△
M05	主軸停止	○	M11	第四軸放鬆	△

表 4.2　M 機能碼一覽表(續)

○：標準機能　△：特殊機能

M 碼	機能	區分	M 碼	機能	區分
M13	主轉正轉、切削液 ON	○	M53	檢知器吹氣 ON	△
M14	主轉逆轉、切削液 ON	○	M54	高壓力切削液 ON	△
M15	儲刀倉刀套上升	○	M56	高壓力切削液 OFF	△
M16	儲刀倉刀套下降	○	M57	主軸吹氣 ON	△
M19	主軸定位	○	M58	檢知器吹氣 OFF	△
M20	主軸定位解除	○	M59	主軸吹氣 OFF	△
M21	備用	△	M60	工件交換台交換	△
M22	備用	△	M70	DNC ON	△
M23	備用	△	M71	DNC OFF	△
M24	備用	△	M73	Y 軸鏡像解除	○
M27	刀長量測 ON	△	M74	Y 軸鏡像設定	○
M29	剛性攻牙 ON	△	M75	X 軸鏡像解除	○
M30	程式結束及回頭	○	M76	X 軸鏡像設定	○
M40	螺旋排屑 ON	○	M80	刀具號碼設定準備	○
M41	螺旋排屑 OFF	○	M81	刀具號碼重新設定	○
M48	切削進給率調整有效	○	M82	特殊刀具設定	○
M49	切削進給率調整無效	○	M98	副程式呼叫	○
M50	鑽頭中心切削液 ON	△	M99	副程式結束	○
M51	鑽頭中心切削液 OFF	△			

M 碼的範圍由 M00 至 M99，不同的 M 碼代表不同的動作，較常用者，如下：

1. M00:程式停止

    程式自動執行後，當執行到M00指令時，數值控制單元將停止一切的加工指令動作，再按啓動鈕後可繼續執行剩餘的程式指令，M00一般均單獨成爲一個單節。

2. M01:選擇性程式停止

    此一指令的功能與M00相同，但其選擇停止或不停止，可由操作面板上的"選擇停止"按鈕來控制。當開關置於ON時，則M01有效，其功能等於M00，若開關置於OFF時，則M01將不被執行，即程式不會停止。

3. M02:程式結束

    M02表示加工程式結束，此時執行"游標"(CURSOR)停留於此一單節上，如欲使游標回到程式開頭，必須先將模式鈕(model鈕)置於"編輯"上，再按"RESET"鍵使執行游標回歸起始位置。

4. M03:主軸正轉

    面對被加工面，主軸以順時針方向旋轉。

5. M04:主軸逆轉

    面對被加工面，主軸以反時針方向旋轉。

6. M05:主軸停止

    命令主軸停止旋轉。

7. M06:刀具交換

    命令將刀倉中目前置於準備換刀位置的刀具換至主軸位置。

8. M07:噴霧開啓

    有噴霧裝置之機械，令其開啓噴霧泵浦。

9. M08:切削液開啟

   命令切削液泵浦開啟,通常尚有一機械式門閥可以手動調節切削液流量大小。

10. M09:噴霧及切削液關閉

    命令噴霧及冷卻液泵浦關閉。

11. M13:主軸正轉,切削液 ON

    命令主軸正轉,同時開啟切削液。

12. M14:主軸逆轉,切削液 ON

    命令主軸逆轉,同時開啟切削液。

13. M19:主軸定位

    命令主軸旋轉至一固定之方向後停止旋轉,於裝置精搪孔刀及背搪孔刀使用G76或G87指令時,必須先手動插入此一指令,以對正偏位方向。

14. M30:程式結束、記憶回復、紙帶回捲

    此一指令相當於M02功能,所不同者乃此指令被執行時,如為記憶操作執行,則游標會自動回復至起始位置,如為紙帶操作再配合有輪式讀帶機,則紙帶會自動回復至程式開頭,以利同一程式繼續執行。

15. M98:執行副程式

    當系統讀到此一指令時,執行動作會跳至所指定的副程式,且連續執行指定的次數。

16. M99:副程式結束,回主程式

    當副程式執行完畢後,程式最後必須以此指令來表示副程式結束,使系統回到主程式中繼續執行未執行之程式。

三、F、S、T機能

1. F機能

F機能又稱為進給率機能,用於控制刀具位移的速度(圖4.14),其後所接數值代表每分鐘刀具進給量,單位為 mm/min。

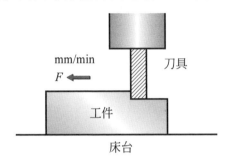

圖4.14　進給率F

F機能指令值如超過製造廠商所設定之範圍時,則以系統所設定之最高或最低進給率為實際進給率。

F機能一經設定後如未被重新指定,則表示先前所設定之進給率繼續有效。

在操作中為了實際加工條件之需要,亦可由操作面板中之"切削進給率"旋鈕來調整實際進給率與程式F指令值之百分比。

2. S機能

S機能又稱主軸轉速機能,在AC主軸馬達上,主軸轉速可由S後接所需之每分鐘轉速直接控制,如其值大於或小於製造廠商所設定之最高或最低轉速時,將以其最高或最低轉速為實際轉速。

在操作中為了實際加工條件之需要,亦可由操作面板之"主軸轉速調整率"旋鈕來調整主軸實際轉速與程式S指令值之百分比。

當系統執行 *S* 指令時主軸此時尚未開始旋轉，需待有 M03 或 M04 指令時主軸才開始正轉或逆轉。

3. *T* 機能

刀具交換是以 *T* 機能呼叫刀號，以 M06 指令執行換刀。程式製作時 T 指令與 M06 可在同一單節。其他的指令不可與 M06 在同一單節。

M06 指令換刀時，必須滿足以下條件，否則會產生故障(ER-ROR)。

(1) 主軸在拉刀狀態。

(2) Z 軸在機械原點位置(使用程式或(MDI)手動輸入 G91 G28 Z0 並執行)。

(3) ATC 換刀臂在復歸位置，刀具定位(ATC HP)燈亮。

(4) T 指令號碼不可與主軸刀號相同，刀號設定正確。

註：　M16 刀套下降指令可在 M06 以前的單節執行，使刀套下降等待，節省換刀時間。

自動換刀程式範例

```
N001 G90 T05;                        叫 T05 刀具
N002 G00 Z-250.;                     Z 軸下降
N003 G01 X-200. Y100. F400;          X、Y 軸移動
          ·
          ·
N012 G91 G28 Z0;                     Z 軸機械原點復歸
N013 M06;                            自動換刀
N014 G00 Z-250. M03 S1000;           Z 軸下降，主軸回轉
```

▶ 4.5 程式的組成

　　CNC加工程式可分為主程式與副程式，主程式以Oxxxx；(xxxx值範圍為0001～9999)為開始單節，以M30或M02；為結束單節，副程式以Oxxxx；為開始單節，以M99或M99 Pxxxx；為結束單節，通常數控機械的加工遵照主程式的指令在執行，但當主程式中執行到呼叫副程式時(指令碼為M98)，數控機械將跳至副程式中繼續執行，當在副程式中執行到返回主程式指令時(指令碼為 M99)，數控機械又返回主程式中，並繼續執行未完成之程式指令，直到程式結束為止(指令碼為 M02或M30)。CNC加工程式可不限次數往返於主、副程式之間，且副程式中亦可再呼叫副程式。其流程如圖4.15所示。

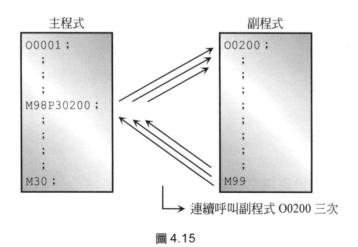

圖 4.15

一、單節(Block)

CNC 加工程式是由多行指令建構而成(範例 4.1)，每一行指令稱之為一單節，以行尾的單節結束符號 "；" (End Of Block簡稱EOB)來作結束。每一單節的指令個數並無限制，在群組不重覆下，可依需要來組合使用。

範例 4.1

```
O0001; → 單節
N1 (FC-100); → 單節
G90 G54 G00 X150. Y35.; → 單節
G43 Z20. H01 M13 S380; → 單節    (註：每行皆為一單節)
Z0;
G01 X-150. F250; → 單節結束符號
G00 Y-35; → 單節結束符號
G01 X150.;
G00 Z20. M09;
G91 G28 Z0;
M30;
```

二、程式基本位址與指令範圍

CNC加工程式中不同的英文位址代表不同機能，且每一位址其數值範圍有其極限(表 4.3)，程式設計時必須遵守，若格式錯誤數控系統可能不予執行。例如：位址G代表準備機能，在米制輸入下其後所跟隨之數值必須在 0~99 之間，亦即位址 G 指令範圍為 G0~G99。

表 4.3 位址及指令值範圍

機能	位址	米制輸入	英制輸入
程式號碼	O	1-9999	1-9999
序號	N	1-99999	1-99999
準備機能	G	0-99	0-99
尺寸字	X、Y、Z	±999999.99mm	±99999.99inch
	A、B、C		
	R		
	I、J、K		
進給機能	F	0.0001-240000.00mm/min	0.0001-24000.000inch/min
主軸機能	S	±99999999	±99999999
刀具機能	T	0-99999999	0-99999999
輔助機能	M	0-99999999	0-99999999
補正號碼	H、D	0-99999999	0-99999999
暫停	P、X	0-99999.999sec	0-99999.999sec
程式號碼指定	P	1-9999	1-9999
序號指定	P、Q	1-99999	1-99999
重複次數	K、P	0-9999	0-9999

三、程式號碼

　　CNC加工程式以程式號碼來代表一個程式，且每一個程式僅可有一個程式號碼。位址O為程式號碼指令，在米制輸入下其後所跟隨之數值必須在1～9999之間，亦即位址O指令範圍為O1～O9999。例如O2583

代表 2583 號程式，CNC 加工程式中為了讓操作人員看到程式號碼即能瞭解這個程式用於加工那一個工件，常在程式號碼後面以括弧跟隨一個註解。

　　例如：O2583(cefiro engine cover) → 程式中之(cefiro engine cover) 用於註解 O2583 號程式用於加工(cefiro 汽車引擎蓋)。

註： CNC 加工程式括弧內之文字僅做註解用，程式執行時不會被執行，它可被放於程式任一單節中。

四、序號

　　序號之目的在於方便程式中單節區段的搜尋，因此程式設計者可在每一單節前設定一序號，亦可僅在重要的單節前設定之，為了減少程式長度，序號之設定一般採用僅在重要的單節前設定之(範例 4.2)。

五、選擇性單節刪除

　　當單節前有 "／" 斜線，且操作面板上選擇性單節刪除開關置於 "ON" 之位置，則有 "／" 斜線的單節，在程式執行中將被跳越不執行，但若選擇性單節刪除開關置於 "OFF" 之位置，則程式中有 "／" 斜線之單節仍將被執行。例如：／X-50.Y-50.；(範例 4.2)當操作面板上選擇性單節刪除開關置於 "ON" 時，此單節將被跳越不執行。

註：⑴ "／" 斜線通常置於單節之前端，但亦可放於單節中的其他位置。
　　⑵當指令被讀入記憶執行緩衝區時，選擇性單節刪除的設定即維持不變。
　　⑶在字元搜尋時，此 "／" 斜線視為有效。

範例 4.2

```
O0002;
G91 G28 Z0;
T01 M06;
N1 (DR-6.8);
 └─▶序號
G90 G54 G00 X50. Y50. T2;
G43 Z20. H01 M13 S1000;
Z3.;
G98 G83 R3. Z-20. Q4. F150;
/ X-50. Y-50;
 └─▶選擇性單節刪除
G80 Z20. M09;
G91 G28 Z0;
M30;
```

六、自動操作之步驟

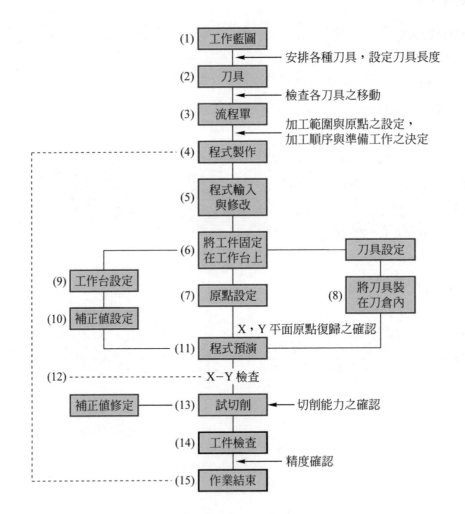

(1) 工作藍圖
　　← 安排各種刀具，設定刀具長度
(2) 刀具
　　← 檢查各刀具之移動
(3) 流程單
　　加工範圍與原點之設定，
　　加工順序與準備工作之決定
(4) 程式製作
(5) 程式輸入與修改
(6) 將工件固定在工作台上　　刀具設定
(9) 工作台設定
(7) 原點設定　　(8) 將刀具裝在刀倉內
(10) 補正值設定
　　X，Y 平面原點復歸之確認
(11) 程式預演
(12) ------ X－Y 檢查
補正值修定 —— (13) 試切削　　← 切削能力之確認
(14) 工件檢查
　　← 精度確認
(15) 作業結束

▶ 4.6 程式製作與 G 碼介紹

一、G90 絕對值座標系統／ G91 增量值座標系統

CNC 加工程式製作時以工件的座標零點為基準來設計程式的方法謂之絕對值座標系統法，以刀具每次之實際位移量來設計程式的方法謂之增量值座標系統法。

G90、G91 之特性詳述如下：

1. G90 絕對值座標系統

程式格式 G90；

G90 用於設定絕對值座標系統。絕對值座標系統係以工件的座標零點為基準點，並將此基準點定為(0,0)，刀具之切削位移均依據座標零點來計算出每一加工點，如圖 4.16 所示。工件的座標零點亦稱為程式原點。

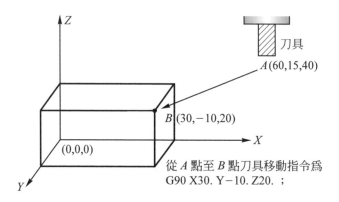

圖 4.16 絕對值座值系統

2. G91 增量值座標系統

程式格式 G91；

G91 用於設定增量值座標系統。增量值座標系統係以刀具每次的實際位移量來設計程式，即一單節的終點即爲下一單節的起點，如圖 4.17 所示。

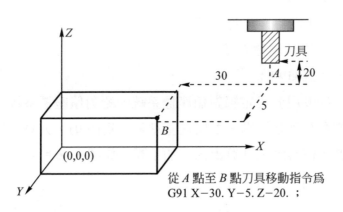

從 A 點至 B 點刀具移動指令爲
G91 X−30. Y−5. Z−20. ;

圖 4.17 增量值座系統

在加工程式中，絕對值座標系統與增量值座標系統可混合使用。在絕對值座標系統中，若某點定位錯誤，並不會影響下一位置點的定位。然而在增量值座標系統中，前一位置點定位錯誤，則其後位置點的定位均將受影響，因此在使用增量值座標系統時須特別留意。絕對值座標系統與增量值座標系統之使用時機並沒有一定的規則可尋，一般以加工需要來取決(範例 4.3)。

範例 **4.3**

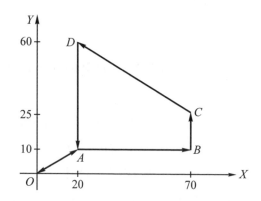

絕對值座標系統		增量值座標系統	
刀具目前位於 O 點上		刀具目前位於 O 點上	
G90 X20. Y10.	→ $\overrightarrow{OA}$	G91 X20. Y10.	→ $\overrightarrow{OA}$
X70.	→ $\overrightarrow{AB}$	X50.	→ $\overrightarrow{AB}$
Y25.	→ $\overrightarrow{BC}$	Y15.	→ $\overrightarrow{BC}$
X20. Y60.	→ $\overrightarrow{CD}$	X-50. Y35.	→ $\overrightarrow{CD}$
Y10.	→ $\overrightarrow{DA}$	Y-50.	→ $\overrightarrow{DA}$
X0 Y0	→ $\overrightarrow{AO}$	X-20. Y-10.	→ $\overrightarrow{AO}$

二、G92、G54〜G59 加工座標系選擇

加工座標系以下列二種方式之一建立：⑴用 G92 建立；⑵用 G54〜G59 建立。

1. G92 設定加工座標系

程式格式 G92X___ Y___ Z___ ;

X___ Y___ Z___ : 宣告目前刀具所在位置 X 軸、Y 軸、Z 軸之座標值。

以本指令來建立加工座標系時，間接的確立了工件座標零點的位置，並使刀具目前所在位置成為 X___ Y___ Z___所指定的座標點，如圖 4.18 所示。故在程式設計時，工件座標零點必須與 G92 所指的零點一致，否則加工出來的工件外形會偏離兩者之誤差值。G92 加工座標系之零點一經建立後，以後絕對值指令均依據此零點來計算位置。

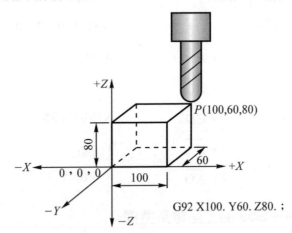

G92 X100. Y60. Z80. ;

圖 4.18

綜合切削中心機在實際加工上，較少直接以 G92 方式來建立加工座標系，一般採用 G54～G59 搭配 G43、G44 指令之方式來製作。因 G92 之真正功能在於將 G54～G59 所建立的六個座標系移動到一個新的加工座標系，並使刀尖成為某個座標值。

2. G54～G59 加工座標系選擇

程式格式 G90　$\left\{ \begin{matrix} \text{G54} \\ \\ \text{G59} \end{matrix} \right.$　X___ Y___ ;

X___ Y___ ：刀具位移指定點的 X、Y 座標值。

使用 G54～G59 共可在綜合切削中心機上預先選擇建立六個座標系。

G54----------第 1 加工座標系選擇

G55----------第 2 加工座標系選擇

G56----------第 3 加工座標系選擇

G57----------第 4 加工座標系選擇

G58----------第 5 加工座標系選擇

G59----------第 6 加工座標系選擇

六個加工座標系的建立方法是將刀具從機械原點至各個工件座標零點的 X、Y 距離，輸入於工件座標系設定補正頁之各個加工座標系而建立(圖 4.19)。機械原點是數控機械上的一個基準點，由工具機製造廠於數控系統之參數中設定建立。機械原點之目的在於機械精度檢測、加工座標系設定、刀具交換等時機使用。

綜合切削中心機在電源 ON，執行機械原點復歸以後，G54 加工座標系即自動被選擇。

註： 綜合切削中心機之程式在實際加工上，一般採用 G54～G59 搭配 G43、G44 與 G28 指令之方式來製作，較少直接以 G92 方式來書寫，但在尚未講解 G43、G44 刀具長度補正指令與 G28 經中間點自動復歸機械原點指令之前，本書將暫採用 G92 方式來做刀具路徑練習。待講解完 G43、G44 刀具長度補正指令與 G28 經

中間點自動復歸機械原點指令後，往後之程式書寫與刀具路徑練習均將採用 G54～G59 搭配 G43、G44 與 G28 指令之方式來書寫。

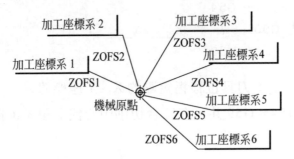

ZOFS1：加工座標系 1 的工作原點補正值
ZOFS2：加工座標系 2 的工作原點補正值
ZOFS3：加工座標系 3 的工作原點補正值
ZOFS4：加工座標系 4 的工作原點補正值
ZOFS5：加工座標系 5 的工作原點補正值
ZOFS6：加工座標系 6 的工作原點補正值

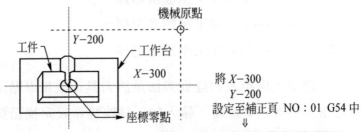

圖 4.19　G54～G59 加工座標系設定

三、G00 快速定位

程式格式 G00X___ Y___ Z___ ;

X___ Y___ Z___ ：刀具位移點座標或距離。

G00為快速定位至座標值或距離所指定之位置。其位移速率以機械最快之速率位移，並可由操作面板中的 "快度進給調整率" 旋鈕來調整實際速率的百分比。

執行G00時，刀具的位移路徑不定為一直線，而是依各軸的位移量來決定，一般在兩軸同動的情況下，先成 45°角的位移，再成單軸的移動。例如 G90 G00 X200. Y100. ；其位移軌跡如圖 4.20 所示。

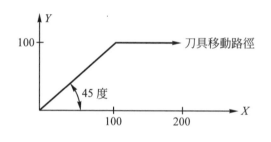

圖 4.20

G00只適於刀具快速定位，不適於切削加工，程式設計時一般常將需要三軸同時快速定位的單節改以兩單節來書寫，即下刀時先定位X、Y軸，再定位Z軸。提刀時先定位Z軸，再定位 X、Y 軸，以防刀具與工件發生碰撞。

例如：下刀時可將 G90 G00X100. Y20. Z-30. ；改為

G90G00X100. Y20.;

Z-30.;

四、G01 直線切削

程式格式 G01X＿＿ Y＿＿ Z＿＿F＿＿ ;

X＿＿ Y＿＿ Z＿＿ : 刀具切削點座標或距離。

G01為直線切削至座標點或距離所指定之位置,其切削速率由進給率機能 F 來指定,單位為 mm/min。

範例 4.4 直線切削程式書寫練習

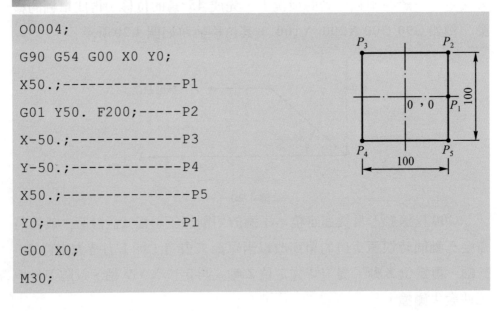

```
O0004;
G90 G54 G00 X0 Y0;
X50.;--------------P1
G01 Y50. F200;-----P2
X-50.;-------------P3
Y-50.;-------------P4
X50.;--------------P5
Y0;---------------P1
G00 X0;
M30;
```

範例 4.5　直線切削程式書寫練習

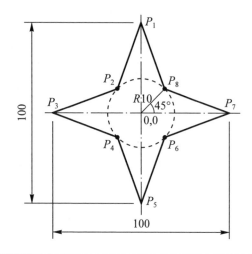

```
O0005
G90 G54 G00 X0 Y0;
Y50.;----------------------P1
G01 X-7.07 Y7.07 F200;-----P2
X-50. Y0;------------------P3
X-7.07 Y-7.07;-------------P4
X0 Y-50.;------------------P5
X7.07 Y-7.07;--------------P6
X50. Y0;-------------------P7
X7.07 Y7.07;---------------P8
X0 Y50.;-------------------P1
G00 X0 Y0;
M30;
```

範例 4.6 以 G92 方式來書寫程式並做刀具路徑切削練習

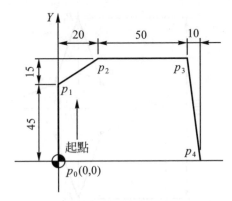

　　使用刀具：$\phi 3.2$ 中心鑽。銑削深度：0.5mm。刀具端面離開工作表面 10mm。

　　1. 絕對值程式

```
O0006;
G92 X0 Y0 Z10. S500 M03;-------P0 點
G90 G01 Z-0.5 F200 M08;--------切削深度 0.5mm
Y45.;------------------------P1 點
X20. Y60.;-------------------P2 點
X70.;------------------------P3 點
X80. Y0;---------------------P4 點
X0;-------------------------P0 點
G00 Z10. M09;
M30;
```

2. 增量值程式

```
O1000;
G92 X0 Y0 Z10. S500 M03;-------P0 點
G91 G01 Z-10.5 F200 M08;-------切削深度 0.5mm
Y45.;----------------------P1 點
X20. Y15.;--------------------P2 點
X50.;----------------------P3 點
X10. Y-60.;-------------------P4 點
X-80.;----------------------P0 點
G00 Z10.5 M09;
M30;
```

五、G17～G19 平面指定

　　G17～G19 指令，用於設定直線切削、圓弧切削或切削補正有效之平面。(圖 4.21)、(圖 4.22)、(圖 4.23)。

　　　　G17：X、Y 平面指定
　　　　G18：Z、X 平面指定
　　　　G19：Y、Z 平面指定

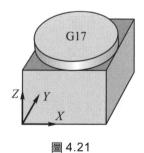

圖 4.21

　註： 立式綜合切削中心機開機後，G17(XY 平面)即被指定。

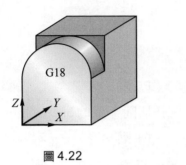
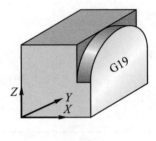

圖 4.22 圖 4.23

六、G02、G03(圓弧切削)

下列之指令會使刀具產生一圓弧運動。

X-Y 平面上之圓弧

$$G17 \quad \begin{matrix} G02 \\ G03 \end{matrix} \quad XP\underline{\quad} \quad YP\underline{\quad} \quad \begin{matrix} R\underline{\quad} \\ I\underline{\quad} \quad J\underline{\quad} \end{matrix} \quad F\underline{\quad} ;$$

Z-X 平面上之圓弧

$$G18 \quad \begin{matrix} G02 \\ G03 \end{matrix} \quad XP\underline{\quad} \quad ZP\underline{\quad} \quad \begin{matrix} R\underline{\quad} \\ I\underline{\quad} \quad K\underline{\quad} \end{matrix} \quad F\underline{\quad} ;$$

Y-Z 平面上之圓弧

$$G19 \quad \begin{matrix} G02 \\ G03 \end{matrix} \quad YP\underline{\quad} \quad ZP\underline{\quad} \quad \begin{matrix} R\underline{\quad} \\ J\underline{\quad} \quad K\underline{\quad} \end{matrix} \quad F\underline{\quad} ;$$

XP：X 軸或其平行軸

YP：Y 軸或其平行軸

ZP：Z 軸或其平行軸

	要輸入之資料		指令	意義
1	平面之選擇		G17	XP YP 平面上指定之圓弧
			G18	XP ZP 平面上指定之圓弧
			G19	YP ZP 平面上指定之圓弧
2	旋轉方向		G02	順時針方向
			G03	逆時針方向
	端點位置	G90 模式	三軸之任意二軸	加工座標系中之終點位置
		G91 模式	三軸之任意二軸	從起點到終點之距離
	從起點至中心點之距離		I,J,K 軸中之任意二軸	從起點到終點之距離與方向
			R	圓弧半徑

當電源送上時，G17(XY 平面)就會選定。各順、逆時針方向如圖 4.24 所示。這些圖均是從 ZP 軸(YP 軸或 XP 軸)之正向往 XP YP 平面(ZP XP 或 YP ZP 平面)之負方向看，座標系為右手直角座標系。

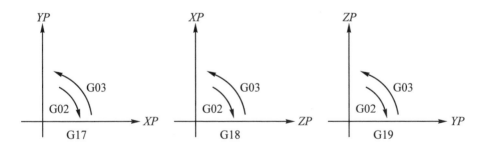

圖 4.24　順、逆時針之方向

圓弧終點位置可以根據 G90 或 G91 表示絕對或增量座標系，再以 XP，YP 或 ZP 位址表示。對增量值，圓弧終點位置可以從起點來看再加以指定。圓弧中心相對於 XP，YP 及 ZP 為 I，J 及 K。而在 I，J 及 K 後面的值為一向量值，此值為從起點看圓心之增量值。無論是 G90 或 G91，I，J 及 K 均應以增量值指定，如圖 4.25、4.26、4.27 所示。

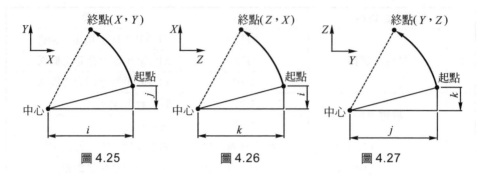

圖 4.25　　　　　　圖 4.26　　　　　　圖 4.27

有關圓弧銑削之補充說明

1.　通過距離小於直徑之兩任意點(一為起點、一為終點)，而半徑為 R 的圓弧有兩個，小於 180°圓弧①與大於 180°圓弧②，如圖 4.28。為了區分此兩個圓弧，須以 R 值之正負來指定之。當銑削小於、等於 180°之圓弧時，R 設為正值。銑削大於 180°之圓弧時，R 設為負值。如圖 4.29 所示。

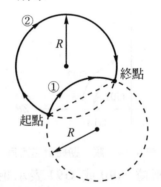

圖 4.28　通過距離小於直徑之任意兩點而半徑為 R 之圓弧有二個

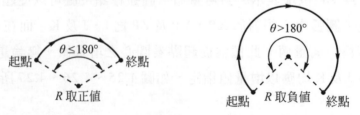

圖 4.29

2. 圓弧之大小以 R 表示時稱為圓弧半徑表示法。以 I、J、K 表示時稱為弧心表示法。兩者之差異在於 R 值無方向性，而 I、J、K 值有方向性。故銑削一全圓時，僅可使用 I、J、K 指令法，不可使用 R 指令法。因為全圓銑削時，起點、終點為同一點，在數理上而言，通過一相同點，半徑為 R 之圓弧可有無限個。此時數控系統將無從選擇。故全圓銑削時，不可使用 R 指令法，僅可使用 I、J、K 指令法。若全圓銑削時欲使用 R 指令法，則需將全圓分成任意兩個圓弧。

範例 4.7

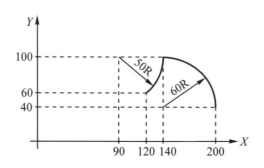

上圖之刀具路徑程式如下：

1. 絕對座標：

```
(1) G54 G90 G00 X200. Y40.;
    G03 X140. Y100. I-60. F300;
    G02 X120. Y60. I-50.;
```

或

```
(2) G54 G90 G00 X200. Y40.;
    G03 X140. Y100. R60. F300;
    G02 X120. Y60. R50.;
```

2. 增量座標：

(1) G91 G03 X-60. Y60. I-60. F300;

   G02 X-20. Y-40. I-50.;

或

(2) G91 G03 X-60. Y60. R60. F300;

   G02 X-20. Y-40. R50.;

範例 4.8

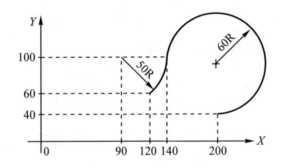

上圖之刀具路徑程式如下：

1. 絕對座標：

(1) G54 G90 G00 X200. Y40.;

   G03 X140. Y100. J60. F300;

   G02 X120. Y60. I-50.;

或

(2) G54 G90 G00 X200. Y40.;

   G03 X140. Y100. R-60. F300;

   G02 X120. Y60. R50.;

2. 增量座標：

(1) G91 G03 X-60. Y60. J60. F300;

   G02 X-20. Y-40. I-50.;

或

(2) G91 G03 X-60. Y60. R-60. F300;

   G02 X-20. Y-40. R50.;

範例 **4.9**

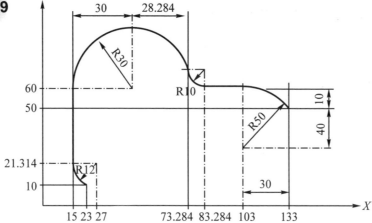

G54 G90 G00 X133. Y50.;

G90 G03 X103. Y60. R50. F100;

G01 X83.284;

G02 X73.284 Y70. R10.;

G03 X15. Y60. R30.;

G01 Y21.314;

G03 X23. Y10. R12.;

範例 4.10

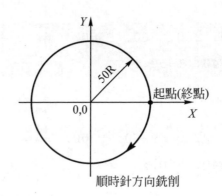

```
G90 G54 G00 X50. Y0;
G02 I-50.;
```

註： 起點與終點座標相同時，即為全圓銑削，銑削一全圓時，僅可使用 I、J、K 指令
值，不可使用 R 指令值。

範例 4.11 以 G92 方式書寫程式並做刀具路徑切削練習

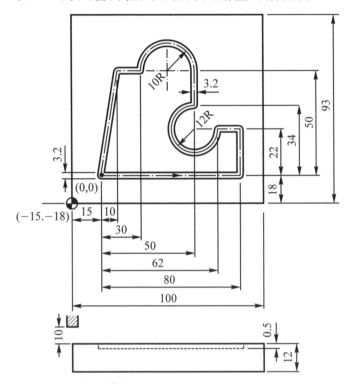

使用刀具：φ3.2 中心鑽。

1. 絕對值程式

```
O0011;
G92 X-15. Y-18. Z10.;
G90 G00 X0 Y0 M13 S1000;
G01 Z-0.5. F120;
X80.;
Y22.;
X62.;
```

```
G02 X50. Y34. R-12.;

G01 Y50.;

G03 X30. R10.;

G01 X10.;

X0 Y0;

G00 Z10.;

X-15. Y-18. M09;

M30;
```

2. 增量值程式

```
O0011;

G91 G00 X15. Y18. M13 S1000;

G01 Z-10.5 F120;

X80.;

Y22.;

X-18.;

G02 X-12. Y12. R-12.;

G01 Y16.;

G03 X-20. R10.;

G01 X-20.;

X-10. Y-50.;

G00 Z10.5 M09;

X-15. Y-18.;

M30;
```

七、G20、G21 單位設定

G20：英制單位設定

G21：公制單位設定

切削中心機之單位設定可以 G20、G21 程式指令或編修參數來執行，若以程式指令G20、G21 來設定時，此指令常單獨成為一單節，並且設定在程式最前端，亦即在加工座標系設定之前宣告。

單位轉換時下列項目將受影響，使用時須注意：

1. 進給率 F 機能。
2. 位置座標值。
3. 各種補正值。
4. 手動脈衝產生器的比例單位。

八、G43、G44 刀具長度補正設定

程式格式　G90　$\begin{matrix} G43 \\ G44 \end{matrix}$　G00　Z___　H___ ;

G43：刀具長度沿 Z 軸正向補正

G44：刀具長度沿 Z 軸負向補正

H___：指定刀具長度補正值設定的補正記憶號碼

在綜合切削中心機上加工一工件，一般需用到多把刀具，而每一把刀具之長度均不相同，故刀具於換刀後，必須施以刀具長度補正設定，以統合各把刀具長度之差異，使各刀具均能正確的接近工件。其中G43、G44即擔負此項重責大任。而補正值為刀具換刀後，刀端至工件Z軸零點之距離(圖 4.30)。並將該距離輸入在 H 所指定之刀具補正記憶號碼上，如表4.4所示。補正值可輸入正值亦可輸入負值，其差異性如表4.5所示。

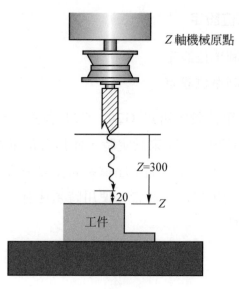

圖 4.30

表 4.4

(a)G43 Z20. H01; 　　　　　　　　　　　　　(b)G44 Z20. H01;

工具補正			
番號	數據	番號	數據
001	-300.	009	0
002	0	010	0
003	0	011	0
004	0	012	0
005	0	013	0
006	0	014	0
007	0	015	0
008	0	016	0
現在位置			
X	0.000	Z	0.000
Y	0.000		
[補正]		[座標系]	

工具補正			
番號	數據	番號	數據
01	300.	009	0
02	0	010	0
03	0	011	0
04	0	012	0
05	0	013	0
06	0	014	0
07	0	015	0
08	0	016	0
現在位置			
X	0.000	Z	0.000
Y	0.000		
[補正		[座標系]	

表 4.5

補正值設為G 碼	正值	負值
G43	刀具沿Z軸正向補正	刀具沿Z軸負向補正
G44	刀具沿Z軸負向補正	刀具沿Z軸正向補正

刀具長度補正值之求得，有下列幾種方法：

1. 利用 Z 軸設定器(圖 4.31)求得各把刀之長度補正值。(圖 4.32)。

圖 4.31

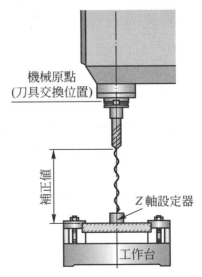

機械原點
(刀具交換位置)

補正值

Z 軸設定器

工作台

圖 4.32　刀具長度補正值

2. 先以刀具預置機(圖 4.33)求得各把刀之刀長，再以其中一把刀為
   基準刀，求得刀具長度補正值，而其餘刀具之長度補正值均以此
   基準刀來換算求得。

圖 4.33　刀具預置機

圖 4.34　刀長、刀徑自動量測系統

3. 利用刀長、刀徑量測系統來求得：目前綜合切削中心機上常加裝
   刀長、刀徑量測系統(圖 4.34)，這個簡單價廉的高效率裝置，經
   由自動讀入刀長、刀徑資料來大幅減少刀具的設定時間。

範例 4.12 面銑加工，使用刀具φ80mm 面銑刀

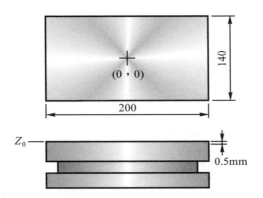

```
O0012;
N1(FC-80);
G90 G54 G00 X150. Y35.;
G43 Z10. H01 M13 S380;
Z-0.5;
G01 X-150. F280;
G00 Y-35.;
G01 X150.;
G00 Z10. M9;
M30;
```

範例 4.13 鍵槽溝加工

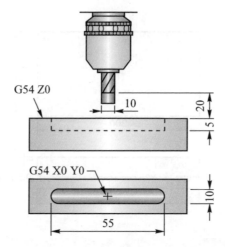

```
O0013;

N1(EM-10);

G90 G54 G00 X22.5 Y0;

G43 Z5. H01 M13 S700;

G01 Z-5. F50;

X-22.5 F80;

Z2.;

G00 Z5. M9;

M30;
```

範例 4.14

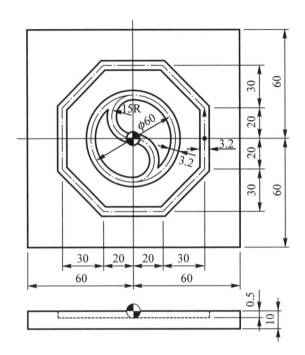

```
O0014;
N1(DC-3.2);
G90 G54 G00 X50. Y0;
G43 Z10. H03 M13 S1000;
G01 Z-0.5 F200;
G91 Y20.;
X-30. Y30.;
X-40.;
X-30. Y-30.;
Y-40.;
```

```
X30. Y-30.;
X40.;
X30. Y30.;
Y20.;
G90 G00 Z10.;
X0 Y30.;
G01 Z-0.5;
G03 J-30.;  →（全圓銑削）
Y0 R15.;
G02 Y-30. R15.;
G00 Z10. M9;
M30;
```

九、G28 經中間點自動復歸機械原點

程式格式 G28X＿＿＿ Y＿＿＿ Z＿＿＿;

X＿＿＿ Y＿＿＿ Z＿＿＿ :中間點位置

　　執行 G28 指令時，刀具以 G00 速度經指定軸指令經過中間點自動復歸機械原點，但未被指定軸則不執行機械原點復歸(圖 4.35)。刀具經中間點自動復歸機械原點之目的，在於閃避加工障礙物或執行刀具交換。

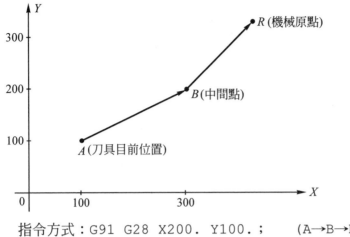

指令方式：G91 G28 X200. Y100.；　　(A→B→R) 或
　　　　　　G90 G28 X300. Y200.；　　(A→B→R)

圖 4.35

　　以 G28 指令對 X 軸、Y 軸執行機械原點復歸時，若 X、Y 軸有以 (G41、G42)設定刀具徑向補正時，必須以(G40)先將刀具徑向補正設定取消。但 Z 軸若有以 G43、G44 設定刀具長度補正時，不須將刀具長度補正取消，可直接執行 Z 軸機械原點復歸。

　　G90、G91 對 G28 之影響(圖 4.36)。

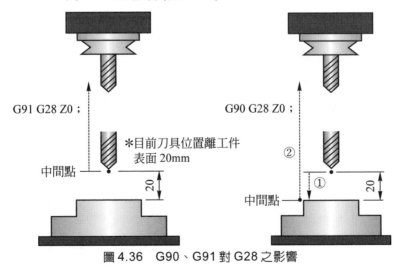

圖 4.36　G90、G91 對 G28 之影響

範例 4.15 以 G01 指令書寫鑽孔加工程式：

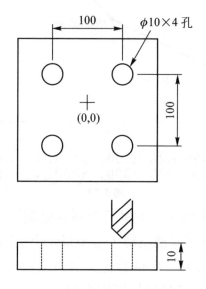

```
O0015;
N1(DR-10);
G90 G54 G00 X50. Y50.;
G43 Z3. H01 M13 S800;
G01 Z-15. F120;
G00 Z3.;
X-50.;
G01 Z-15.;
G00 Z3.;
Y-50.;
```

```
G01 Z-15.;
G00 Z3.;
X50.
G01 Z-15.;
G00 Z3. M9;
G91 G28 Z0;
G28 X0 Y0;
M30;
```

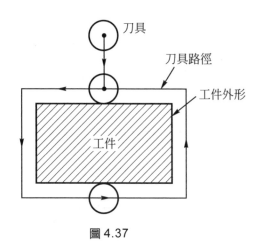

圖 4.37

十、G40～G42 刀具徑向補正

程式格式 $\begin{matrix} G41 \\ G42 \end{matrix}$ X___ Y___ D___ ;

G41：刀具徑向左補正

G42：刀具徑向右補正

G40：刀具徑向補正取消

X___ Y___：徑向補正完成位置

D___：指定刀具徑向補正值設定的補正記憶號碼

　　刀具徑向補正的目的是使刀具的實際切削路徑依工作圖之外形，往內或往外偏移一徑向指定量，此指定量可能是一個刀具半徑值或是一個合理的徑向值，以獲得正確的工件外形與尺寸精度。因此程式設計時，僅需依工件外形製作程式，不需考慮刀具半徑大小對工件的影響(圖 4.37)。

　　G41、G42 之方向判斷是依據刀具行進方向偏左或偏右來決定，G41 指定刀具行進方向向工件外形的左側補正(圖 4.38)。G42 恰與 G41 相反，指定刀具行進方向向工件外形的右側補正(圖4.39)。偏左或偏右之補正量輸入在D所指定的刀具補正記憶號碼上。當一把刀同時設定刀長補正與徑向補正時，一般會佔用兩個刀具補正記憶號碼，如表4.6及程式範例所示。

註： G41、G42不可在G02、G03狀態下進入徑向補正，須以G00、G01來執行。

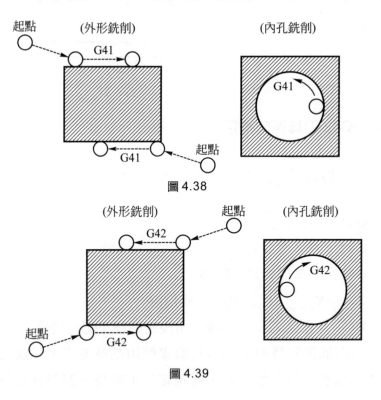

圖 4.38

圖 4.39

表 4.6

工具補正			
番號	數據	番號	數據
001	-300.	009	0
002	0	010	0
003	0	011	0
004	0	012	0
005	0	013	0
006	0	014	0
007	0	015	8
008	0	016	0

現在位置

X	0.000	Z	0.000
Y	0.000		

[補正]   [座標系]

```
O0006(EM-16);

G90 G54 G00 X-20. Y-20.;

G43 Z20. H01 M13 S800;
          └──→長度補正設-300mm ──┐
Z-20.;                          │
G01 G42 X0 D15 F100;            ├─表4.6
          └──→徑向補正設 8mm ──┘
Y50.;

X50.;

Y0;

X-20.;

G00 G40 Z20. M09;

G91 G28 Z0;
```

```
M30;
```

範例 4.16 正方形輪廓加工(使用φ20端銑刀)

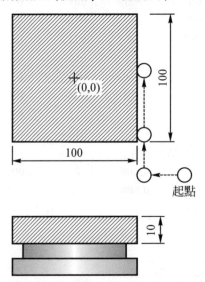

```
O0016;
N1(EM-20);
G90 G54 G40 G00 X65. Y-60.;
G43 Z5. H01 M13 S800;
Z-12.;
G42 X50. D25;
G01 Y50. F100;
X-50.;
Y-50.;
X55.;
G00 G40 Z5. M9;
```

```
G91 G28 Z0.;

M30;
```

範例 4.17 圓形輪廓加工(使用φ20端銑刀)

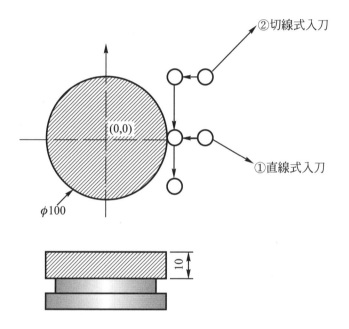

②切線式入刀

(0,0)

①直線式入刀

φ100

10

```
O0017;①直線式入刀

N1(EM-20);

G90 G54 G40 G00 X65. Y0.;

G43 Z10. H01 M13 S800;

Z-12.;

G01 G41 X50. D25 F80;

G02 I-50. F100;
```

```
G01 Y-10.;

G40 X65.;

G00 Z10. M9;

G91 G28 Z0.;

M30;


O0017;②切線式入刀

N1(EM-20);

G90 G54 G40 G00 X65. Y10.;

G43 Z10. H01 M13 S800;

Z-12.;

G01 G41 X50. D25 F80;

Y0;

G02 I-50. F100;

G01 Y-10.;

G40 X65.;

G00 Z10. M9;

G91 G28 Z0;

M30;
```

範例 4.18 內圓孔加工(使用φ16端銑刀)

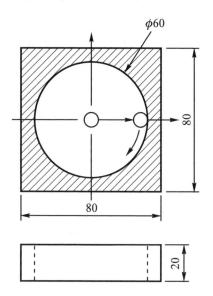

```
O0018;
N1(EM-16);
G90 G54 G40 G00 X0 Y0;
G43 Z10. H01 M13 S900;
Z-22.;
G01 G42 X30. D25 F100;
G02 I-30.;
G01 G40 X0;
G00 Z10. M9;
G91 G28 Z0;
M30;
```

範例 4.19 內輪廓加工(使用φ16端銑刀)

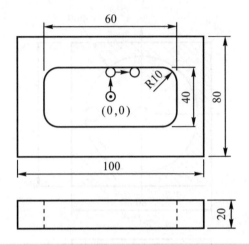

```
O0019;
N1(EM-16);
G90 G54 G40 G00 X0 Y0;
G43 Z10. H01 M13 S900;
Z-22.;
G01 G42 Y20. D25 F100;
X20.;
G02 X30. Y10. R10.;
G01 Y-10.;
G02 X20. Y-20. R10.;
G01 X-20.;
G02 X-30. Y-10. R10.;
G01 Y10.;
G02 X-20. Y20. R10.;
```

```
G01 X0;
G00 G40 Y0;
G91 G28 Z0;
M30;
```

註： 自動倒角機能請參閱範例 4.40。

範例 4.20 平面與外形加工

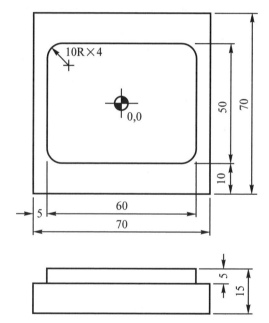

使用刀具		補正代號
φ100 面銑刀 T01	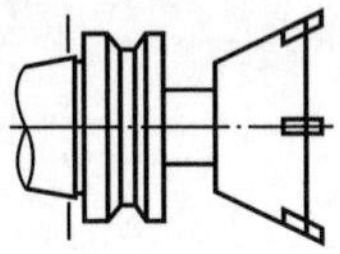	H01
φ20 端銑刀 T02	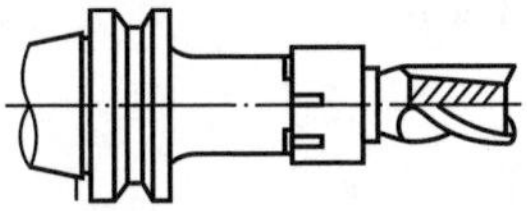	H02
		D25

```
O0020;

G91 G28 Z0;

T01 M06;

N1(FM-100);

G90 G54 G00 X100. Y0 T02;

G43 Z5. H01 M03 S800;

G01 Z0 F180;

X-100.;

G91 G28 Z0;

M06;

N2(EM-20);

G90 G54 G00 X50. Y0;

G44 Z3. H02 M13 S800;

G01 Z-5. F150;

G42 X30. D25;

G91 Y15.;
```

```
G03 X-10. Y10. R10.;

G01 X-40.;

G03 X-10. Y-10. R10.;

G01 Y-30.;

G03 X10. Y-10. R10.;

G01 X40.;

G03 X10. Y10. R10.;

G01 Y40.;

G90 G40 G00 Z10. M09;

G91 G28 Z0;

G28 X0 Y0;

M30;
```

註： 自動倒角機能請參閱範例 4.40。

十一、自動循環(G73、G74、G76、G80~G89)

　　自動循環指令為集合數個單節的動作指令使成為單一G碼的單節指令，以簡化程式的長度。自動循環指令被讀入後其機能一直有效，直到以 G80 指令取消為止。表 4.7 為自動循環指令一覽表。

表 4.7 自動循環指令一覽表

G 指令	切削動作方式	孔底位置的動作	移回動作	用途
G73	間歇進給	—	快速位移	啄式鑽孔循環
G74	切削進給	暫停 → 主軸正轉	切削進給	攻左牙循環
G76	切削進給	主軸定位停止	快速位移	精搪孔循環
G80	—		—	切削循環取消
G81	切削進給	—	快速位移	鑽孔循環
G82	切削進給	暫停	快速位移	盲孔鑽孔循環
G83	間歇進給	—	快速位移	深孔啄式鑽孔循環
G84	切削進給	暫停 → 主軸正轉	切削進給	攻右牙循環
G85	切削進給	—	切削進給	鉸孔循環
G86	切削進給	主軸停止	快速位移	搪孔循環
G87	切削進給	主軸正轉	快速位移	背搪孔循環
G88	切削進給	暫停 → 主軸停止	手動	盲孔搪孔循環
G89	切削進給	暫停	切削進給	搪孔循環、鉸盲孔

通常一個自動循環包括下列六個動作順序

動作 1……X 及 Y 軸定位(當然也包括其他軸)。
動作 2……快速定位到 R 點。
動作 3……鑽孔。
動作 4……在洞底的動作。
動作 5……回到 R 點。
動作 6……快速定位到起始點。

自動循環之限制

　　自動循環僅在 X、Y 平面執行快速定位，在 Z 軸執行鑽孔、搪孔、鉸孔、攻牙。在這個平面及這個軸以外的組合不能執行快速定位及鑽孔、搪孔、鉸孔、攻牙等動作。自動循環與平面選擇無關。

　　在自動循環的指令碼組合中，嚴格規定必須由下列三個模式組成：

1. 資料格式

　　　G90　絕對

　　　G91　增量

2. 回復點位置

　　　G98　起始點位置

　　　G99　R點位置

3. 鑽孔模式

G73 ⎫
G74 ⎪
G76 ⎪
G81 ⎬ 自動循環
〜 ⎪
G89 ⎭

G80　自動循環取消

註：　起始點位置是從自動循環消除模式變成自動循環模式時Z軸的絕對值。

(1) 下圖表示對應模式(G90或G91)指定資料的方法。

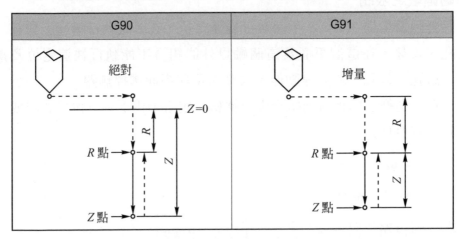

自動循環的絕對及增量指令

(2) 用G98或G99指令區別刀具回復到R點位置或起始點位置,如下圖所示。

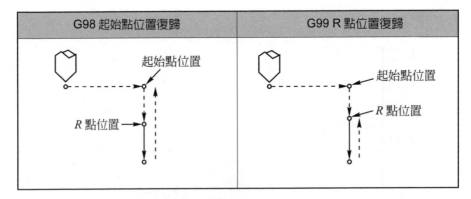

起始點位置復歸及R點位置復歸

在自動循環中的加工資料設定如下：

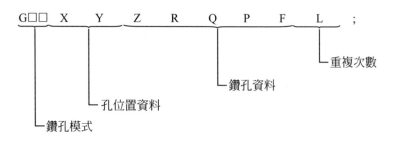

加工模式…G□□。

孔位置資料 $\{^{X}_{Y}\}$ 由增量值或絕對值來設定孔的位置。

鑽孔資料 ⎰ Z……它是由 R 點到洞底的距離以增量值設定，或是洞底的位置由絕對值設定。

R……以絕對值或增量值來設定由起始點至 R 點之距離。

Q……在 G73 及 G83 時，設定其每一切入值，及在 G76 及 G87 時，設定其移動值。(增量值)

P……設定在底時暫停之時間。

F……進給率之設定。

重複次數 L……在自動循環加工時，設定其重複的次數。當 L 未加以設定時，它就將它當作 L=1 計算。

　　當一個自動循環加工模式(G□□)未被其他 G 碼所取代時，它將一直維持同一加工模式，在連續進行同一循環時，它不必在每一個單節中設定同樣的加工模式。G80 及 01 群中的 G 碼可取消自動循環。如果加工資料已設定於自動循環中，它將一直被保留到此自動循環消除為止。所以當自動循環開始動作及在更改資料時，所有的加工資料必須予以設定。

　　在動作必須要重複好幾次時，L 必須設定，但是此 L 沒有保留的功能，而切削進給率 F 碼則與 L 相反，即自動循環被取消之後，F 值仍然維持有效。

下面為上述資料保留及消除的例子：

① G 00　X__Y__S__M3；

② G 81　X__Y__Z__R__F__L__；……開始，Z、R及F均設定
其需要之值，依 L 值決定此 G 81 要動作幾次。

③ Y__ ；……………………在此，加工模式及加工資料均如②所設定，
所以 G 81，Z__，R__，及 F__，均可省略，孔位置移動 Y
__，且僅依 G 81 來執行一次。

④ G 82　X__P__L__；……僅移動 X 來尋找孔的位置，而由②
所設定的資料Z，R，F再配合G 82實施鑽孔工作，在④中，
P 為孔底暫停時間之設定，L 為重複的次數。

⑤ G 80　X__Y__M5；……取消自動循環，所有加工資料(除了
F 外)全都被消除掉。

⑥ G 85　X__Z__R__P__；……由於在⑤的時候，所有加工資
料都被消除了，所以 Z 及 R 必須重新再予設定而 F 與②所設
定的相同，因此可省略它，P 在此單節中並用不上，但是它
被存放起來。

⑦ X__Z__；……與⑥中不同的地方為 Z 值，而移動鑽孔位置僅
X 值而已。

⑧ G 89　X__Y__；……使用⑦的 Z 值設定，來執行 G89 的指
令，R 及 P 在⑥中即已設定完成。

⑨ G 01　X__Y__；……模式及所有資料(除了 F 外)全部清除。

自動循環的重複

當在同樣的固定循環中，等距離有幾個重複的孔要加工時，就可以用L來設定其重複次數。

L的最大值為9999。

L僅在設定的單節中有效。

(例1)

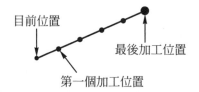

目前位置

最後加工位置

第一個加工位置

G 91 G 81 X__Y__Z__R__L5 F__；

X__Y__利用G 91之增量值設定第一次鑽孔的位置，假如用絕對值 (G 90)來設定的話，同一個位置將被加工多次。此固定循環將自動在移動時採取快速移動的方式來減少加工時間，或者由每個動作的進給來決定如何降低進給之時間常數。在終點，刀具減速，然後移動到下一個程序去。配合 G 98(起始點復歸)來執行快速移動由洞底到 R 點。

自動循環指令介紹

1. G81(鑽孔循環)

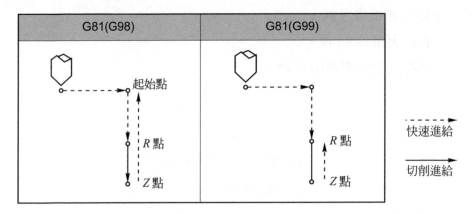

程式格式：G81 X___ Y___ Z___ R___ F___ ;

G81 指令，一般用於定位點或淺孔鑽削。

2. G82(鑽孔循環)

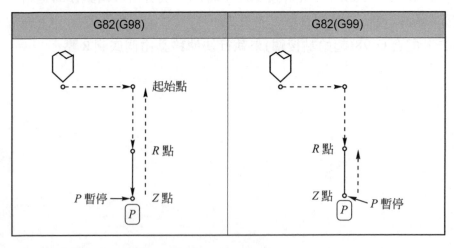

程式格式：G82 X___ Y___ Z___ R___ P___ F___ ;

註： P1000 = 1 秒。

　　G82 與 G81 之作動方式大致相同。差異為 G82 在孔底位置執行暫停(用 P 碼指定)。在孔底位置暫停之目的在於改善鑽盲孔的孔底精度。

3. G83(深孔啄式鑽孔循環)

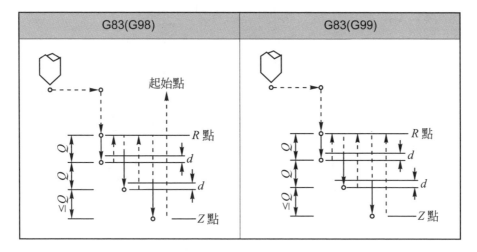

G83(G98)	G83(G99)

　　程式格式：G83 X___ Y___ Z___ Q___ R___ F___；

　　G83 指令指定分段式鑽孔循環，Q 是每次切削量，以增量值指定。在第二次及以後的切入執行時，在執行切入前 d mm(或 inch)的位置，快速進給轉換成切削進給。指定的 Q 值一定是正值。如果指令負值，則負號無效。d 值由參數設定。

4. G73(啄式鑽孔循環)

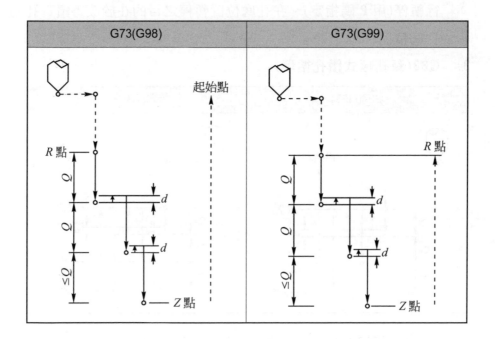

程式格式：G73 X____ Y____ Z____ R____ Q____ F____；

　　G73 循環動作與 G83 相似，但 G83 每切入 Q 量後，均提刀至
R點。但 G73 僅移回 *d* 量，移回量*d*是由參數設定。因為Z軸方向
間歇進給使在鑽深孔時，設定很小的移回量，並使排屑容易，執
行高效率的加工。移回是以快速進給方式執行。

5. G84(攻右牙循環)(必須與 M03 連用)

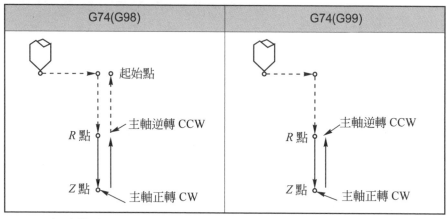

G84(G98)	G84(G99)

程式格式：G84 X___ Y___ Z___ R___ F___ ;

在孔底位置主軸逆轉，退出絲攻。

註：⑴ F＝主軸轉速×牙距(英制牙距換算：25.4／每吋有幾牙＝牙距)
⑵在 G84 指定的攻牙循環中，進給率調整無效，且即使使用進給暫停，循環在回復動作結束之前不會停止。

6. G74(攻左牙循環)(必須與 M04 連用)

G74(G98)	G74(G99)

程式格式：G74 X___ Y___ Z___ R___ Q___ F___ ;

在孔底位置，主軸正轉退出絲攻。

註： 在 G74 指定攻左牙時，進給率調整無效，且即使使用進給暫停，循環在回復動作結束之前不會停止。

7. G85(鉸孔循環)

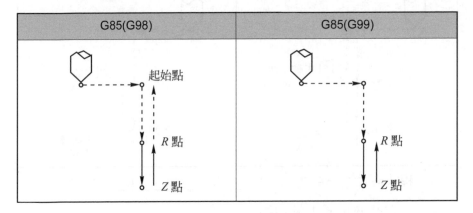

程式格式：G85 X___ Y___ Z___ R___ F___ ；

與 G84 相同，但是在孔底位置主軸不逆轉。

8. G86(搪孔循環)

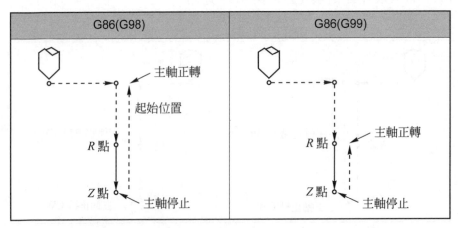

程式格式：G86 X___ Y___ Z___ R___ F___ ；

與 G81 相同，但是在孔底位置主軸停止並以快速進給方式移回。

9. G76(精搪孔循環)

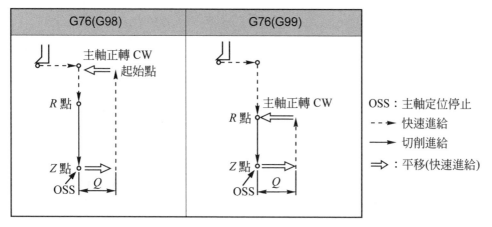

G76(G98)	G76(G99)

OSS：主軸定位停止
- - - ► 快速進給
——► 切削進給
⇒：平移(快速進給)

程式格式：G76 X___ Y___ Z___ R___ Q___ F___ ;

　　　主軸在孔底位置定位停止後，向刀尖的反方向平移Q量後退回起始點或R點，在高精度的搪孔加工中，常需要此一步驟，以防孔壁被刀尖所刮傷。

註1：平移量用Q指定。Q值一定是正值。如果指定負值則負號無效。平移方向可用參數設定選擇＋X，＋Y，−X及−Y的任何一個。

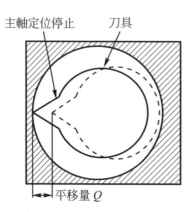

主軸定位停止　　刀具

平移量 Q

註2：在自動循環的Q值是狀態值。因為Q值也用於G73及G83的切入量，指定時必須非常注意。

10. G88(搪孔循環)

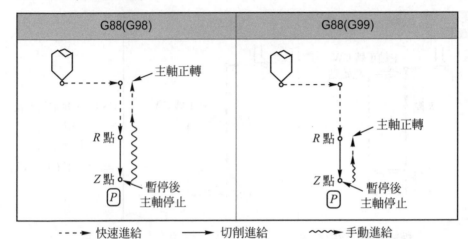

程式格式：G88 X___ Y___ Z___ R___ P___ F___ ;

G88 在搪刀到達孔底後，暫停 P 所指定之時間後停止，再配合手動進給退回起始點或 R 點。

11. G89(搪孔循環)

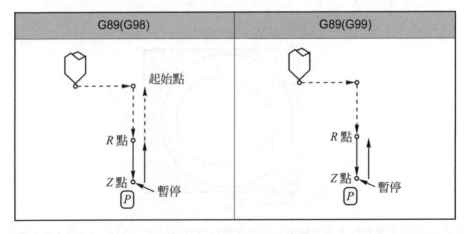

程式格式：G89 X___ Y___ Z___ R___ P___ F___ ;

　　與 G85 相同，在孔底位置暫停 P 所指定之時間後，自動退回起始點或 R 點，暫停之目的在於改善盲孔孔底精度。

12. G87(搪孔循環／背搪孔循環)

G87(G98)	G87(G99)
OSS 起始點 主軸正轉 OSS Z 點 主軸正轉 R 點	未使用

OSS：主軸定位停止　- - -▶ 快速進給　──▶ 切削進給　⇒ 平移(快速進給)

　　程式格式：G87 X___ Y___ Z___ R___ Q___ F___；

　　刀具位移至 X、Y 軸位置後，主軸定位停止。向刀尖反方向平移並以快速進給率在孔底位置定位(R 點)。在這個位置，刀具移回平移量，主軸正轉。在 Z 軸的正方向到 Z 點執行加工，在這個位置，主軸再度定位停止，向刀尖的反向平移，並退回起始點。刀具回復到起始點後，移回平移量後主軸正轉。平移量及方向與 G76 相同。

13. G80:固定循環取消

　　G80 用於取消所有的自動循環功能，並將自動循環所使用的各項參數一併取消，故在使用 G73、G74、G76、G81～G89 後，務必使用 G80 來取消。

範例 4.21 魚眼孔加工

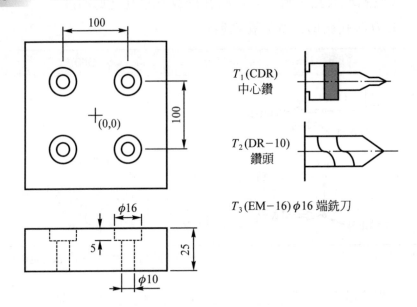

T_1(CDR) 中心鑽

T_2(DR−10) 鑽頭

T_3(EM−16) ϕ16 端銑刀

```
O0021;
N1(CDR);
G90 G80 G54 G00 X50. Y50. T2;
G43 Z10. H01 M13 S1000;
G99 G81 R2. Z-5. F120;
X-50.;
Y-50.;
X50.;
G80 Z10. M9;
G91 G28 Z0;
M6;
```

```
N2(DR-10);
G90 G80 G54 G00 X50. Y50. T3;
G43 Z10. H02 M13 S800;
G99 G73 R2. Z-30. Q4. F128;
X-50.;
Y-50.;
X50.;
G80 Z10. M9;
G91 G28 Z0;
M6;
N3(EM-16);
G90 G80 G54 G00 X50. Y50. T1;
G43 Z10. H03 M13 S500;
G99 G82 R2. Z-5. P500 F70;
X-50.;
Y-50.;
X50.;
G80 Z10. M9;
G91 G28 Z0;
M6;
M30;
```

範例 4.22 搪孔加工

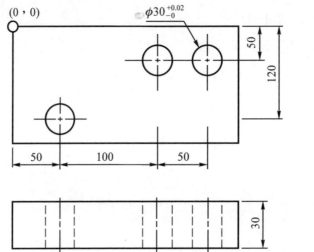

T_1 (CDR)
中心鑽

T_2 (DR-28)
鑽頭

T_3 (BR-29.7)
搪孔刀

T_4 (BR-30)
搪孔刀

```
O0022;
N1(CDR);
G90 G80 G54 G00 X50. Y-120. T2;
G43 Z10. H01 M13 S1000;
G99 G81 R2. Z-5. F120;
X150. Y-50.;
X200.;
G80 Z10. M9;
G91 G28 Z0;
M6;
N2(DR-28);
G90 G80 G54 G00 X50. Y-120. T3;
G43 Z10. H02 M13 S350;
```

```
G99 G83 R2. Z-40. Q5. F80;
X150. Y-50.;
X200.;
G80 Z10. M9;
G91 G28 Z0;
M6;
N3(BR-29.7);
G90 G80 G54 G00 X50. Y-120. T4;
G43 Z10. H03 M13 S800;
G99 G86 R2. Z-32. F90;
X150. Y-50.;
X200.;
G80 Z10. M9;
G91 G28 Z0;
M6;
N4(BR-30);
G90 G80 G54 G00 X50. Y-120. T1;
G43 Z10. H04 M13 S1000;
G99 G76 R2. Z-32. Q0.1 F70;
X150. Y-50.;
X200.;
G80 Z10. M9;
G91 G28 Z0;
M6;
M30;
```

範例 4.23 矩形陣列加工

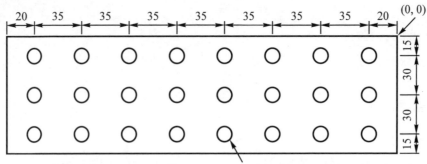

使用刀具：T_1(DR−12 鑽頭)　　ϕ12，深 20mm

```
O0023;
N1(DR-12);
G90 G80 G54 G00 X-20. Y-15.;
G43 Z10. H01 M13 S600;
G99 G81 R2. Z-26. F120;
G91 X-35. L7;
Y-30.;
X35. L7;
Y-30.;
X-35. L7;
G80 Z10. M9;
G91 G28 Z0;
M30;
```

範例 4.24 綜合練習

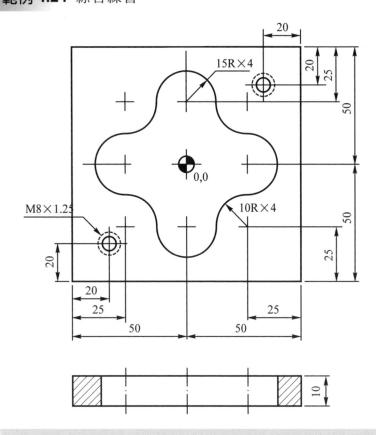

T_1(FM−125)
面銑刀

T_2(DR−6.8)
鑽頭

T_3(TAP−8)
螺絲攻

T_4(EM−20)
端銑刀

```
O0024;

G91 G28 Z0;

T01 M06;

N1(FM-125);

G90 G54 G00 X130. Y0 T2;

G43 Z3. H01 M13 S800;

G01 Z0 F300;
```

```
X-130.;
G91 G28 Z0 M9;
M06;
N2(DR-6.8);
G90 G54 G00 X30. Y30. T3;
G43 Z10. H02 M13 S1200;
G98 G73 R2. Z-18. Q4. F120;
X0 Y0;
X-30. Y-30.;
G91 G80 G28 Z0 M9;
N6;
N3(TAP-8);
G90 G54 G00 X-30. Y-30. T4;
G43 Z10. H03 M13 S100;
G98 G84 R5. Z-15. F125;
X30. Y30.;
G91 G80 G28 Z0 M9;
M6;
N4(EM-20);
G90 G54 G00 X0 Y0;
G43 Z10. H04 M13 S1000;
G01 Z-12. F250;
G42 Y40. D28;
G91 G02 X15. Y-15. R15.;
G03 X10. Y-10. R10.;
```

```
G02 Y-30. R15.;
G03 X-10. Y-10. R10.;
G02 X-30. R15.;
G03 X-10. Y10. R10.;
G02 Y30. R15.;
G03 X10. Y10. R10.;
G02 X15. Y15. R15.;
G40 G01 Y-40.;
G91 G28 Z0 M9;
M30;
```

範例 4.25 鑽孔攻牙練習

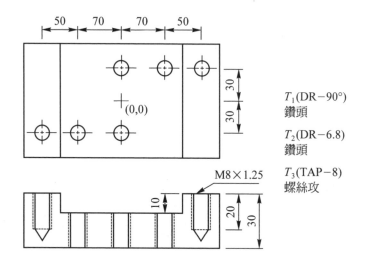

T_1(DR−90°)
鑽頭

T_2(DR−6.8)
鑽頭

T_3(TAP−8)
螺絲攻

```
O0003;
N1(CDR-90);
G90 G80 G54 G00 X120. Y30. T2;
G43 Z10. H01 M13 S1000;
G98 G81 R2. Z-4. F80;
G99 R-8. Z-14. X70.;
X0;
Y-30.;
G98 X-70.;
R2. Z-4. X-120.;
G80 Z10. M9;
G91 G28 Z0;
M6;
N2(DR-6.8);
G90 G80 G54 G00 X120. Y30. T3;
G43 Z10. H02 M13 S1200;
G98 G73 R2. Z-25. Q4. F120;
G99 R-8. Z-33. X70.;
X0;
Y-30.;
G98 X-70.;
Z-25. X-120.;
G80 Z20. M9;
G91 G28 Z0;
M6;
N3(TAP-8);
```

```
G90 G80 G54 G00 X120. Y30. T1;
G43 Z10. H03 M13 S400;
M29 S400;
G98 G84 R5. Z-20. F500;
G99 R-5. Z-32. X70.;
X0;
Y-30.;
G98 X-70.;
Z-20. X-120.;
G80 Z10. M9;
G91 G28 Z0;
M6;
M30;
```

範例 4.26 綜合練習

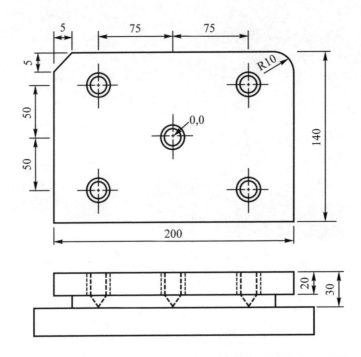

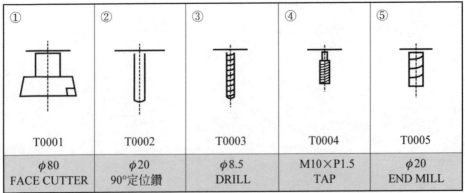

①	②	③	④	⑤
T0001	T0002	T0003	T0004	T0005
$\phi 80$ FACE CUTTER	$\phi 20$ 90°定位鑽	$\phi 8.5$ DRILL	M10×P1.5 TAP	$\phi 20$ END MILL

```
O0026;
G91 G28 Z0.;
T1 M6;
N1(FM-80);
G90 G54 G00 X150. Y-35. T2;
G43 Z3. H01 M13 S800;
G01 X-150. F400;
G00 Y35.;
G01 X150.;
G00 Z3. M9;
G91 G28 Z0;
M6;
N2(CDR-20);
G90 G80 G54 G00 X0 Y0 T3;
G43 Z5. H02 M13 S900;
G99 G81 R2. Z-5. F100;
X75. Y50.;
X-75.;
Y-50.;
X75.;
G80 Z20. M9;
G91 G28 Z0;
M6;
N3(DR-8.5);
```

```
G90 G80 G54 G00 X0 Y0 T4;
G43 Z5. H03 M13 S1000;
G99 G73 R2. Z-30. Q4. F120;
X75. Y50.;
X-75.;
Y-50.;
X75.;
G80 Z5. M9;
G91 G28 Z0;
M6;
N4(TAP-10);
G90 G80 G54 G00 X0 Y0 T5;
G43 Z10. H04 M13 S400;
M29 S400;
G99 G84 R5. Z-20. F600;
X75. Y50.;
X-75.;
Y-50.;
X75.;
G80 Z10. M9;
G91 G28 Z0;
M6;
N5(EM-20);
G90 G54 G40 G00 X120. Y-80. T1;
```

```
G43 Z10. H05 M13 S800;
Z-22.;
G01 G42 X100. D25 F100;
Y60.;
G03 X90. Y70. R10.;
G01 X-95.;
X-100. Y65.;
Y-70.;
X110.;
G00 G40 Z10. M9;
G91 G28 Z0;
M30;
```

範例 4.27 剛性攻牙(M6×1.0)

```
O0027;
G90 G54 G80 G00 X0 Y0;
G43 Z20. H01 M13 S2000;⇐此 S 用於主軸變至高速或低速檔。
M29 S800;⇐此 S 為實際攻牙之轉速。
G98 G84 R5. Z-20. F800;⇐F=攻牙轉速(800)×牙距(1)⇒800
                                         (例:M6×1.0)
G80;
G91 G28 Z0 M9;
M30;
```

註: M29 S650 ⇒ 以上主軸必須在高速檔。
        S650 ⇒ 以下主軸必須在低速檔。

▶ 4.7　特殊機能介紹

一、M98、M99 副程式指令

　　我們經常把若干程式碼集合在一起，以完成特定的功能，並且予以命名，俾供重覆叫用。像這樣的區塊，我們稱為副程式。

　　主程式以 Oxxxx；為開始單節，以 M30；或 M02；為結束單節，副式以 Oxxxx；為開始單節，以 M99；或 M99Pxxxx；為結束單節。

　　主程式中以M98 P□□□xxxx；呼叫副程式，其中□□□為重覆次數，xxxx被呼叫副程式之程式號碼，M99為從副程式中跳回主(副)程式中M98之下一單節，M99Pxxxx則跳回主(副)程式中行號為xxxx之單節。

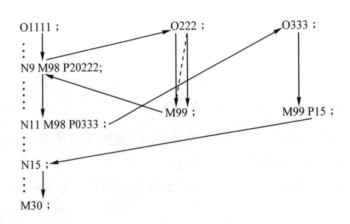

範例 4.28

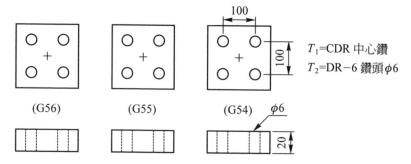

(G56)　　　　(G55)　　　　(G54)

T_1=CDR 中心鑽
T_2=DR−6 鑽頭ϕ6

ϕ6

20

```
O0028;(主程式)
G91 G28 Z0;
T1 M6;
N1(CDR);
G90 G54 G80 G00 X50. Y50. T2;
G43 Z10. H01 M13 S1200;
G98 G81 R3. Z-5. F120;
G54 M98 P200;
G55 M98 P200;
G56 M98 P200;
G80 Z10. M9;
G91 G28 Z0;
M6;
N2(DR-6);
G90 G54 G80 G00 X50. Y50.T1;
G43 Z10. H02 M13 S1000;
```

```
G98 G73 R3. Z-23. Q5. F100;
G54 M98 P200;
G55 M98 P200;
G56 M98 P200;
G80 Z10. M9;
G91 G28 Z0;
M30;


O0200; (副程式)
X50. Y50.;
X-50.;
Y-50.;
X50.;
M99;
```

二、G15、G16 極座標指令

G16:極座標ON，此時*X*軸表示半徑，*Y*軸表示角度，但需注意極座標法必須以程式原點為中心，作半徑與角度的表示。

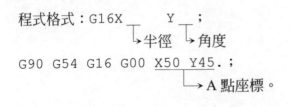

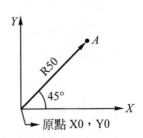

G15:極座標OFF。

範例 4.29

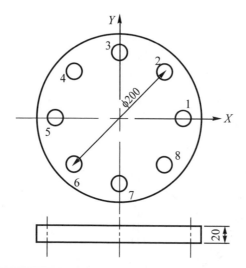

```
O0029;
N1(DR-6);
G90 G54 G16 G00 X100. Y0;
G43 Z10. H01 M13 S1000;
G98 G81 R3. Z-23. F100;
Y45.;
Y90.;
Y135.;
Y180.;        可改增量寫法，簡化為 G91 Y45. K7.;
Y225.;
Y270.;
Y315.;
G80 G15 Z10.;
G91 G28 Z0 M9;
M30;
```

範例 **4.30**

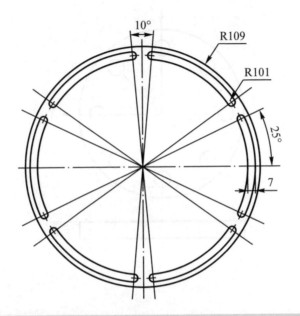

```
O0030;(絕對指令寫法)
N1(EM-7);
G90 G54 G16 G00 X101. Y-25.;
G43 Z3. H01 M13 S900;
G01 Z-10. F80;
G03 X101. Y25. R101.;
G00 Z3.;
Y35.;
G01 Z-10.;
G03 X101. Y85. R101.;
G00 Z3.;
```

```
Y95.;
G01 Z-10.;
G03 X101. Y145. R101.;
G00 Z3.;
Y155.;
G01 Z-10.;
G03 X101. Y205. R101.;
G00 Z3.;
Y215.;
G01 Z-10.;
G03 X101. Y265. R101.;
G00 Z3.;
Y275.;
G01 Z-10.;
G03 X101. Y325. R101.;
G15 G00 Z3. M9;
G91 G28 Z0;
M30;
```

```
O0001;(增量指令寫法)
N1(EM-7);
G90 G54 G16 G00 X101. Y-25.;
G43 Z3. H01 M13 S900;
M98 P60200;
G15 G00 Z3. M9;
G91 G28 Z0;
M30;


O0200;(增量指令副程式)
G90 G00 Z3.;
G01 Z-10. F80;
G91 G03 Y50. R101.;
G90 G00 Z3.;
G91 Y10.;
M99;
```

三、G68、G69 旋轉座標指令

G68:旋轉座標 ON，使用這機能時，可使程式所指定形狀被旋轉。

G69:旋轉座標 OFF。

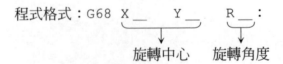

程式格式：G68 X___ Y___ R___:

旋轉中心　　旋轉角度

註： G68 使用時，參數 41.0 需設為 1。

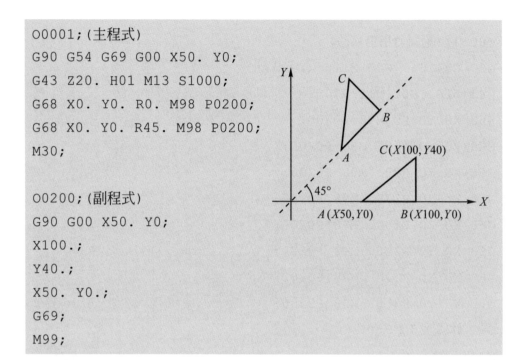

```
O0001; (主程式)
G90 G54 G69 G00 X50. Y0;
G43 Z20. H01 M13 S1000;
G68 X0. Y0. R0. M98 P0200;
G68 X0. Y0. R45. M98 P0200;
M30;

O0200; (副程式)
G90 G00 X50. Y0;
X100.;
Y40.;
X50. Y0.;
G69;
M99;
```

範例 4.31

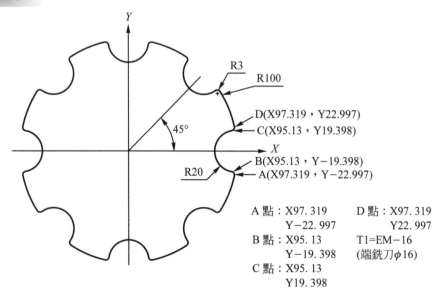

A 點：X97.319   D 點：X97.319
　　　Y-22.997　　　　　　Y22.997
B 點：X95.13   T1=EM-16
　　　Y-19.398　　(端銑刀ϕ16)
C 點：X95.13
　　　Y19.398

```
O0031;(絕對值指令寫法)
G90 G54 G69 G00 X110. Y-25.;
G43 Z20. H01 M13 S700;
G68 X0 Y0 R0 M98 P0200;
G68 X0 Y0 R45. M98 P0200;
G68 X0 Y0 R90. M98 P0200;
G68 X0 Y0 R135. M98 P0200;
G68 X0 Y0 R180. M98 P0200;
G68 X0 Y0 R225. M98 P0200;
G68 X0 Y0 R270. M98 P0200;
G68 X0 Y0 R315. M98 P0200;
G91 G28 Z0 M9;
M30;


O0200;(副程式)
G90 G00 X110. Y-25.;
Z-10.;
G01 G42 X97.319 D25 F150;
Y-22.997;
G03 X95.13 Y-19.398 R3.;
G02 Y19.398 R20.;
G03 X97.319 Y22.997 R3.;
G01 Y25.;
G00 G40 Z20.;
```

```
G69;
M99;


O0031;(增量值指令寫法)
G90 G54 G69 G00 X110. Y-25.;
G43 Z20. H01 M13 S700;
M98 P80200;
G69 M9;
G91 G28 Z0 M19;
M30;


O0200;(副程式)
G90 G00 X110. Y-25.;
Z-10.;
G01 G42 X97.319 D25 F150;
Y-22.997;
G03 X95.13 Y-19.398 R3.;
G02 Y19.398 R20.;
G03 X97.319 Y22.997 R3.;
G01 Y25.;
G00 G40 Z20.;
G68 X0 Y0 G91 R45.;
M99;
```

四、螺旋切削(G02、G03)

螺旋切削是在圓弧切削時同時指定另一軸移動。

程式格式：$\begin{cases} \text{G02} \\ \text{G03} \end{cases}$ X＿＿ Y＿＿ $\begin{cases} \text{R}＿＿ \\ \text{I}＿＿ \text{ J}＿＿ \end{cases}$ Z＿＿ F＿＿ ;

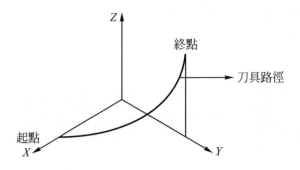

指定進給速度是沿圓弧切削兩軸的圓周移動速度。

以銑牙刀銑削螺紋之情形

範例 4.32 螺紋銑削

```
O0032;
N1(TAP-32);
G90 G54 G00 X0 Y0;
G43 Z20. H01 M13 S100;
G01 Z-25. F500;
G42 X29.5 D25 F150;
G02 I-29.5 Z-27.31;
G40 G00 X0 Y0 M9;
G91 G28 Z0.;
M30;
```

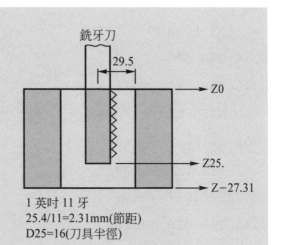

銑牙刀

29.5

Z0

Z25.

Z-27.31

1 英吋 11 牙
25.4/11=2.31mm(節距)
D25=16(刀具半徑)

範例 4.33

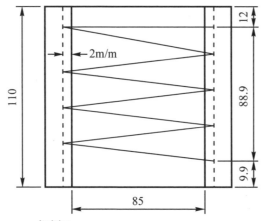

12

2m/m

110

88.9

9.9

85

根徑 2mm
註：1"-2UNC，25.4/2=12.7mm(節距)
牙深 2mm

註： 刀具資料：
(1) T01 80 TAP
    D20=39.5   D21=39.0   D22=38.5   D23=38.0
(2)本工件車牙共進四刀
    每次進刀深度為 0.5mm
    以補正值(D20～D23)代之。

```
O0033;
N1(T01 80TAP)
G54 G90 G00 X0 Y0;
G43 Z50. H01 M01;
Z5. S950 M13;
G01 Z-12. F5000;
G42 X42.5 F80 D20;
M98 P42001;
G40 G90 G00 X0 Y0;
Z5.;
G01 Z-12. F5000;
G42 X42.5 F80 D21;
M98 P42001;
G40 G90 G00 X0 Y0;
Z5.;
G01 Z-12. F5000;
G42 X42.5 F80 D22;
M98 P42001;
G40 G90 G00 X0 Y0;
Z5.;
G01 Z-12. F5000;
G42 X42.5 F80 D23;
M98 P42001;
```

```
G40 G90 G00 X0 Y0;
G00 Z50. M5;
M09;
G91 G28 Z0.;
M30;


O2001(M99P0033);
G91 G02 I-42.5 Z-12.7 F100;
M99;
```

五、G50、G51 比例放大縮小指令

G51 為比例放大縮小指令，執行比例切削前，需先完成參數設定。

參數：36.7 ⎫
　　　36.2 ⎬ 設定為 1。
　　　36.1 ⎪
　　　36.0 ⎭

63.6 → 設定 1 時，尺寸倍率 I.J.K 指定。
　　　　設定 0 時，尺寸倍率 P 指定。

指令：參數 63.6 設定為 0 時，

G51 I __ J __ 　 P __ ;
　　└───┘　└─┘
　　　　↓　　　　↓
　　比例中心　　比例值(P1000=1 倍)

參數 63.6 設定為 1 時，

$$G51\ X\_\_\ Y\_\_\ I\_\_\ J\_\_\ ;$$

比例中心　　比例值(I1000=1 倍)
(I-1000=鏡像)

G50:爲比例切削取消。

範例 4.34 比例放大縮小

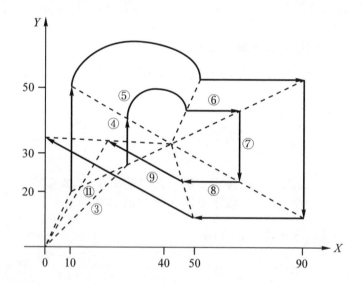

```
(1)G90 G54 G00 X0 Y0;
(2)G51 I40. J30. P500;......1/2 比例之中心
(3)G90 G00 X10.Y20.;
(4)G01 Y50. F100;
(5)G02 X50. I20.;
(6)G01 X90.;                    執行比例切削
(7)Y10.;
(8)X50.;
(9)X0 Y35.;
(10)G50;......消除比例切削
(11)G00 X0 Y0;
```

範例 4.35 鏡像

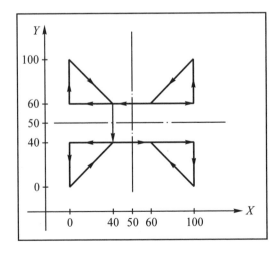

```
O0035;(主程式)
G00 G90;
M98 P0002;
G51 X50. Y50. I-1000 J1000;
M98 P0002;
G51 X50. Y50. I-1000 J1000;
M98 P0002;
G51 X50. Y50. I-1000 J1000;
M98 P0002;
G50;

O0002;(副程式)
G00 G90 X60. Y60.;
G01 X100. F100;
G01 Y100.;
G01 X60. Y60.;
M99;
```

六、G10 資料設定

G10 為資料設定指定，可於程式執行中自動設定刀長資料及座標資料。

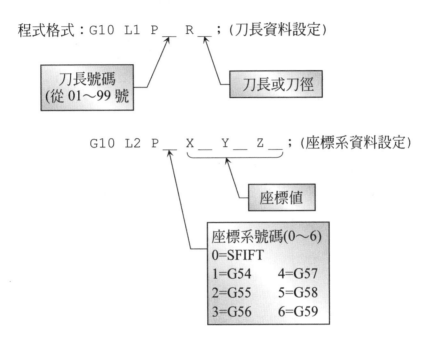

程式格式：G10 L1 P＿＿ R＿＿；(刀長資料設定)

刀長號碼
(從 01～99 號

刀長或刀徑

G10 L2 P＿＿ X＿＿ Y＿＿ Z＿＿；(座標系資料設定)

座標值

座標系號碼(0～6)
0=SFIFT
1=G54　　4=G57
2=G55　　5=G58
3=G56　　6=G59

範例 4.36

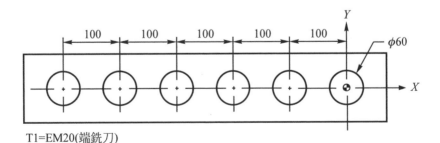

T1=EM20(端銑刀)

主程式：

O0036；

G10 L2 P0 X0 Y0 Z0；

G91 G28 Z0；

G90 G54 G00 X0 Y0；

G43 Z20.H01 M13 S600；

G10 L2 P0 X0；

M98 P0200；

G10 L2 P0 X-100.；

M98 P0200；

G10 L2 P0 X-200.；

M98 P0200；

G10 L2 P0 X-300.；

M98 P0200；

G10 L2 P0 X-400.；

M98 P0200；

G10 L2 P0 X-500.；

M98 P0200；

G10 L2 P0 X0 Y0 Z0；

G91 G28 Z0 M9；

M30；

改增量值寫法
M98 P60200 →

O0200；（絕對值指令副程式）

G90 G00 X0 Y0；

Z-20.；

G01 G42 X30.D25 F200；

G02 I-30.；

G00 G40 X0 Y0；

Z20.；

M99；

O0200；（增量值指令副程式）

G90 G00 X0 Y0；

Z-20.；

G01 G42 X30.D25 F200；

G02 I-30.；

G00 G40 X0 Y0；

G91 G10 L2 P0 X-100.；

Z20.；

M99；

範例 4.37

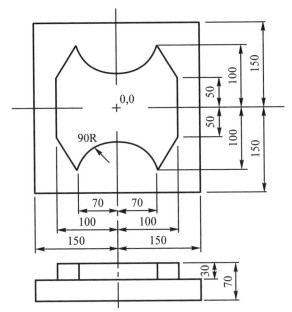

使用刀具：φ20 端銑刀。胚料：翻砂鑄件

主程式：

```
O0037;
G40 G90 G54 G00 X120. Y150.;
G43 Z20. H01 M13 S500;
Z3.;
G01 Z-30. F200;
G10 L1 P30 R60.;
M98 P3500;
G10 L1 P30 R41.;
M98 P3500;
G10 L1 P30 R22.;
```

```
M98 P3500;
G10 L1 P30 R10.2.;
M98 P3500;
G10 L1 P30 R10.;
M98 P3500;
G00 Z3.;
G91 G28 Z0;
G28 X0 Y0;
M30
```

副程式：
```
O3500;
G01 G41 X70. Y100. D30 F200;
X100. Y50.;
Y-50.;
X70. Y-100.;
G03 X-70. R90.;
G01 X-100. Y-50.;
Y50.;
X-70. Y100.;
G03 X70. R90.;
G40 G00 X120. Y150.;
M99;
```

七、G52 局部座標系

G52:局部座標系可用於原座標系中分離出數個子座標系。

程式格式：G52 X100.Y100. ;

子座標系之座標

G52 X0 Y0 ;（回復原點座標）

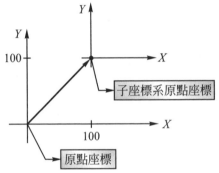

子座標系原點座標

原點座標

範例 4.38

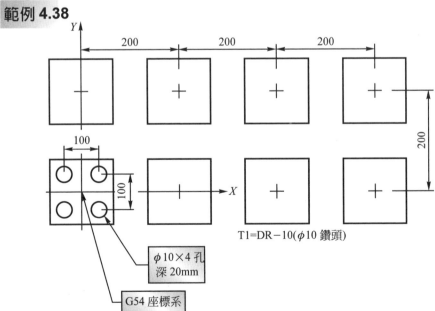

φ10×4 孔
深 20mm

G54 座標系

T1=DR−10(φ10 鑽頭)

```
O0038;(主程式)
G91 G28 Z0;
G90 G54 G80 G00 X50. Y50.;
G43 Z20. H01 M13 S900;
G52 X0 Y0 M98 P200;
G52 X200. M98 P200;
G52 X400. M98 P200;
G52 X600. M98 P200;
G52 X600. Y200. M98 P200;
G52 X400. Y200. M98 P200;
G52 X200. Y200. M98 P200;
G52 X0 Y200. M98 P200;
G91 G28 Z0 M9;
M30;


O0200;(副程式)
G98 G81 R3. X50. Y50. Z-20. F80;
X-50.;
Y-50.;
X50.;
G52 X0 Y0;
M80
M99;
```

範例 4.39

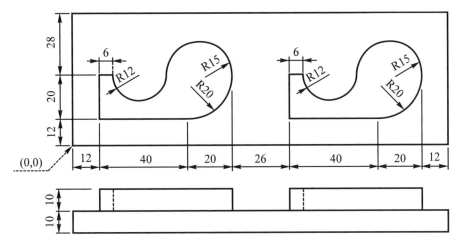

使用刀具：ϕ20 端銑刀。胚料：翻砂鑄件

```
O0039;
N1(EM-20);
G40 G90 G54 G00 X0 Y0;
G43 Z20. H01 M13 S300;
G52 X0 Y0;
M98 P2000;
G52 X86.;
M98 P2000;
G52 X0 Y0;
G91 G28 Z0;
X0 Y0;
```

```
M30;

副程式：
O2000;
G00 X0 Y0;
G01 Z-10. F200;
G42 X12. Y12. D30;
X52.;
G03 X72. Y32. R20.;
X42. R15.;
G02 X18. R12.;
G01 X12.;
Y0;
G00 G40 Z20.;
M99;
```

八、自動倒角機能

程式格式：G01 X____ Y____ $\begin{cases} C\_\_\_; & (45\ \text{度倒角}) \\ R\_\_\_; & (圓弧角) \end{cases}$

註： 使用自動導角指令，必須要有下達一個 G01 移動指令，且移動量需大於倒角值或半徑值。

範例 4.40

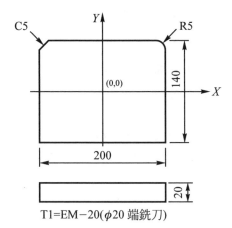

T1=EM−20(φ20 端銑刀)

```
O0040;
G91 G28 Z0;
G90 G54 G40 G00 X120. Y-80.;
G43 Z20. H01 M13 S600;
Z-22.;
G42 X100. D25 F150;
G01 X100. Y70. R5.;
G01 X-100. Y70. C5.;
G01 Y-70.;
G01 X110.;
G00 G40 Z20. M9;
G91 G28 Z0;
M30;
```

九、M73～M76 鏡像加工

程式格式：M73-Y 軸鏡像解除。

M74-Y 軸鏡像設定。

M75-X 軸鏡像解除。

M76-X 軸鏡像設定。

註：(1)此鏡像加工必須於程式原點中心才可執行。

(2)執行 M73～M76 之前必須先執行 G90 G00 X0 Y0 指令。

範例 4.41

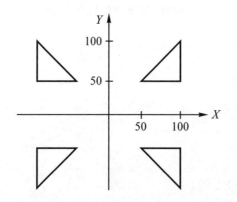

```
O0041;(主程式)
G90 G54 G00 X0 Y0;
G43 Z20. H01 M13 S600;
M98 P200;
M76;
M98 P200;
M74;
```

```
M98 P200;
M75;
M98 P200;
M73;
G91 G28 Z0 M9;
M30;

O200; (副程式)
G90 G00 X50. Y50.;
Z0.;
G01 X100. F200;
Y100.;
X50. Y50.;
G00 Z20.;
X0 Y0;
M99;
```

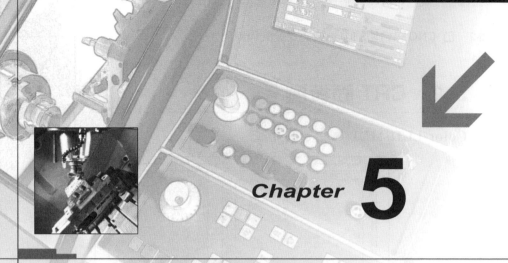

CNC Program Design & Applicate

CRT/MDI面板圖、簡介、按鍵說明

▶ 5.1　CRT 面板圖

Color LCD/MDI

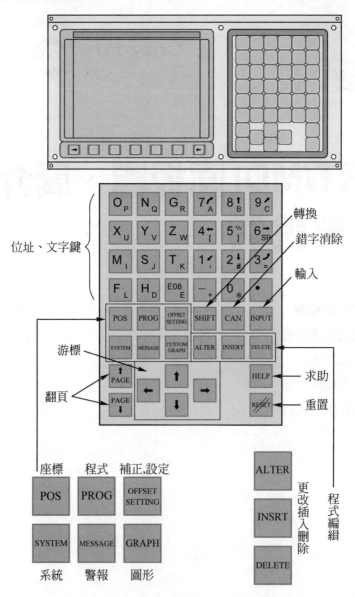

CRT 按鍵說明

1. I ON / OFF 　電源 "開啓"、"關閉" 鍵

    可開啓或關閉電腦數值控制系統。

2. RESET 　重置鍵

    (1)　可消除故障警示。

    (2)　可中止程式之執行。

    (3)　程式輸入完畢後，可押此按鍵使游標迅速回到程式的最前頭 OXXXX 之處。

3. HELP 　求助鍵

    　　按此鍵可以得知以下三種項目的使用說明：

    (1)　警報信號詳細。

    (2)　操作方法。

    (3)　參數目次。

4. SHIFT 　轉換鍵

    　　面盤上同一個按鍵上有大、小兩個字母(例： O_P)要使用小字時，先按一次轉換鍵後再按小字即可。此鍵無連續性，每次要用到小字時，都要先按 "轉換鍵" 一次。

5. 文字鍵

    　　按這些鍵可以輸入英文字母、數字以及其他文字。

6. 程式編輯鍵

    　　包括有：程式更改、程式插入、程式刪除。

(1)　ALTER　程式更改鍵：可作程式內文字之更改。

(2)　INSRT　程式插入鍵：可作程式內文字之輸入。

(3)　DELETE　程式刪除鍵：可作程式內文字、單節及整條程式之刪除。

7.　INPUT　輸入鍵

其功能如同在任何時刻，螢幕下方的軟鍵出現"輸入"的作用。

8.　CUSTOM　客戶自設程式群鍵

按此鍵可以操作"客戶自設程式群"的畫面。

9.　PAGE↑ PAGE↓　翻頁鍵

使用此鍵前，模式選擇鈕要轉到"編輯"，經由向上 ↑ 或向下 ↓ 翻頁鍵，可使程式一頁一頁的翻頁，每次翻頁後，上頁程式內之最後二行程式會再次顯示於下頁之前二行上，以供參考。

10.　← ↑ ↓ →　游標鍵

(1)　使用此鍵前，模式選擇鈕要轉到"編輯"，經由向上 ↑、向下 ↓、向左 ← 或向右 → 游標的移動，使游標停在所要的位置上。

(2)　可作爲程式尋找或程式內文字的尋找。

11. POS 座標鍵

開機後，螢幕首先會顯示如右示之畫面，此畫面為 "絕對座標"。

在螢幕之下面，會出現[絕對]、[相對]、[總合]等，三個按鍵，當壓下[總合]後，顯示如下：

```
現在位置                              O0002 N00000
 (相對座標)                     (絕對座標)
 X   100.000                    X   100.000
 Y   200.000                    Y   200.000
 Z   300.000                    Z   300.000

 (機械座標)                     (余移動量)
 X   100.000                    X   000.000
 Y   200.000                    Y   000.000
 Z   300.000                    Z   000.000

                                加工部品數      5
 運轉時間   0H15M               切削時間    0H0M38S
 ACT .F   3000MM/M             S   0  T0000
 MEN   **** *** ***            12:00:00
 [  絕對  ][  相對  ][  總合  ][      ][ (操作)  ]
```

(1) **機械座標**：為機械本身現在位置的座標。

(2) **絕對座標**：為我們所寫程式的座標。

(3) **相對座標**：為增量的座標，可顯示任意兩點之間的距離，此座標可以隨時歸零，並沒有固定在某一個位置。座標系設定時，常會用到此座標。

※**歸零方法**：選擇相對座標的畫面，按 "X" 鍵，畫面中的 "X" 會閃爍，再按[CAN]軟鍵。則X軸之相對座標值歸零。

(另外Y軸或Z軸亦同上步驟，即可完成相對座標值歸零)

```
現在位置(相對座標)                          O0002 N00000

   X    100.000
   Y    200.000
   Z    300.000



                              加工部品數      5
   運轉時間    0H15M         切削時間    0H0M38S
   ACT .F         0MM/M      0S 100%    T0000
   MEN    **** *** ***              12:00:00
   [  絕對  ][  相對  ][  總合  ][      ][  (操作)  ]
```

(4)　余移動量：“余移動量”程式移動進行時，要從一點移動到另一點時，還要移動的距離，此余移動量必須模式選擇鈕轉到“自動執行”及“手動輸入”時，才會顯示出來。在[檢視]內亦會顯示出來。

12. PROG 程式鍵：程式鍵可顯示[程式]與[DIR](目錄)的畫面。

(1)　將模式選擇鈕轉到“編輯”位置，並壓下[程式]鍵時，螢幕下方會出現二個功能鍵如下：

①　[程式]：在此畫面可顯示程式出來，若想把程式更改、插入、刪除的話，都要壓下此鍵。

②　[DIR]：在此畫面可以看到程式的目錄，目錄內容包括已使用的程式號碼及數目、以及記憶長度容量。

```
PROGRAM DIRECTORY                    O0001 N00010
  PROGRAM(NUM.)                    MEMORY(CHAR.)
  USED:       60                        3321
  FREE:       2                          429

  O0001 (MACRO-GCODE.MAIN)
  O0002 (MACRO-GCODE.SUB1)
  O0010 (TEST-PROGRAM F10-MACRO)
  O0020 (TEST-PROGRAM.ARTHMETIC NO.1)
  O0040 (TEST-PROGRAM.OFFSET)
  O0050
  O0100 (INCH/MM CONVERT CHECK NO.1)
  O0200 (MACRO-MCODE.MAIN)

  >_
  EDIT   **** *** ***          12:00:00
  [  程式  ][  DIR  ][      ][      ][  (操作)  ]
```

(2) 將模式選擇鈕轉在自動執行位置時，螢幕下方會有四個功能鍵如下：

① [程式]：顯示現在的程式。

② [檢視]：可顯示四行程式、絕對座標(相對座標)及余移動量(剩餘的移動量)，一般在程式預演及實際工件試車時，一定要壓下([檢視]鍵)，這樣才能同時監看四行程式及余移動量。

③ [現單等]：顯示現在正在執行的單節。(不常用)

④ [次單節]：顯示下一個將要執行的單節。(不常用)

(3) 程式輸入的方法

① 模式選擇鈕轉在"編輯"位置，程式保護鑰匙轉到"編輯"，按 程式 ，螢幕會出現[程式]及[DIR](目錄)，不論現在螢幕左上角是"程式"或"PRGRAM DIRECTORY"都可以直接來輸入程式號碼。

例：按 O0001 再按 $\boxed{\text{INSRT}}$ 後，程式號碼就會自動輸入顯示

空白螢幕的左上角，然後，先按 EOB(就是程式中的分

號；)再按 $\boxed{\text{INSRT}}$，螢幕就會出現 O0001;。

　　※注意：O0001 與 EOB 要分開輸入，否則會出現 "形

　　式錯誤"。

② O0001;輸入完成後，繼續輸入其它的程式內容，此時，整個

單節打完後，即可連同 $\boxed{\text{EOB}}$ 一起輸入了。

③ 在螢幕下方暫存區內的文字若打錯時，可按 $\boxed{\text{CAN}}$ 來消除，

每按一次 $\boxed{\text{CAN}}$ 只能消除一個字。

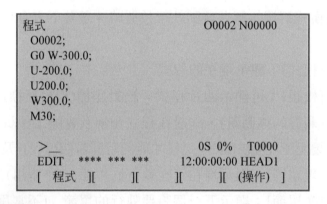

13. $\boxed{\begin{array}{c}\text{OFFSET}\\\text{SETTING}\end{array}}$ 補正、設定鍵

此鍵可作為座標系、刀長補正、刀徑補正或參數設定用。

(1) 補正：按下此鍵後，在螢幕下方會有[補正]，[座標系]顯示，

功能如下：

① 座標系設定

❶   程式保護鍵轉到編輯。

❷   使用百分錶或千分錶或尋邊器裝在主軸心軸刀套孔內。

❸   使用微調操作：X1、X10、X100 將工作台移動，使工作
    物的零點移到主軸正中心的位置。

❹   按 POS 座標鍵。

❺   按[總合]。

❻   將螢幕上的機械座標的 X 值及 Y 值用筆抄下來。

❼   按 OFFSET SETTING 補正設定鍵。

❽   再按螢幕下方的[座標系]。

❾   螢幕出現

```
工件座標系設定                 O0002 N00000

(G54)
NO.       DATA            NO.       DATA
00        X 0.000         02        X 152.580
(EXT)     Y 0.000         (G55)     Y 234.000
          Z 0.000                   Z 112.000


01        X 20.000        02        X 300.000
(G54)     Y 50.000        (G56)     Y 200.000
          Z 30.000                  Z 189.000

>_                        S   0    T0000
MDI   **** *** ***                 12:00:00
[  補正  ][ SETING ][ 座標系 ][      ][ (操作)  ]
```

❿   將游標↑、↓、←、→停在 "01(G54)" 的位置或其他位置。

⓫   將抄下來的 X 值或 Y 值鍵入座標系內，方法如下：
        游標停在X位置，數值→ INPUT ，游標停在Y位置，
    數值→ INPUT ，即完成座標系設定。(在數值前面不需要

鍵入 X 或 Y 或 Z，否則會出現紅色字 "形式錯誤" 訊號。
只要游標停在 X 或 Y 或 Z 位置上，將數值鍵入即可。)

② 刀長補正：

❶ 將刀具裝在主軸上。

❷ 模式選擇轉至微調操作。

❸ 主軸正轉啟動。

❹ 慢慢移動 Z 軸，使刀具輕輕接觸到工作物零點處或切削到
工作零點處。

❺ 按 POS 座標鍵。

❻ 按螢幕下方的功能鍵[總合]。

❼ 用筆將機械座標中 Z 軸的值抄下來。

❽ 按 OFFSET SETTING 補正設定鍵。

❾ 按螢幕下方的[補正]，出現如下的畫面：

OFFSET 工具補正	O0001 N00000			
NO.	形狀(H)	摩耗(H)	形狀(D)	摩耗(D)
001		0.000	0.000	0.000
002	−1.000	0.000	0.000	0.000
003	0.000	0.000	0.000	0.000
004	20.000	0.000	0.000	0.000
005	0.000	0.000	0.000	0.000
006	0.000	0.000	0.000	0.000
007	0.000	0.000	0.000	0.000
008	0.000	0.000	0.000	0.000

ACTUAL POSITION(RELATIVE)

X	0.000	Y	0.000
Z	0.000		

>__

MDI   **** *** ***   16:05:59

[OFFSET][SETING][WORK][   ][(OPRT)]
[補正][SETING][座標系][   ][(操作)]

❿ 按↑、↓、←、→游標鍵使游標停在要補正的號碼上。

⓫ 將抄下來的機械座標 Z 值鍵入，操作方法：<u>數值</u> INPUT 。

若鍵入負值則在寫程式時補正須用 G43。

若鍵入正值則在寫程式時補正須用 G44。

③ 刀徑補正：

❶ 使用 G41、G42 時須採用刀徑補正。

❷ 按 OFFSET SETTING 補正設定鍵。

❸ 按螢幕下方的[補正]。

❹ 按↑、↓、←、→游標鍵，使游標停在要補正的號碼上。

❺ 將刀具半徑值鍵入，操作方法：<u>半徑值</u> INPUT 。

❻ 刀具半徑值若補負值時，則補正方向相反。若程式寫 G42 向右補正，但刀具半徑值若補負值時，實際路徑變為 G41 向左補正。

(2) SETTING：此鍵可用來設定一些資料。

又若要更改 SYSTEM 中的參數、診斷等資料，則需：

① 程式保護鍵轉到"編輯"。

② 模式轉到"手動輸入"。

③ 將 SETTING 中的第一頁"參數寫入＝0"→ 改成"參數寫入＝1"。此時警報信號訊息會跳"100—可寫入參數"故障。可先忽略此故障，等到 SYSTEM 中的資料更改完畢之後再將"參數寫入＝1"→ 改成 0，再按 RESET 即可。

14. SYSTEM 系統鍵

此鍵可顯示參數、自我診斷、PMC 及系統等資料。壓下此鍵後，螢幕下方會出現四個功能鍵，如下：

(1) [參數]：要更改參數資料，必須先將 SETTING 中的第一頁 "參數寫入＝0" → 改成 "參數寫入＝1"。此時警報信號訊息會跳 "100—可寫入參數" 故障。可先忽略此故障，等到 SYSTEM 中的參數資料更改完畢之後再將 "參數寫入＝1" → 改成 0，再按 RESET 即可。

(2) [診斷]：壓下[診斷]之後，螢幕即出現一排排的 0 與 1 信號，維修人員可藉此信號來判斷故障發生之所在。

(3) [PMC]：又可分為 PMCLAD、PMCDGN、PMCPRM。

① PMCLAD：PMC 階梯圖。

② PMCDGN：PMC 診斷畫面。

③ PMCPRM：PMC；參數又包括有：TIMER、COUNTER、KEEP、RELAY、DATA 等資料。

(4) [SYSTEM]：參數、診斷等資料。

15. MESSAGE 警報鍵

可顯示警報信號信息。

16. 程式複製：

※功能說明：可複製相同內容的程式。(程式號碼則不同)

※操作方法：

(1) "模式選擇鈕" 轉到 "編輯"。

(2) "程式保護鈕" 轉到 "編輯"。

(3) 押 PROG 程式鍵，並找出欲複製之程式。(例：O9876)

(4) 押下螢幕下方[操作]鍵。

(5) 押下螢幕下面最右邊之特殊軟鍵►，此時會出現

　　[　　] [　　] [　　] [　　] [EX-EDT]等軟鍵

(6) 押下[EX-EDT]，此時會出現

　　[複製] [移動] [插入] [　　] [更改]等軟鍵

(7) 押下[複製]軟鍵，此時會出現

　　[CRSL～] [　　] [～CRSL] [～最後] [全部]等軟鍵

　　※ CRSL 表游標(CURSOR)之意。

(8) 押下[全部]軟鍵，此時螢幕左下方會出現如下之畫面：

```
        複製    全部   PRG=0000
        數值
[ EXEC ] [       ] [       ] [       ]
```

(9) 直接輸入複製後新的程式號碼，例：1234 INPUT 此時螢幕左
　　下方改出現如下的畫面：

```
        複製    全部   PRG=1234
        數值
[ EXEC ] [       ] [       ] [       ]
```

(10) 押下[EXEC]鍵來進行複製。(原 O9876 之程式仍存在！)
　　此時螢幕會由原先 O9876 複製出 O1234 之程式，並且出現

　　[複製] [移動] [插入] [　　] [更改]等軟鍵

(11) 押螢幕下面最左邊之特殊鍵◄，使螢幕下面之

[複製] [移動] [插入] [　　] [更改]等軟鍵消失，回復

[程式] [DIR] [　　] [　　] [操作]等軟鍵

(12) 以上，程式複製完成。

▶ 5.2 機械操作面板

1. 模式選擇鍵(MODE)

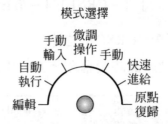

此模式選擇開關是用來選定操作的模式。

2. 編輯(EDIT)

以下之功能執行前，應先將模式選擇開關轉至編輯。

· 程式編輯：資料之更改，插入及消除(其中包括整個程式之消除)。

· 程式以紙帶打出。

· 在此程式中，按下重新設定鍵，則程式會回到開頭。

· 紙帶資料存入記憶器中。

· 各種尋找功能。

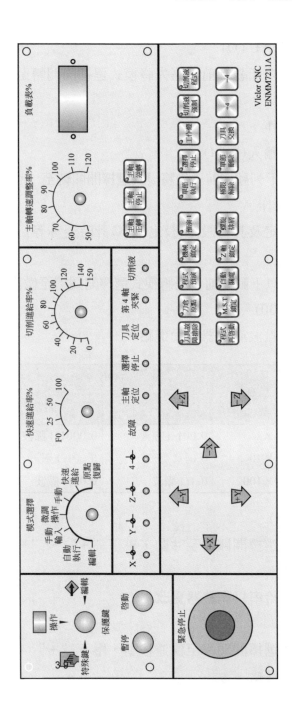

3. 自動執行(AUTO)

下面功能執行前，應先將模式選擇開關轉至"自動操作"模式。

・記憶操作。

4. 手動資料輸入(MDI)

執行下列動作前，先將模式選擇開關轉至"手動輸入"模式。

・MDI操作。

・參數設定及其他設定(設定、PC計時器等等)。

5. 微調操作

執行以下動作前，先將模式選擇開關轉至微調操作模式(X1、X10、X100)。

・以手動脈波產生器手動進給。

增量	行程(X,Y,Z)	
	mm	inch
手動×1	0.001/1 脈波	0.0001/1 脈波
手動×10	0.01/1 脈波	0.001/1 脈波
手動×100	0.1/1 脈波	0.01/1 脈波

6. 手動(JOG)

・將模式選擇開關轉至寸動，壓下"＋"、"－"進給按鈕作連續進給。

・寸動進給率以調整器更改。

7. 快速進給

・將模式選擇開關轉至快速移動，壓下"＋"、"－"進給按鈕作快速進給。

8. 原點復歸

　　．以手動原點復歸時，應先將模式選擇開關轉至原點復歸的模式。

9. 資料保護鑰匙

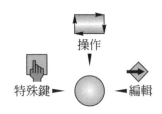

　　當此鑰匙是轉在：

(1) 編輯(EDIT)：允許工件程式之編輯及自我診斷(DGN)設定。

(2) 操作(OP)：在一般自動操作中，允許設定單節(SBK)，選擇停止(OSP)，單節消除(BDT)及切削，如：ON 或 OFF。

(3) 特殊鍵(PANEL)：可設定程式預演(DRN)，M.S.T鎖定(AFL)，刀具故障排除(ATC MANU)，程式再啓動(SRN)，機械鎖定(MLK)，Z軸鎖定(ZNG)及自動切電(APF)的 ON 與 OFF。

10. 程式預演 程式預演(DNG)

(1) ON：程式中之快速進給與切削進給均由進給率調整鈕控制，與程式中之設定值無關。

(2) OFF：進給率由 NC 指令控制。(注意：不管程式預演 ON 或 OFF，進給率調整 0％至 150％仍然有效。)

註：　在自動執行運轉中，當DRN的開關為 "ON" 時，程式預演立即生效；即使在執
　　　行中的單節仍具有同樣之效用。

11. M.S.T鎖定 M.S.T 鎖定(AFL)

此開關 "ON" 後，M.S.T機能失效；但是M00、M01、M02
以及 M30 指令仍依然執行。

12. 刀倉原點 刀倉原點(MAGA ZRN)

按住此按鈕會使得刀倉回到其零點位置。
刀倉 ALARM 時模式選擇鈕轉到原點復歸。

13. 極限解除 極限解除(EMERGENCY RELEASE)

機台中之 X、Y、Z 各軸，均在內設行程檢查範圍以外裝有
極限開關；當此開關(即機台碰到時)為 "ON" 時，機器會立刻停
止。欲解除此一情況，可使用這個按鈕。首先將模式選擇開關切
至手動(MANUAL)位置，然後押此按鈕，同時按電源 "ON" 的
開關，此時就可以使自動進給或微調操作進給有效的執行，同時
也解除緊急的狀態。

14. 單節執行 單節執行(SBK)

此開關 "ON" 時，循環開始的按鈕一按下後，單節內之資
料數據，立即執行。當在自動操作時，執行單節的下一單節指令
儲入緩衝記憶器內。因此以此機能執行程式時，必須不斷的按循
環開始鈕直到程式結束。

15. 選擇停止(STOP)

　　此開關 "ON" 時，M01 與移動指令在同一單節內，則執行時先執行移動指令再執行 M01(主軸，切削液為 OFF)。

16. 單節刪除(BDT)

　⑴　OFF：程式中前端有斜線(/)之單節，其資料依然執行。

　⑵　ON：有斜線之單節均被省略。

17. 切削液(COOLANT)

　　當按下 "強制" 鍵時，此鍵立即亮起；同時切削液會立刻噴出，即使在自動運轉中亦同樣有效。若按下 "程式" 鍵，則切削液之開關依程式內之指令開或關。

18. 程式再啓動(SRN)(特殊機能)

　　此一機能可使加工一半的程式或加工中斷的程式得以繼續進行。

19. 機械鎖定(MLK)

　　機械鎖定(MLK)：機械鎖定 ON 後，程式在執行時，螢幕上的數字會變更，但是機械不會移動。但 M.S.T 機能(主軸旋轉、刀具交換、切削液噴出等等)均照樣執行。

※機械鎖定之目的用於 NC 程式檢查用。

20. │Z軸│ Z軸鎖定(ZNG)
    │鎖定│

　　開關 "ON" 時，Z軸的指令均被忽略不計，在自動操作與手動操作時，除了Z軸外之各軸均可自由移動，但Z軸移動之數字仍然變化顯示。

　　操作步驟如下：

(1)　先將三軸原點復歸。

(2)　可將Z軸移至工作物上方約1至2mm左右或停在原點位置。

(3)　程式保護鍵轉在特殊鍵的位置。

(4)　按 │Z軸│ │輔助機│ │程式│ │單節│ 鍵，使該四個按鍵的燈亮起。
    　　│鎖定│ │能鎖定│ │預演│ │執行│

(5)　模式選擇開關轉至 "自動執行"。

(6)　程式保護鍵轉在 "操作" 的位置。

(7)　切削進給率轉至 "0％" 位置。

(8)　逐一按 │啟動│ 鍵，執行程式。此時G00無效，由切削進給率控制兩軸移動的快慢，注意刀具移動的路徑是否正確，一直操作至M30程式結束的位置。若執行時未清楚，可重複執行，直到確認正確為止。若有錯誤則須重新檢查程式並修改程式再執行此動作。

(9)　程式保護鍵轉到 "特殊鍵" 的位置。

(10)　按 │Z軸│ │輔助機│ │程式│ │單節│ 鍵，使該四個按鍵的燈熄滅。
    　　│鎖定│ │能鎖定│ │預演│ │執行│

(11)　重新將三軸原點復歸(注意三軸座標是否正確)。

21. 自動關電 自動切電(APF)

    此開關 ON 時，程式執行至 M02、M30 會自動切斷電源。

22. 刀具故障排除 刀具故障排除(ATC MANU)

    此按鍵為 ATC 換刀故障時，故障排除使用。操作順序：模式選擇開關轉至 MDI，程式保護鍵轉至特殊鍵，按下此鍵，一手按住 SP 鍵，在 DGN600 設定下列值

    1：ATC   按 + X   正轉
              − X   反轉
    2：MAG   按 + X   正轉
              − X   反轉
    3：POT   按 + X   刀套上昇
              − X   刀套下降

23. 刀具交換 刀具交換(ATC)

    在手動模式，按此按鈕時執行換刀動作。

24. 螺旋排屑 螺旋排屑(CLN)(特殊規格)

25. +4 −4 + 4、− 4

    此按鈕是用來做第四軸轉動進給用的。

26. 手動操作(手動脈波產生器)

    此一手動操作模式可以由操作者選擇進給之速度與各軸之方向。但 X、Y 及 Z 軸之每脈波進給率必須以另外一個開關來選擇。

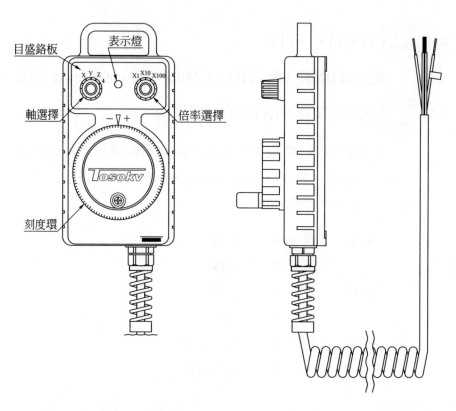

目盛鉻板
表示燈
X Y Z₄ X1 X10 X100
軸選擇 — ▽ + 倍率選擇
Tosokv
刻度環

27. 手動軸向選定(H.SEL)

此開關是在手動操作時,用來選擇進給之軸向。

註: 手動操作之每一刻度(即每脈波之進給率)依 X1、X10、X100 之開關設定而有所不同。

28. 啟動 □ 循環啟動(ST)

此鍵是用來啟動一自動操作循環(紙帶/MDI/記憶操作)用的。在自動操作執行時,此燈會一直亮著,直到執行完畢。

29. 暫停 進給暫停(SP)

此鍵有時候也被稱爲 "暫停鍵" ，此鍵主要是在自動執行操作時暫停進給用，此鍵押下後，燈示會立刻亮起。

30. 快速移動速度調整(SOVR%)

此開關可以將快速移動之比率從 F0 到 F100％。

在 100％時之速度爲 X、Y：24000mm/min，Z：18000mm/min。

31. 主軸轉速調整(ROVR%)

主軸轉速設定可從 60rpm 至 8000rpm 之間，而直接以四位數指定。如此可以在 50％到 120％之間，以每 10％來調整。

32. 進給率調整(FOVR%)

自動操作模式中進給率指定(F)，可以從 0％到 150％，以每 10％增加。

註： 超過 150%時，進給率會鎖定在 150%。

手動操作之寸動，可以利用此開關改變 0 至 1500mm/min 之速度。

註： 對攻牙循環(G84，G74)，此進給率調整開關無效。

▶ 5.3　操作方法

1.　 "＋"、"－" 進給按鈕

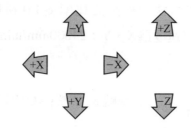

這些按鈕可在以下之手動軸向進給情形中使用：

(1)　寸動進給。

(2)　手動快速進給。

(3)　分段進給。

(4)　手動原點復歸。

2.　分段進給模式(STEP)

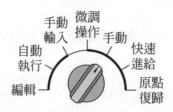

此模式是用來作分段進給。數值顯示的放大倍率，每按一次鈕後之移動距離為最小進給單位之倍數。

3.   主軸旋轉(SPINDLE)

在手動操作方式中，以此方法啓動主軸。

FOR(正轉)：主軸正轉

STP(停止)：主軸停止

REV(逆轉)：主軸反轉

在變換正轉、反轉前，應先將主軸停止後再執行。

4. 總開關

此一開關與無熔絲開關(NFB)具有相同的效果，即在機器電氣回路中，若有過載電流之情況時，此開關會立刻跳脫。

5. 供給電燈源

當外部電源供給至機台本身後，此燈會即時亮起。

6. 控制箱門之連鎖(特殊規格)

　　　　此一開關在控制箱門上，爲了安全的考慮，請務必轉至 "ON" 的位置。當在電源 "ON" 的情況下，打開控制箱時，此一機能會自動切掉電源。如果在修理或維護時，須將控制箱打開的情況下，則必須把開關轉至 "OFF" 的位置後，再打開此門。

7.　緊急停止開關(ESP)

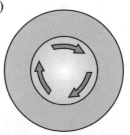

　　　　按下此開關後會切掉 NC 伺服電源之供應，預備狀態之取消以及停止所有之機能。消除此一狀態之作法爲將此開關以順時針旋轉使其跳出，然後按下電源開關 "ON"，重新供應電源至伺服單元。如果按下此鈕切斷電源後，再度送電時，請務必先原點復歸。此鈕同時也可做每日工作完畢後之電源切斷用。

8.　主軸負載表

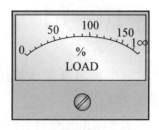

※主軸負載

　　當此表指標所示爲 100％輸出時，亦即指 30 分鐘額定時，9kW(12Hp)之最大輸出功率。所以 73％就是相對於 6.75kW(8.8Hp) 之連續額定。

9. 刀具脫離

此按鈕是在控制主軸刀具之束緊或放鬆的情形。(以手動操作)

10. 刀倉正轉、反轉

按正轉(反轉)一次,則刀倉正轉(反轉)一次。

11. 指示燈號說明

(1) X、Y 及 Z 軸原點復歸指示燈

當原點復歸動作完畢時,這些燈會相對各軸亮起。

(2) 故障 錯誤指示燈

當程式錯誤,機械錯誤及資料錯誤發生時,此燈會亮起。

(3) 主軸定位 主軸定位指示燈

當主軸定位動作完畢後,此指示燈就會亮。

(4) 選擇停止 選擇停止指示燈

當 OSP(選擇性停止)開關爲 "ON",而且在自動執行中讀到 "M01" 碼時,此燈會亮。

(5) 刀具定位 ATC 原點指示燈

當 ATC 在可換刀的情況下時，此燈就會亮。

但當 ATC 循環執行時，此燈即會消失。

(6) ^{第 4 軸夾緊} 第四軸鎖定指定燈
〇

當旋轉軸鎖定時，此燈會亮起。

(7) ^{切削液} 切削液指示燈
〇

當切削液噴出時，此燈會亮起。

12. 手動原點復歸

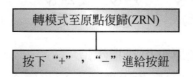

工作台會以快速移動的速度移動至接近機械原點的位置，然後自動減速至正確的機械原點。

註： 下列情形，必須做原點復歸的動作：
   (1)每天工作前，開啓電腦後。
   (2)當操作者操作不當時。
   (3)當過行程或按下緊急停止開關後。

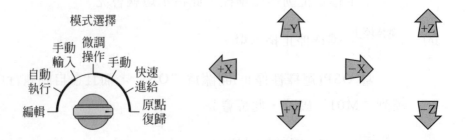

13. 主軸旋轉

註： 在變更旋轉方向前，應先停止主軸旋轉。

14. 手動進給(手動脈波產生器)

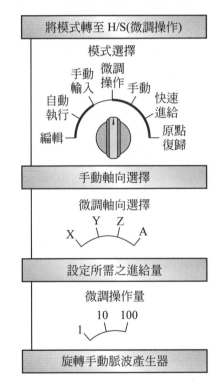

對正方向之進給，將 MPG 以順時針方向轉動。

對負方向之進給，將 MPG 以逆時針方向轉動。

15. 分段進給

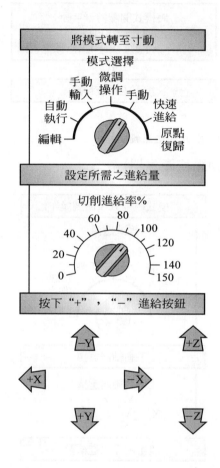

將模式轉至寸動

模式選擇

設定所需之進給量

按下 "+" ， "–" 進給按鈕

16. 寸動進給(手動連續進給)

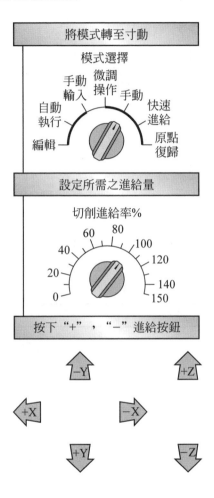

17. 快速移動

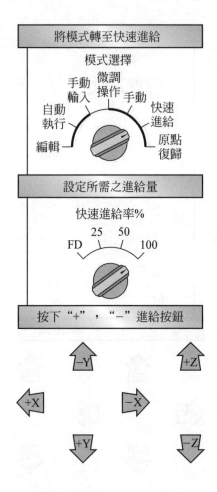

▶ 5.4　自動操作說明

1.　自動操作

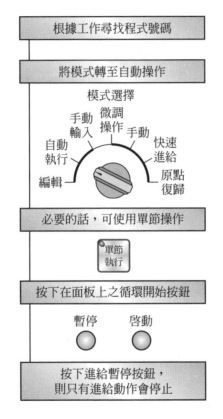

此時循環開始燈示熄滅，同時暫停燈亮起。

註：　如果發生任何意外時，按下緊急停止按鈕。

2. MDI 操作

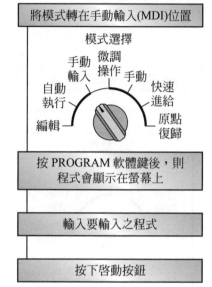

此時以手動(MDI)輸入之指令資料，會被執行

3. 實際試車步驟

(1) 路徑顯示及 Z 軸鎖定無誤後執行以下步驟。

(2) 程式保護鍵轉在特殊的位置。

(3) 按 程式預演 單節執行 鍵，使兩鍵燈亮。

(4) 程式保護鍵轉在 ON 的位置。

(5) 切削進給率轉至 100％位置。

(6) 快速進給率轉至 0％位置。

(7) 模式選擇鈕轉至自動執行。

(8) 確認刀長及刀徑補正是否正確？

(9) 按 PROG 程式鍵。

⑽　按螢幕下方[檢視]鍵。

⑾　逐一按 啟動 鍵，執行程式。此時 G00 無效，切削進給率控制

　　兩軸移動的快慢，注意刀具移動的路徑是否正確？一直操作到

　　M30 程式結束的位置。

⑿　程式保護鍵轉在特殊鍵的位置。

⒀　按 程式預演 單節執行 鍵，使兩鍵燈滅。

⒁　程式保護鍵轉在 ON 的位置。

⒂　量尺寸並作補正。

⒃　更換工件後按 啟動 鍵，加工工件。逐次將快速進給率轉至

　　25％、50％、100％。

▶ 5.5　連線使用說明

一、CNC 機台對機台連線操作說明

　　（先將接收側機台準備好，再準備傳送側機台部份）

　　接收側機台部份：

1.　模式選擇鈕轉至 "編輯"。

2.　按 "PROG" 鍵。

3.　按螢幕下方[操作]軟鍵。

4.　按螢幕下方[→]軟鍵。

5.　按螢幕下方[READ]軟鍵。

6.　按螢幕下方[EXEC]軟鍵。

傳送側機台部份：

1. 模式選擇鈕轉至"編輯"。

2. 按"PROG"鍵。

3. 按螢幕下方[操作]軟鍵。

4. 按螢幕下方[→]軟鍵。

5. 輸入程式號碼："OXXXX"(例：O0001)。

6. 按螢幕下方[PUNCH]軟鍵。

7. 按螢幕下方[EXEC]軟鍵。

　完成！

註：機台連線時需先確認：
　　⑴(設定頁)SETTING(HANDY)頁中是 ISO 碼或是 EIA 碼？
　　⑵I/O 頻道為 0-3 那一個頻道？
　　⑶傳輸速率為 4800 或 9600 等。

二、由個人電腦傳送程式至 CNC 機台

(先將 CNC 機台準備好，再準備個人電腦部份)

CNC 機台部份：

1. 模式選擇鈕轉至"編輯"。

2. 按"PROG"鍵。

3. 按螢幕下方[操作]軟鍵。

4. 按螢幕下方[→]軟鍵。

5. 按螢幕下方[READ]軟鍵。

6. 按螢幕下方[EXEC]軟鍵。

個人電腦部份：

1. 在主畫面螢幕下方出現(輸入選擇號碼)字樣時，請按3再按ENTER。

2. 螢幕下方出現(是否傳送多條程式(Y/S)？)字樣時請按ENTER。

3. 螢幕下方出現(輸入程式號碼)字樣時,請按程式號碼(例 O0001)
再按 ENTER。

4. 螢幕下方出現(按任意鍵即開始,按ESC脫離!)字樣時請按ENTER。

5. 螢幕下方出現(準備做程式傳送,按 ESC 脫離!)即可。

完成!

三、由 CNC 機台傳送程式至個人電腦

(先將個人電腦準備好,再準備 CNC 機台部份)

個人電腦部份:

1. 在主畫面螢幕下方出現(輸入選擇號碼)字樣時,請按2再按ENTER。

2. 螢幕下方出現(輸入程式號碼)字樣時,請按程式號碼(例 O0001)
再按 ENTER。

3. 螢幕下方出現(是否接收多條程式(Y/S)?)字樣時請按 ENTER。

4. 螢幕下方出現(按任意鍵即開始,按ESC脫離!)字樣時請按ENTER。

5. 螢幕下方出現(準備做程式傳送,按 ESC 脫離!)即可。

機台部份:

1. 模式選擇鈕轉至"編輯"。

2. 按"PROG"鍵。

3. 按螢幕下方[操作]軟鍵。

4. 按螢幕下方[→]軟鍵。

5. 輸入程式號碼:"OXXXX"(例:O0001)。

6. 按螢幕下方[PUNCH]軟鍵。

7. 按螢幕下方[EXEC]軟鍵。

完成!

四、DNC 使用步驟

　　當加工程式非常的長，或是直接從Cam軟體轉換出來的程式，要在M/C中心機上來執行時，可以考慮用DNC邊傳邊做的型式來加工工件。

　　其步驟如下所示：

1. 按 程式 鍵，使螢幕顯示程式頁。

2. 保護鍵轉至"編輯"，模式選擇鈕轉至"手動輸入"，"M70"→ INSERT (插入) → 啓動 。(此時螢幕呈現空白，只顯示"DNC INPUT"訊息。)

3. PC 電腦側，此時在 DNC 軟體上把欲執行的程式號碼輸入，按 ENTER 。(PC電腦處於等待狀態。)

4. 保護鍵轉到"操作"，模式選擇鈕轉至"自動執行"，按 啓動 鍵。(最好先配合 單節執行 來做。沒問題之後再取消 單節執行 ，以連續動作來加工。)

5. 若加工完畢，要結束DNC狀況，只要在M/C機台側，保護鍵轉至"編輯"，模式選擇鈕轉至"手動輸入"，"M71"→ INSERT (插入) → 啓動 ，即可結束DNC狀況，恢復正常。

五、FANUC Oi-M、16/18M 系列傳輸參數設定

(I/O = 0)

參數(16/18 系列)	型號	意義
101.0	SB2	停止(STOP)位元是 1/2
101.3	ASI	傳輸碼是 EIA 或 ISO/ASCII 碼
102		傳輸方式設定。例：RS232 = 0，PPR = 6
103		傳輸速率(10:4800，11:9600)

(I/O = 1)

參數(16/18 系列)	型號	意義
111.0	SB2	停止(STOP)位元是 1/2
111.3	ASI	傳輸碼是 EIA 或 ISO/ASCII 碼
112		傳輸方式設定。例：RS232 = 0，PPR = 6
113		傳輸速率(10:4800，11:9600)

(I/O = 2)

參數(16/18 系列)	型號	意義
121.0	SB2	停止(STOP)位元是 1/2
121.3	ASI	傳輸碼是 EIA 或 ISO/ASCII 碼
122		傳輸方式設定。例：RS232 = 0，PPR = 6
123		傳輸速率(10:4800，11:9600)

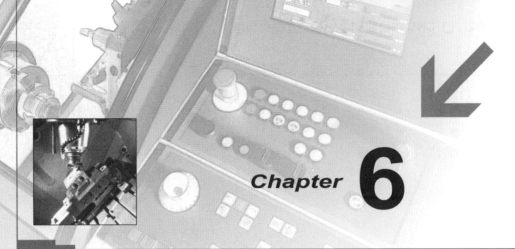

Chapter 6

CNC Program Design & Applicate

銑床 – CNC 銑床乙級檢
定試題

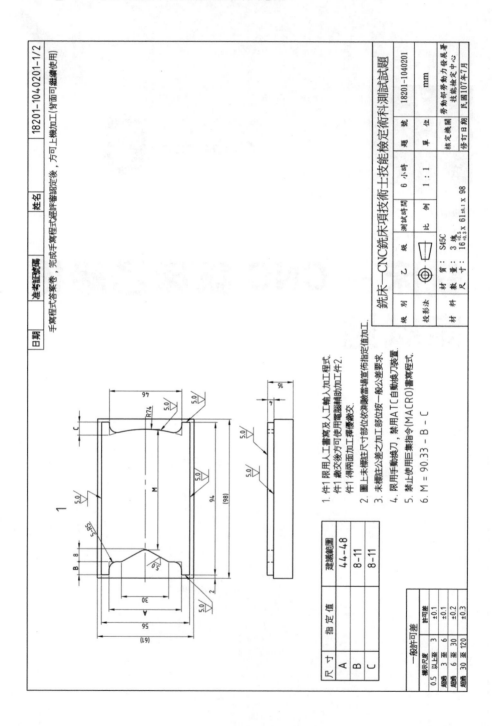

| 日期 | 准考證號碼 | 姓名 | 18201-1040201-1/2 |

手駕程式答案卷，完成手駕程式並經評審認定後，方可上機加工（背面可繼續使用）

銑床–CNC銑床項技術士技能檢定術科測試試題

級 別	乙 級	測試時間	6 小時	題 號	18201-1040201
投影法	⊕	比 例	1：1	單 位	mm
材 料	材 質：	S45C	核定機關	勞動部勞動力發展署
	數 量：	3 塊		技能檢定中心
	尺 寸：	$16^{+0.5}_{0}$ x $61^{+0.1}_{0}$ x 98	修訂日期	民國107年7月

1. 件1 限用人工畫寫及人工輸入加工程式，
   件1 數交後方可使用電腦輔助加工件2.
   件1 得兩面加工擇優繳次.
2. 圖上未標註尺寸部位依測驗當場宣佈指定值加工.
3. 未標註公差之加工部位按一般公差要求.
4. 限用手動換刀，禁用ATC自動換刀裝置.
5. 禁止使用巨集指令(MACRO)畫寫程式.
6. M = 90.33 - B - C

尺　寸	指定值	建議轉速
A		44~48
B		8~11
C		8~11

一般許可差	
標示尺度	許可差
0.5 以上至 3	±0.1
超過 3 至 6	±0.1
超過 6 至 30	±0.2
超過 30 至 120	±0.3

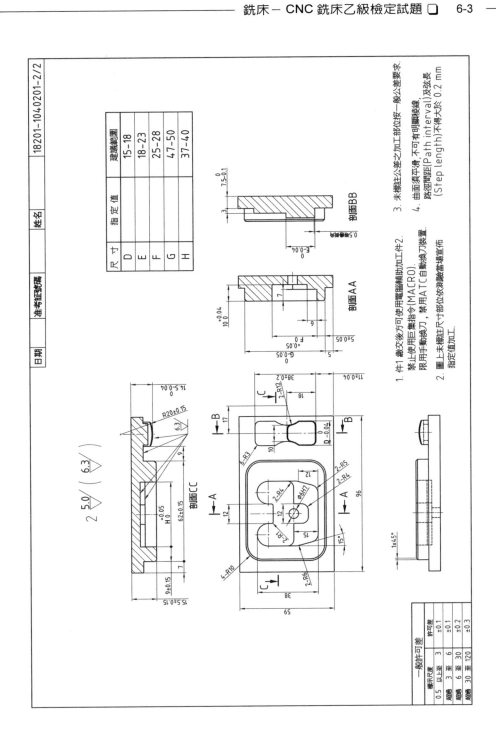

18201-1040201-2/2

尺寸	指定值	建議範圍
D		15-18
E		18-23
F		25-28
G		47-50
H		37-40

剖面BB

剖面AA

剖面CC

$2 \overset{5.0}{\triangledown} / (\overset{6.3}{\triangledown})$

1. 件1 激交後方可使用電腦輔助加工件2.
   禁止使用巨集指令(MACRO).
   限用手動換刀,禁用ATC自動換刀裝置.

2. 圖上未標註尺寸部位依測驗當場實佈
   指定值加工.

3. 未標註公差之加工部位按一般公差要求.

4. 曲面須平滑,不可有明顯接線
   路徑間距(Path interval)及弦長
   (Step length)不得大於 0.2 mm

一般許可差		
標示尺度		許可差
0.5 以上至	3	±0.1
超過 3 至	6	±0.1
超過 6 至	30	±0.2
超過 30 至	120	±0.3

日期　准考證號碼　姓名

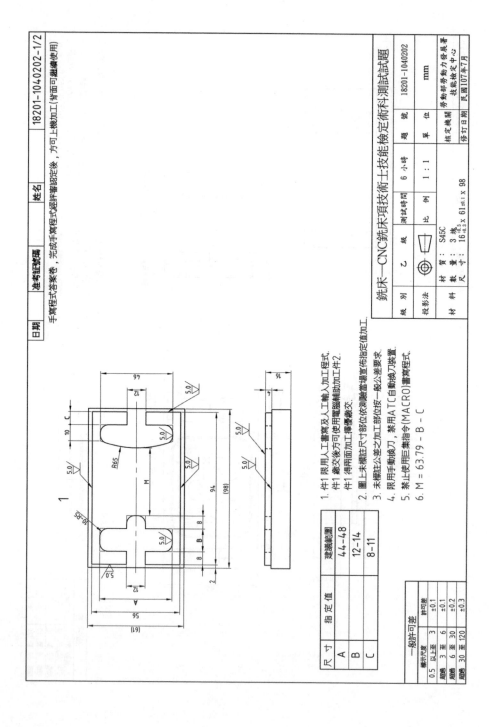

銑床—CNC銑床項技術士技能檢定術科測試試題

級 別	乙 級	測試時間	6 小時	規 號	18201-1040202
投影法		比 例	1 : 1	單 位	mm
材 料	材 質：S45C 數 量：3 塊 尺 寸：16$^{+0.5}_{+0.3}$ X 61$^{+0.1}_{0}$ X 98			核定機關	勞動部勞動力發展署 技能檢定中心
				修訂日期	民國107年7月

日期　准考證號碼　姓名

手寫程式答案卷，完成手寫程式或譯碼審認定後，方可上機加工（背面可繼續使用）

18201-1040202-1/2

1. 件1限用人工書寫及人工輸入工程式.
   件1程次後方可使用電腦輔助加工件2.
   件1得兩面加工準覆繳次.
2. 圖上未標註尺寸部位依測繪當場實佈指定值加工.
3. 未標註公差之加工部位依一般公差要求.
4. 限用手動換刀，禁用ATC自動換刀裝置.
5. 禁止使用巨集指令(MACRO)書寫程式.
6. M = 63.79 - B - C

尺寸	指定值	建議轉速
A		44～48
B		12～14
C		8～11

一般許可差		
標示尺度		許可差
0.5 以上至 3		±0.1
超過 3 至 6		±0.1
超過 6 至 30		±0.2
超過 30 至 120		±0.3

日期	准考證號碼	姓名	18201-1040202-2/2

尺寸	指定值	建議範圍
D		11-15
E		16-20
F		22-28
G		34-40
H		40-46

1. 件1銑次後方可使用電腦輔助加工件2.禁止使用巨集指令(MACRO).限用手動換刀，禁用ATC自動換刀裝置。
2. 圖上未標註尺寸部位依測驗當場宣佈指定值加工。
3. 未標註公差之加工部位按一般公差要求。
4. 曲面須平滑,不可有明顯接線,路徑間距(Path interval)及弦長(Step length)不得大於 0.2 mm

$2 \frac{5.0}{(6.3)} \nabla$

一般許可差

標示尺度	許可差
0.5 以上至 3	±0.1
超過 3 至 6	±0.1
超過 6 至 30	±0.2
超過 30 至 120	±0.3

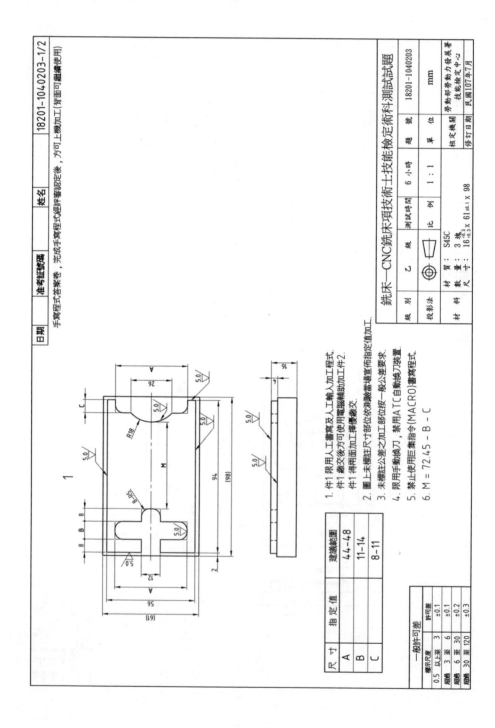

日期　准考證號碼　姓名

手寫程式答案卷，完成手寫程式經評審認定後，方可上機加工（背面可繼續使用）

18201-1040203-1/2

銑床—CNC銑床項技術士技能檢定術科測試試題

級 別	乙 級		題 號	18201-1040203
投影法			測試時間	6 小時
			比 例	1 : 1
			單 位	mm
材 料	材 質：	S45C	核定機關	勞動部勞動力發展署
	數 量：	3 塊		技能檢定中心
	尺 寸：	16⁺⁰·³₀ X 61⁺⁰·⁵₀ X 98	修訂日期	民國107年7月

注意事項

1. 件1限用人工畫寫及人工輸入加工程式.
   件1繪次後方可使用電腦輔助加工件2.
   件1繪兩面加工，擇優繳次.
2. 圖上未標註尺寸部位依測驗當場量術指定值加工.
3. 未標註公差之加工部位按一般公差要求.
4. 限用手動換刀，禁用ATC自動換刀裝置.
5. 禁止使用巨集指令(MACRO)畫寫程式.
6. M = 72.45 - B - C

尺 寸	指 定 值	建議範圍
A		44~48
B		11~14
C		8~11

一般許可差	
標示尺度	許可差
0.5 以上至 3	±0.1
超過 3 至 6	±0.1
超過 6 至 30	±0.2
超過 30 至 120	±0.3

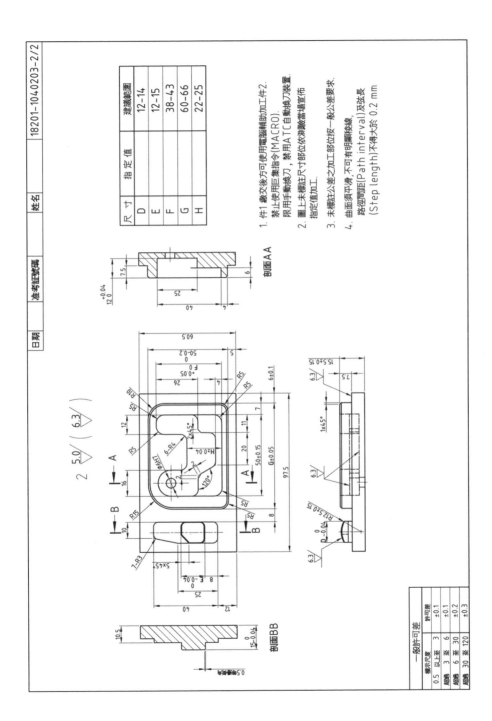

18201-1040203-2/2

日期	准考證號碼	姓名

尺 寸	指 定 值	建議範圍
D		12-14
E		12-15
F		38-43
G		60-66
H		22-25

1. 件1 銑交後方可使用電腦輔助加工件2.
   禁止使用巨集指令(MACRO).
   限用手動換刀，禁用ATC自動換刀裝置.

2. 圖上未標註尺寸部位依測驗當場宣佈
   指定值加工.

3. 未標註公差之加工部位按一般公差要求.

4. 曲面須平滑,不可有明顯銑線.
   路徑間距(Path interval)及歩長
   (Step length)不得大於 0.2 mm

剖面AA

剖面BB

一般許可差		
標示尺度		許可差
0.5	以上至 3	±0.1
超過 3	至 6	±0.1
超過 6	至 30	±0.2
超過 30	至 120	±0.3

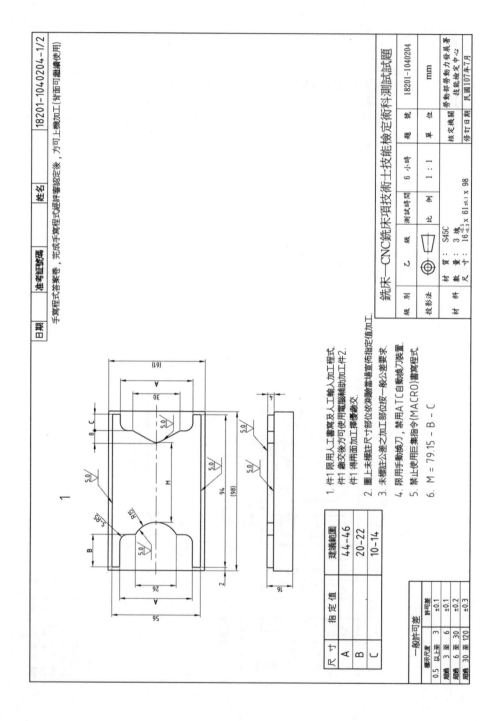

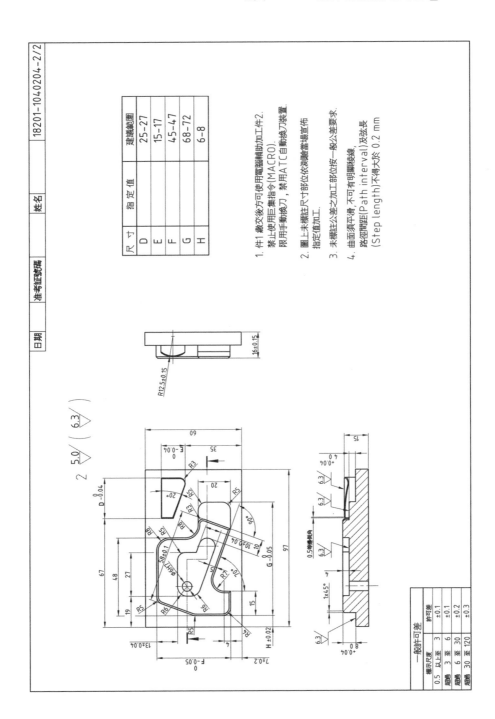

18201-1040204-2/2　姓名　准考證號碼　日期

尺寸	指定值	建議範圍
D		25-27
E		15-17
F		45-47
G		68-72
H		6-8

1. 件1銑交後方可使用電腦輔助加工件2. 禁止使用巨集指令(MACRO)。限用手動換刀，禁用ATC自動換刀裝置。
2. 圖上未標註尺寸部位依洞黷黷當場自布指定值加工.
3. 未標註公差之加工部位按一般公差要求。
4. 曲面須平滑，不可有明顯接線，路徑間距(Path interval)及弦長(Step length)不得大於 0.2 mm

$2\ \overline{5.0} / (\overline{6.3})$

R12.5±0.15   16±0.15

一般許可差		
標示尺度		許可差
0.5 以上至	3	±0.1
超過 3 至	6	±0.1
超過 6 至	30	±0.2
超過 30 至	120	±0.3

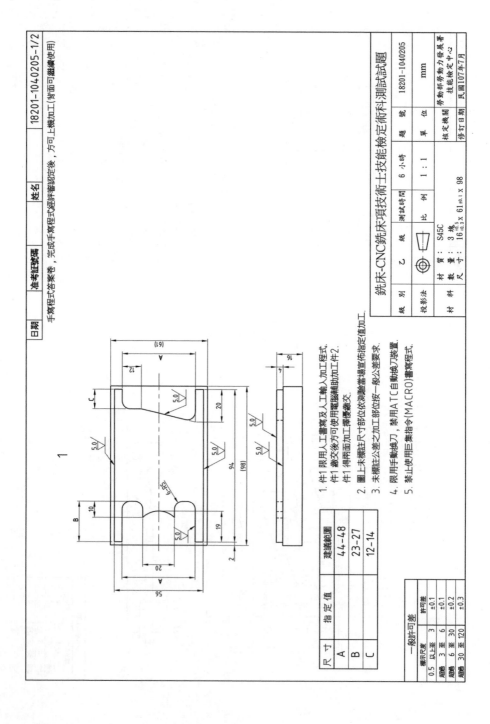

18201-1040205-1/2

日期	准考證號碼	姓名

手寫程式答案卷，完成手寫程式磁碟評審認定後，方可上機加工(背面可繼續使用)

1. 件1 限用人工書寫及人工輸入加工程式，
   件1 繳交後方可使用電腦輔助加工件2.
   件1 得兩面加工需繳數次.

2. 圖上未標註尺寸部位依測驗當場當作指定值加工.

3. 未標註公差之加工部位按一般公差要求.

4. 限用手動換刀，禁用ATC自動換刀裝置.

5. 禁止使用巨集指令(MACRO)書寫程式.

尺寸	指定值	建議範圍
A		44~48
B		23~27
C		12~14

一般許可差		
標示尺度		許可差
0.5 以上至	3	±0.1
超過 3 至	6	±0.1
超過 6 至	30	±0.2
超過 30 至	120	±0.3

銑床-CNC銑床項技術士技能檢定術科測試試題

					18201-1040205
級 別	乙 級	測試時間	6 小時	題 號	
投影法		比 例	1:1	單 位	mm

材料 質：S45C
數 量：3 塊
尺 寸：16⁺⁰·⁵₋₀·₃ x 61±0.1 x 98

核定機關	勞動部勞動力發展署 技能檢定中心
修訂日期	民國107年7月

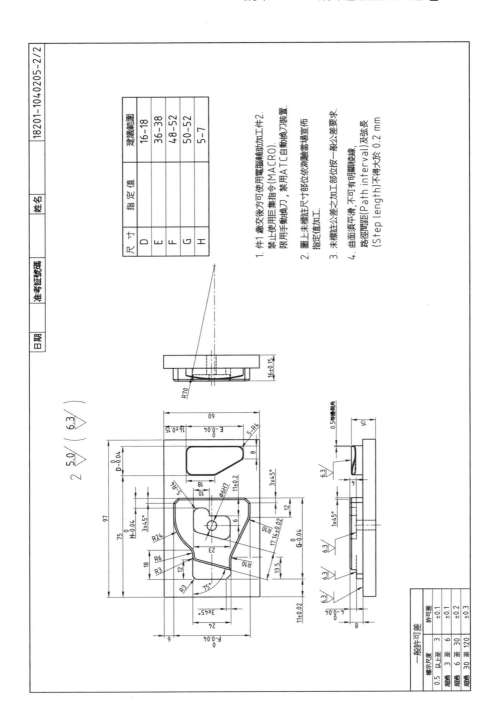

18201-1040205-2/2

尺寸	指定值	建議範圍
D		16~18
E		36~38
F		48~52
G		50~52
H		5~7

1. 件1 像次後方可使用電腦輔助加工件2.
   禁止使用巨集指令(MACRO)。
   限用手動換刀，禁用ATC自動換刀裝置。

2. 圖上未標註尺寸部位依測驗當場佈
   指定值加工。

3. 未標註公差之加工部位按一般公差要求。

4. 曲面須平滑,不可有明顯稜線,
   路徑間距(Path interval)及弦長
   (Step length)不得大於 0.2 mm

日期　准考證號碼　姓名

一般許可差		
標示尺度		許可差
0.5	以上至 3	±0.1
超過 3	至 6	±0.1
超過 6	至 30	±0.2
超過 30	至 120	±0.3

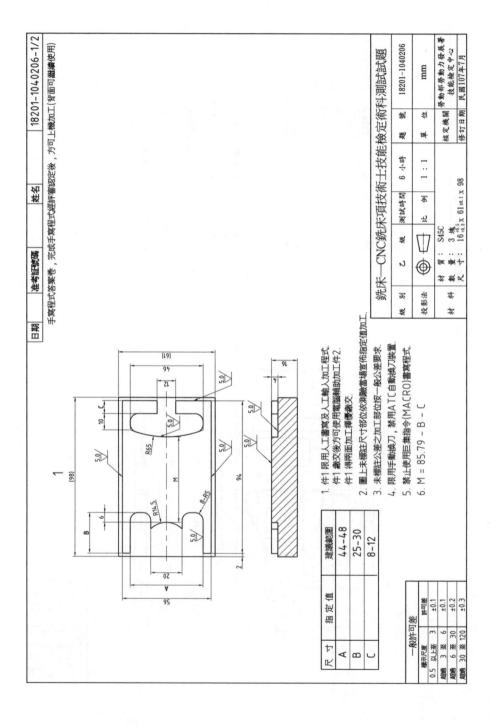

銑床－CNC銑床項技術士技能檢定術科測試試題

日期	准考證號碼	姓名		18201-1040206-1/2

手寫程式式答案卷，完成手寫程式經評審認定後，方可上機加工(背面可繼續使用)

級別	乙	級	測試時間	6 小時	題 號	18201-1040206
投影法			比 例	1：1	單 位	mm
材 料	材 質：S45C 數 量：3 塊 尺 寸：16 ±0.3 x 61±0.1 x 98				核定機關	勞動部勞動力發展署 技能檢定中心
					修訂日期	民國107年7月

1. 件1 限用人工書寫及人工輸入加工程式。
   件1 繳交後方可使用電腦輔助加工件2.
   件1 得兩面加工擇優繳次.
2. 圖上未標註尺寸部位皆依測驗當場宣佈指定值加工.
3. 未標註公差之加工部位按一般公差要求。
4. 限用手動換刀，禁用ATC自動換刀裝置。
5. 禁止使用巨集指令(MACRO)書寫程式。
6. M = 85.79 – B – C

尺 寸	指 定 值	建議範圍
A		44~48
B		25~30
C		8~12

一般許可差

機床尺度	許可差
0.5 以上至 3	±0.1
超過 3 至 6	±0.1
超過 6 至 30	±0.2
超過 30 至 120	±0.3

日期		准考証號碼		姓名		18201-1040206-2/2

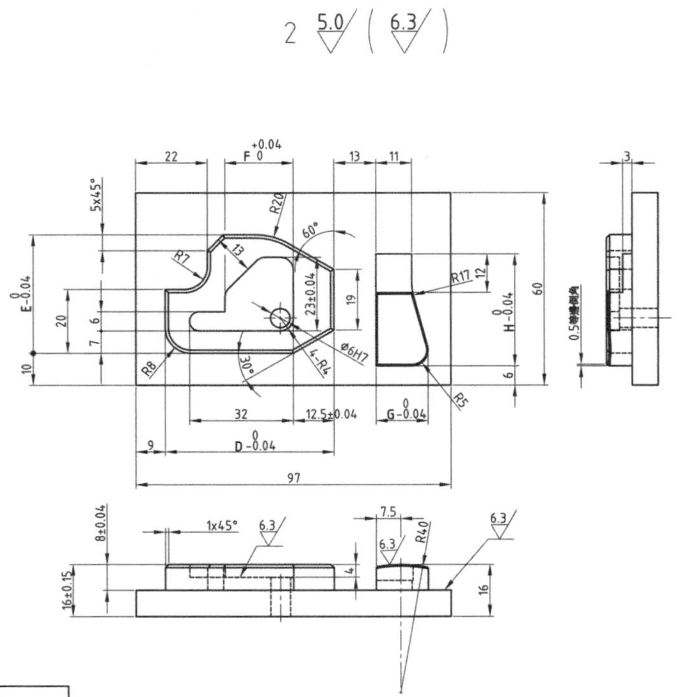

尺 寸	指 定 值	建議範圍
D		50-54
E		36-38
F		19-21
G		15-17
H		35-40

1. 件1 繳交後方可使用電腦輔助加工件2.
   禁止使用巨集指令(MACRO).
   限用手動換刀，禁用ATC自動換刀裝置.
2. 圖上未標註尺寸部位依測驗當場宣佈指定值加工.
3. 未標註公差之加工部位按一般公差要求.
4. 曲面須平滑,不可有明顯稜線,
   路徑間距(Path interval)及弦長
   (Step length)不得大於 0.2 mm

一般許可差				
標示尺度				許可差
0.5	以上至		3	±0.1
超過	3	至	6	±0.1
超過	6	至	30	±0.2
超過	30	至	120	±0.3

技術士技能檢定銑床職類乙級 CNC 銑床項術科測試評審表(範例)

題號	參 18201-1040200	術科測試日期	年 月 日	監評人員 簽 名			
場次	第 場						
			應檢人編號及姓名				
評審項目、內容及評審結果							
工作安全與態度等扣分（項次）							
主要要求部位	工件	0 13 −0.04	上 限	13.00			
			下 限	12.96			
			表面粗糙度	5.0			
		0 10 −0.04	上 限	10.00			
			下 限	9.96			
			表面粗糙度	5.0			
		+0.06 69 0	上 限	69.06			
			下 限	69.00			
			表面粗糙度	5.0			
		+0.06 38 0	上 限	38.06			
			下 限	38.00			
			表面粗糙度	5.0			
		E ±0.04	上 限	44.05			
			下 限	44.00			
			表面粗糙度	5.0			
		+0.05 F 0	上 限	6.05	12.05		
			下 限	6.00	12.00		
			表面粗糙度	6.3	6.3		
		+0.05 1 0	上 限	1.05			
			下 限	1.00			
			表面粗糙度	5.0			
		12 ±0.04	上 限	12.04			
			下 限	11.96			
			表面粗糙度	5.0			
		16 ±0.15	上 限	16.15			
			下 限	15.85			
			表面粗糙度	5.0			

題號	參 18201-1040200	術科測試日期	年 月 日	監評人員 簽 名			
場次	第 場						

評審項目、內容及評審結果 / 應檢人編號及姓名							
	工件	R12.5 ±0.15	上 限	12.65			
			下 限	12.35			
			表面粗糙度	6.3			
一般要求部位	工件	9 ±0.2	上 限	9.20			
			下 限	8.80			
			表面粗糙度	5.0			
		R6 ±0.1	上 限	6.10			
			下 限	5.90			
			表面粗糙度	6.3			
		R14.5 ±0.2	上 限	14.70			
			下 限	14.30			
			表面粗糙度	6.3			
		1.5 ±0.1×45°	上 限	1.6			
			下 限	1.4			
			表面粗糙度	5.0			
			上 限				
			下 限				
			表面粗糙度				
			上 限				
			下 限				
			表面粗糙度				
			上 限				
			下 限				
			表面粗糙度				
術科測試成績 (及格與否請以【文字】表示，若為不及格並請註明原因)		及 格					
		不 及 格					
		不 及 格 原 因					

註：1.要求部位，除表上列舉者外，餘由監評人員依試題所示評審；不及格部位，請於本表預留空格內註明。

  2.工作安全與態度等扣分超過 40 分為不及格者，請於「不及格原因」欄內註明扣分之項次及扣分數。

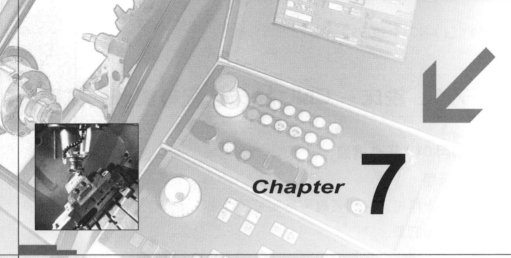

Chapter **7**

CNC Program Design & Applicate

銑床 – CNC 銑床乙級技術士技能檢定學科試題

▶ 7.1　銑床－CNC 銑床乙級專業學科試題

工作項目 01：工件度量

一、單選題：

1.(4) 半徑規又名圓弧規，是測量工件之　①直徑　②弦長　③弧長　④圓弧。

2.(3) 半徑規之規片上所刻數字為　①弧長　②弦長　③半徑　④直徑。

3.(3) 半徑規用後應擦拭再放進護套，以防銹蝕、損毀，而影響其　①直徑　②弦長　③圓弧　④外觀　之準確性。

4.(1) 半徑規之形狀為　①片狀　②棒狀　③環狀　④卡鉗狀。

5.(2) 半徑規之用途為測量　①內圓孔　②內、外圓弧　③斜面　④錐度。

6.(2) 齒厚分厘卡的原理與一般分厘卡　①相似　②相同　③大同小異　④完全不同。

7.(1) 齒厚分厘卡砧座與心軸前端各附有　①圓盤　②扁頭　③尖頭　④ V 形溝。

8.(1) 齒厚分厘卡係測量正齒輪及螺旋齒輪之　①跨齒厚　②齒頂厚　③齒寬厚　④齒深。

9.(4) 以齒厚分厘卡量測齒輪前，應擦拭　①圓盤　②齒面　③軸孔　④圓盤及齒面。

10.(4) 一般公制齒厚分厘卡之心軸螺紋節距為　① 0.1mm　② 0.2mm　③ 0.3mm　④ 0.5mm。

11.(1)以齒厚游標卡尺量測齒輪弦齒頂，其正確位置是要將水平游標卡尺的兩外測爪末端與　①節圓　②節圓弧頂　③齒根　④外圓弧　相接觸。

12.(2)利用齒厚游標卡尺可測量齒輪之　①周節　②線齒厚　③齒深　④模數。

13.(4)齒厚游標卡尺之使用，應先調整的尺寸為　①齒寬　②齒厚　③齒高　④弦齒頂高。

14.(2)使用齒厚游標卡尺時，宜先作　①水平游標尺　②垂直游標尺　③本尺　④不必　調整。

15.(4)下列何者較不適用正弦規量測？　①外圓小錐角　②軸的錐度　③小角度　④內圓錐大徑。

16.(2)下列何者不是塊規必備特性？　①精確且穩定的尺寸值　②膨脹係數很大　③耐磨損　④測量面需光平如鏡。

17.(3)下列何種塊規的使用方法不正確？　①防止灰塵污染　②定期塗防銹油　③須靠近熱源　④防止磨損。

18.(3)外徑尺寸為$\phi 15 \pm 0.01$的工件，應使用何種量具量測　①鋼尺　②內分厘卡　③外分厘卡　④外卡尺和鋼尺。

19.(3)現場使用的塊規，一般為　①AA級　②A級　③B或C級　④D級。

20.(1)正弦規配合塊規的量測角度範圍，一般在　①45度　②60度　③75度　④80度　以下。

21.(4)以正確操作方法使用內分厘卡量測工件內孔直徑時，在中心面上量測四次的尺寸分別如下，則宜採用何值較正確？　①10.01mm　②10.02mm　③10.03mm　④10.04mm。

22.(1) 以正確操作方法使用外分厘卡量測工件厚度時，在同一處量測四次的尺寸分別如下，則宜採用何值較正確？　① 15.96mm　② 15.97mm　③ 15.98mm　④ 15.99mm。

23.(3) 下列何者不利於分厘卡的精度維護？　①隨時保持乾淨　②遠離熱源及日光直射　③不使用時砧座面與主軸面保持接觸　④使用中避免碰撞及掉落。

24.(3) 常用公制分厘卡之外套筒的等分數是　① 10　② 25　③ 50　④ 100。

25.(2) 圖面上標有 6.3a 加工符號表示　①精加工　②細加工　③粗加工　④不加工面。

26.(4) 使用游標卡尺直接測量兩孔中心距離時，選用何種測爪形狀較適宜？　①圓棒形　②長方體形　③球形　④圓錐形。

27.(1) 使用一般游標卡尺無法直接量測的是　①錐度　②內徑　③深度　④階段差。

28.(3) 下列何者較不適用於量測圓弧？　①光學比較儀　②圓弧規　③角度規　④三次元量床。

29.(3) 精密高度規之固定尺的最小刻度為　① 0.05mm　② 0.5mm　③ 5mm　④ 50mm。

30.(3) 取游標卡尺的本尺 n 格，在游尺上等分 $n+1$ 格，則可讀取的最小讀數為　① $1/(n-1)$　② $1/n$　③ $1/(n+1)$　④ $1/(n+2)$。

31.(2) 通常利用光學平鏡來檢驗工件之　①垂直度　②平面度　③平行度　④真圓度。

32.(4) 雷射干涉儀無法檢查 CNC 銑床之　①螺桿節距　②垂直水平　③平面度　④工件加工精度。

33.（4）右圖分厘卡量測時，其讀值為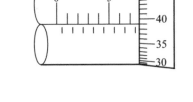

　　① 12.41mm

　　② 8.41mm

　　③ 11.41mm

　　④ 7.89mm。

34.（1）使用缸徑規量測內孔四次時一支測爪不動，另一支測爪沿著中心軸方向微動，尺寸分別如下，則宜採用何值較正確？　① 10.01mm　② 10.02mm　③ 10.03mm　④ 10.04mm。

35.（3）常用公制內分厘卡之外套筒的等分格數是　① 10　② 25　③ 50　④ 100。

二、複選題：

36.（1 2 3）下列何者較不適用於量測鉸刀與端銑刀之刀具直徑？　①針型分厘卡　②深度分厘卡　③溝槽分厘卡　④V溝分厘卡。

37.（1 3 4）下列水平儀應用之敘述，何者正確？　①可選用氣泡式與電子式　②適用於大角度的量測　③可用於檢驗機械的真平度　④可用於量測平台的真直度。

38.（1 2 3）正弦桿之兩個圓柱，因其半徑不相等所造成之角度量測誤差，不可能之原因為　①量具設計誤差　②量具功能誤差　③量具調整誤差　④量具製造誤差。

39.（1 2 3）下列何者量測同類型的工件物理量均相同？　①萬能量角器　②自動準直儀　③正弦桿　④雷射測距儀。

40.（2 3 4）角度塊規之下列操作敘述，何者不正確？　①組合操作方法類似於長度塊規　②正向組合之角度應相減　③負向組合之角度應相加　④可用來進行角度之直接量測。

41.(2 3 4) 下列何者爲組合角尺的構件？ ①樣規 ②中心規 ③直角規 ④量角器。

42.(1 3 4) 應用精密電子高度規之敘述，下列何者正確？ ①可裝設線性編碼器及微處理器以改善量測功能 ②可量測工件高度與眞圓度 ③可在基座加裝空氣軸承以利高度規移動 ④可連接電腦以進行量測數據之統計分析。

43.(1 2 4) 下列量具，何者用來比對輪廓？ ①半徑規 ②螺紋節距規 ③塊規 ④齒形規。

44.(1 3 4) 應用光學投影機量測之敘述，下列何者不正確？ ①使用玻璃刻度尺並無法測得其倍率 ②放大倍率爲投影鏡頭放大倍率 ③角度量測值係其數字顯示器上之讀數除以光學放大倍率 ④總放大倍率爲投影鏡頭放大倍率加投影幕之放大倍率。

45.(3 4) 表示表面粗糙度的符號有Ra、Rmax、Rz，此三種粗糙度間之關係爲 ① Ra≒Rmax ② Rmax＞Rz ③ Rz＞Ra ④ Rmax≒4Ra。

46.(2 4) 有關量測工件表面粗糙度之敘述，下列何者正確？ ①探針移動方向應與刀痕方向平行 ②表面粗糙度曲線是指斷面曲線的高頻部分 ③表面粗糙度值與基準長度無關 ④不同的表面輪廓可能會有相同的 Ra 值。

47.(2 3 4) 常配合使用於正弦桿以量測工件角度的裝置爲 ①直角規 ②平板 ③塊規 ④指示量錶。

工作項目 02：傳統銑床、CNC銑床－基本操作及CNC銑床－程式製作、週邊設備操作

一、單選題：

1.（2）"A"型銑刀軸，桿端可直接套於支架的 ①鋁 ②銅 ③鋅 ④鉛 合金軸承內。

2.（1）銑刀軸上的軸承環與間隔環不同處，在於前者較後者 ①外徑大 ②外徑小 ③孔徑大 ④孔徑小。

3.（4）銑削中，何者與振動無關？ ①切削太深 ②進刀速度太快 ③虎鉗沒有固定 ④主軸垂直度不良。

4.（2）銑床規格主要以 ①銑刀最大直徑 ②工作台移動距離 ③心軸孔之大小 ④工作台寬度 來表示。

5.（3）蝸桿與蝸輪常用於 ①兩平行軸 ②成 45 度之相交軸 ③成 90 度之不平行又不相交兩軸 ④成45度之不平行又不相交兩軸。

6.（3）銑床工作台上下、左右、前後移動的鬆緊度，一般是利用下列何種機件調整？ ①銷 ②鍵 ③嵌條 ④齒輪。

7.（4）如果進刀刻度與工件真正被切削的量不符時，最主要的因素為 ①銑削速度不正確 ②面銑刀鬆動 ③工件鬆動 ④進刀刻度環鬆動。

8.（1）銑床工作台的導螺桿最常用的螺紋為 ①梯形 ②三角形 ③鋸齒形 ④方形。

9.（2）萬能銑床主要的功用是可加工 ①正齒輪 ②螺旋齒輪 ③蝸輪 ④人字齒輪。

10.（1）以分度頭求54度的分度，搖柄需旋轉 ①6 ②9 ③12 ④54 轉。

11.(４)下列那種公式是計算差動分度法齒輪比之公式？　①$V = \pi DN$
　　②$P = 40/N$　③$N = D/9°$　④$40(T' - T)/T' = S/W$。

12.(３)分度法中公式"$40(T' - T)/T' = S/W$"，其中"T'"代表　①
　　分度方法　②扇形臂張開角度　③接近分度數目　④搖柄轉數。

13.(４)分度頭的扇形臂，其功用為　①計算曲柄迴轉數　②決定曲柄
　　迴轉方向　③決定分度法之選用　④決定迴轉之孔數。

14.(１)以差動分度法分 121 等分，則曲柄轉數為　① 5/15　② 7/16
　　③ 7/18　④ 6/21。

15.(１)分度頭蝸桿轉一圈，蝸輪轉　① 1/40 圈　② 1 圈　③ 12 圈
　　④ 24 圈。

16.(１)分度頭可以調整仰角以利於銑削　①傘形齒輪　②螺旋齒輪
　　③蝸輪　④人字齒輪。

17.(２)用複式分度法分 93 等分時，分度曲柄應迴轉　① 15/28 + 12/32
　　② 3/31 + 11/33　③ 1 又 5/31 − 27/33　④ 2 又 7/31 − 18/28
　　圈。

18.(１)分度頭的直接分度板，一般有　① 24　② 32　③ 40　④ 48
　　孔。

19.(１)若使用分度板的孔圈為 15、16、17、18、19、20 時，則下列
　　何種數目的分度，最適合用簡式分度？　① 25　② 39　③ 57
　　④ 83。

20.(１)使用分度頭作 25 等分之分度，則搖柄須旋轉　① 1 又 3/5 轉
　　② 25/40 轉　③ 5/8 轉　④ 12/15 轉。

21.(１)在減速比為 1：90 之圓轉盤上欲作 60 等分的分度，手輪曲柄
　　應迴轉　① 1 又 18/36 圈　② 1 又 12/36 圈　③ 22/33 圈　④
　　18/33 圈。

22.(3) 傾斜圓轉盤，最大可自水平位置至多少度？ ① 30 度 ② 45 度 ③ 90 度 ④ 180 度。

23.(3) 立式銑床主軸頭左右傾斜銑削工件，若工作台左、右進給時，則工件表面為 ①斜面 ②平面 ③凹面 ④凸面。

24.(1) 立式銑床主軸頭左右傾斜一角度銑削工件，若工作台前、後進給時，則工件表面為 ①斜面 ②曲面 ③凹面 ④凸面。

25.(4) 在臥式銑床加工時，銑刀產生偏轉，下列何者不是其原因？ ①刀軸彎曲 ②銑刀安裝時偏心 ③銑刀本身偏心 ④刀軸支持架孔偏心。

26.(4) 安裝虎鉗時，不必校正的部位為 ①鉗口的平行度 ②鉗口的垂直度 ③虎鉗底部 ④虎鉗螺桿的節距。

27.(3) 萬能銑床工作台可水平轉動之最大角度，一般為左、右各 ① 15 ② 30 ③ 45 ④ 60 度。

28.(3) 下列何種工作最適合把立銑頭調整一角度來加工？ ① 45 度倒角 ② T 形槽 ③一傾斜角度溝槽 ④錐度。

29.(2) 若立銑頭不正，則其主軸上、下移動所鑽的孔為 ①垂直 ②與水平成非90度角度 ③近似橢圓 ④尺寸擴大但真圓度良好。

30.(4) 若立銑頭不正，則其工作台上、下移動所鑽的孔與水平面成 ①垂直 ②斜度 ③擴大 ④近似橢圓。

31.(1) 影響刀具壽命最主要的原因是 ①切削條件與切削劑 ②銑床強度 ③虎鉗精度 ④銑床的精度。

32.(2) 碳化鎢銑刀切削速度約為高速鋼銑刀的 ① 1 倍 ② 3 倍 ③ 6 倍 ④ 8 倍。

33.(1) 在鑄件上鉸孔，常使用何種切削劑 ①乾式 ②機油 ③煤油 ④豬油。

34.(4) 虎鉗鉗口是否平行，一般常用的量具為 ①游標尺 ②厚薄規 ③直角規 ④量表。

35.(4) 欲在 CNC 銑床上執行程式模擬時，宜按下列何按鈕？ ①自動操作 ②單節操作 ③空跑(Dry Run) ④空跑及單節操作。

36.(4) CNC銑床銑削時，應將刀長補正值輸入 ①程式欄 ②診斷欄 ③參數設定欄 ④補正欄。

37.(3) CNC銑床在銑削當中，若欲檢查主軸上之刀具號碼時，則應操作控制器中之 ①輔助功能 ②刀長補正功能 ③自我診斷功能 ④程式編輯功能。

38.(4) 在 MDI 操作模式中，下列何者無法操作？ ①更改系統參考數值 ②更改刀具補正值 ③更改位置顯示值 ④床台手動進給操作。

39.(3) CNC 銑床操作面板之單節刪除開關"ON"時，若執行記憶自動操作程式 N1 G90 G01 X100. F300;/N2 G90 G00 X100.0; 下列何者不執行？ ①G90 ②F300 ③G00 ④G01。

40.(3) CNC銑床操作面板上，下列何者為機能鍵？ ①更改鍵(ALTER) ②刪除鍵(DELETE) ③參數鍵(PARAM) ④重置鍵(RESET)。

41.(4) NC 程式欲輸入補正值資料時，應按下列何機能鍵再進行補正值輸入？ ①程式 PRGRM ②圖形 GRAPH ③參數 PARAM ④補正 OFSET 。

42.(3) CNC銑床行程超越極限後，應如何處理？ ①關掉機器 ②按參數鍵改變行程範圍 ③用手動操作模式返回工作區 ④按暫停鍵，再按重置(RESET)鍵。

43.(4) 常用之 CNC 銑床綜合座標系畫面共有四種數值顯示，下列何者為程式執行之剩餘位移量？ ①RELATIVE ②ABSOLUTE ③MACHINE ④DISTANCE TO GO。

44.(3) 在 CNC 銑床控制器上選擇 ISO 或 EIA 碼，須在控制面板上選擇 ①程式 PRGRM ②替換 ALAEM ③參數 PARAM 或設定 SETTING ④座標 POS 。

45.(1) 程式中執行至 M01 指令時，若欲停止執行程式，尚須配合何種開關？ ①選擇停止 ②程式跳躍 ③單節刪除 ④Z軸鎖定。

46.(4) CNC銑床以程式試削工件後，發現尺寸有些微誤差時，應如何處理最有效？ ①調整刀具 ②磨利刀具 ③換新刀片 ④調刀具補正值。

47.(3) CNC 銑床 Dry Run 的主要用意是 ①測試機器的潤滑狀況是否良好 ②主軸的溫度是否正常 ③刀具路徑及是否合乎預期 ④刀具是否銳利。

48.(4) 下列敘述何者錯誤？ ①XYZ軸表示直線軸 ②ABC軸表示旋轉軸 ③ABC軸分別繞XYZ軸旋轉 ④UVW軸分別繞ABC軸旋轉。

49.(2) 關閉防護門才操作 CNC 銑床之主要目的為 ①增加美觀 ②增加操作安全 ③保持機械性能 ④降低機械損壞率。

50.(3) CNC銑床若無原點自動記憶裝置，在開機後的第一步驟宜先 ①編輯程式 ②執行加工程式 ③執行機械原點復歸動作 ④檢查程式。

51.(1) 指令 G91 G17 G01 G47 X22.0 F50 D01;若 D01=8.0，其實際位移量為 ①38.0 ②30.0 ③14.0 ④6.0。

52.(3) 程式 G99 G74 X_ Y_ R_ Z_ F_;下列敘述何者正確？ ①固定循環切削不被執行，但被記憶於系統 ②固定循環切削不被執行，且不被記憶於系統 ③被當作一次執行 ④被當作N次執行。

53.(２)程式 G99 G90 G73 X_ Y_ Z_ R_ Q_ F_；，其中Z值爲 ①R點至孔底部之距離 ②孔底之Z軸座標值 ③進給爲G00 ④視加工型態而定。

54.(４)鑽孔循環組合中，下列何者不須要？ ①系統設定(G90, G91) ②復歸點設定 ③指定固定循環指令 ④指定輔助機能。

55.(１)使用G91較G90 ①易生累積誤差 ②效果相同 ③快速找到絕對座標位置 ④加工精度較佳。

56.(４)下列何者爲選擇停止指令？ ①M00 ②M98 ③M02 ④M01。

57.(３)指令G17選擇 ①XZ平面 ②YZ平面 ③XY平面 ④任一平面。

58.(１)指令G18所指定之平面爲 ①ZX平面 ②YZ平面 ③XY平面 ④自由平面。

59.(２)指令G19選擇 ①XY平面 ②YZ平面 ③ZX平面 ④不限平面。

60.(１)程式 G40 G80 G90 G54 M98 P03;呼叫副程式的指令爲 ①M98 ②G40 ③G80 ④P03。

61.(３)NC 程式中取消固定循環的指令爲 ① G43 ② G74 ③ G80 ④ G81。

62.(１)CNC 銑床執行指令 G01時，如以絕對值模式執行定義刀具移動距離時，則其程式爲 ①G90 G01 X_ Y_ F_； ②G91 G01 X_ Y_ F_； ③G96 G01 X_ Y_ F_； ④G97 G01 X_ Y_ F_；。

63.(１)下列按鍵何者不是用於編輯程式？ ①資料輸入(INPUT) ②插入(INSERT) ③替換(ALTER) ④刪除(DELETE)。

64.(３)G43 指令是 ①刀徑補正 ②刀長負向補正 ③刀長正向補正 ④刀徑、刀長皆不補正。

65.（3）程式 G90 G28 X_ Y_ Z_;，其中 X、Y、Z 值為 ①機械原點 ②程式原點 ③中間點 ④參考點。

66.（3）程式 G17 G02 X_ Y_ R_ Z_ F_;執行直線切削的軸為 ①X 軸 ②Y 軸 ③Z 軸 ④A 軸。

67.（3）指令 G18 G03 X_ Y_ Z_ R_ F_;執行直線切削的軸為 ①X 軸 ②B 軸 ③Y 軸 ④Z 軸。

68.（3）NC 程式中，若欲暫停 2 秒，則下列程式何者正確？ ① G04 X200.0; ② G04 X200; ③ G04 P2000; ④ G04 P200;。

69.（2）程式 G83 X_ Y_ Z_ R_ Q_ F_;，下列何者錯誤？ ①每次鑽削 Q 距離後提刀至 R 點 ②每次鑽削 Q 距離後，提刀至起始點 ③Q 值為正值 ④提刀值由參數設定。

70.（1）程式 G87 X_ Y_ Z_ R_ Q_ F_ ;用於 ①反(BACK)搪孔循環 ②精搪孔循環 ③攻牙循環 ④鑽孔循環。

71.（3）下列何種指令執行主軸定向停止？ ①G73 ②G83 ③G76 ④G86。

72.（3）程式 G01 X20.0 Y20.0 F250; M03 S1500; M08; ……，若主軸每分鐘轉數調整鈕位於 80%處，下列敘述何者錯誤？ ①進給率 250mm/min ②冷卻液開 ③實際迴轉速 1500rpm ④主軸正轉。

73.（4）指令 M07 與 M08 的差別在於 ①暫停時間 ②主軸正反轉 ③床台移動速度 ④冷卻液的供給狀況。

74.（2）程式 G91 G17 G03 X20.0 Y10.0 Z8.0 R50.0 F80;，其刀具路徑為 ①圓弧 ②螺旋 ③直線 ④正弦曲線。

75.（4）程式 G85 X_ Y_ R_ Z_ P_;，下列何者正確？ ①P 表示在孔底暫停時間 ②此單節可不須有 P ③F 數值不沿用上一單節 ④以快速提升的方式由孔底退刀至 R 點。

76. (2) 程式 G91 G00 G43 Z20.0 H01;若 H01=-200.0，執行此單節的 Z 軸位移量爲 ①-120.0 ②-180.0 ③120.0 ④180.0。

77. (2) 程式執行刀長補正指令後，下列何者可取消刀長補正值？ ① H99 ②H00 ③G40 ④G80。

78. (3) 程式 G91 G00 G44 Z20.0 H02;，若 H02=200.0，執行此單節 Z 軸位移量爲 ①-220.0 ②220.0 ③-180.0 ④180.0。

79. (1) 下列何種指令執行刀徑補正？ ①G42 ②G43 ③G44 ④G49。

80. (2) 刀具偏左補正的指令是 ①G40 ②G41 ③G42 ④G43。

81. (3) 指令 G91 G02 X30.0 R15.0;可得到 ① R=15.0 反時針方向之全圓 ②R=15.0 順時針方向全圓 ③R=15.0 順時針方向之半圓 ④ R=15.0 反時針方向之半圓。

82. (2) 刀具欲移經安全之中間點再回機械原點，宜採用指令 ①G27 ②G28 ③G29 ④G54。

83. (2) 程式中宣告刀具半徑補正插入之單節時機，採用下列何者較佳？ ①圓弧切削指令 ②直線位移指令 ③搪孔循環指令 ④攻牙循環指令。

84. (3) 程式執行刀徑補正指令後，下列何者亦可取消刀徑補正值？ ①D99 ②G49 ③D00 ④G80。

85. (2) 程式 G76 X_ Y_ R_ I_ J_ P_ F_;，其中 I_J_表示 ①距下一孔的增量值 ②主軸定向停止時的偏移量 ③主軸定位 ④Z 軸退返 R 點之位移量。

86. (4) 程式 G99 G88 X_ Y_ R_ Z_ P_ F_;，其中 P_表示 ①刀具由孔底退返至 R 點時間 ②刀具於孔底暫停旋轉時間 ③刀具於起點至孔底時間 ④刀具於孔底暫停位移時間。

87.（2）程式 G18 G91 G41 X_ Y_ Z_ D01;對何軸刀徑補正無效？
　　①X軸　②Y軸　③Z軸　④X、Z兩軸。

88.（3）程式 G91 G17 G42 X_ Y_ Z_ D01;對何軸刀徑補正無效？
　　①X軸　②Y軸　③Z軸　④X、Z兩軸。

89.（2）主軸欲回機械原點而刀具周邊有安全顧慮時，宜採用指令　①
　　G27　②G28　③G29　④G54。

90.（1）下列何者為單節有效而非連續指令？　①G46　②G56　③
　　G76　④G86。

91.（4）圓弧切削中，圓心位置同時有 I、J、K、R 指令時，何者為有
　　效？　①I值　②J值　③K值　④R值。

92.（1）程式設計時一般是假設　①工件固定刀具移動　②工件移動刀
　　具固定　③工件及刀具皆固定　④工件及刀具皆移動。

93.（1）下列圓弧切削程式，何者正確？　①G17 G91 G02 X20.0 R10.0
　　②G17 G91 G02 X25.0 I10.0　③G17 G91 G02 X25.0 R-10.0
　　④G17 G91 G02 R-10.0。

94.（2）若 H01=200.0，補正位移量為 Z-150.0，下列程式何者正確？
　　①G43 Z0 H01　②G44 Z50.0 H01　③G43 Z50.0 H01　④
　　G44 Z0 H01。

95.（4）指令G80用於　①設定攻牙模式　②設定極座標系　③取消刀
　　具半徑補正　④取消固定循環。

96.（1）螺旋下刀的主要目的是　①避開無切削作用的中心　②避開刀
　　具太長產生撓曲　③銑削螺旋線　④銑削圓孔。

97.(4) 如右圖所示,程式N1 G91 G42 G0 X15.0
Y15.0 D1; N2 G1 Y30.0 F100; N3 X30.0;
N4 Y-30.0; N5 X-30.0; N6 G40 X-15.0
Y-15.0;若 D1=5.0 則執行至 N5 時刀具中
心的座標為 ① X0 Y-5.0 ② X-5.0 Y0
③ X5.0 Y0 ④ X0 Y5.0。

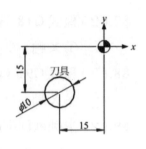

98.(3) 下列何者不是一般 CNC 銑床開機預設狀態之指令? ① G00
② G49 ③ G92 ④ G94。

99.(3) 程式執行G92指令銑削工件前,宜將刀具移至 ①機械原點
②程式原點 ③刀具起點 ④相對座標原點。

100.(3) 以 8mm 銑刀精銑內孔尺寸20.04mm,第一次半徑補正值設為
4.05時,實際銑出的內孔直徑為 19.88mm。若欲第二次即完成
精銑,則補正值需設為 ① 4.0 ② 3.99 ③ 3.97 ④ 3.95。

101.(1) 如右圖,若以工件A點為程式原點,其
控制器之 G54 工件座標系為 X180.0
Y-150.0 Z0 。若欲將程式原點移至 B
點,則SHIFT工件座標系為 ①X200.0
Y100.0 Z0 ② X-200.0 Y-100.0 Z0 ③ X380.0 Y-50.0 Z0
④ X-20.0 Y-250.0 Z0。

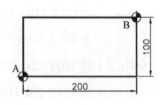

102.(4) 如右圖,若以工件A點為程式原點,其
控制器之 G54 工件座標系為 X180.0
Y-150.0 Z0。若欲以B點為第二程式原
點,則G55工件座標系需設為 ①X50.0
Y30.0 Z0 ② X-50.0 Y-30.0 Z0 ③
X130.0 Y-180.0 Z0 ④ X230.0 Y-120.0 Z0。

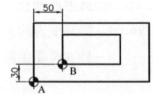

103.(3) 銑削後的深度尺寸過大，其程式中有 G44 H01; G42 D02;，則應修改　①G44為G43　②G42為G41　③H01值　④D02值。

104.(3) CNC銑床操作面板之單節刪除開關"ON"時，若執行程式N1 G90 G01 X100.0 F300;/N2 G91 G00 X100.0;N3 G02 I10.0;，則下列何者不執行？　① G90指令　② N1單節　③ N2單節　④ N3單節。

105.(2) 在銑削中，視情況需要而欲量測工件尺寸時，程式中應包含下列何種指令？　①M00　②M01　③M02　④M05。

106.(2) CNC銑床，若執行記憶體程式(Auto)，發覺進給率較高時，處置方法為　①立即停機修改程式中的F值　②調整操作面板上之進給率旋鈕　③立即停機更改主軸的每分鐘迴轉數　④調整操作面板上之主軸旋轉率旋鈕。

107.(4) CNC 銑床程式中，下列指令何者為持續有效？　① G04　② G28　③ G30　④ G33。

108.(2) CNC銑床程式G90 G00 Z20.0；X100.0 Y90.0；G91 G99 G81 X0.0 Y10.0 R3.0 Z-20.0 F100; G80;，則其鑽孔絕對座標為①(100, 90)　②(100, 100)　③(100, 0)　④(0, 90)。

109.(2) 以 ϕ12 銑牙刀銑削內螺紋，程式為 G91 G17 G02 Z-1.0 I-4.0 F100;，則下列何者正確？　①螺紋內徑為16.0mm　②螺紋導程為1.0mm　③螺紋為左螺紋　④完成螺紋銑削，退刀時主軸需反轉。

110.(4) 程式 S1000 M03; G01 G91 X100.0 Y100.0 F100;　①刀具在 X 方向的移動速率為100mm/min　②刀具在 Y 方向的移動速率為100mm/min　③主軸迴轉1圈刀具移動0.1mm　④刀具在45°方向的移動速率為100mm/min。

111.(4) 如右圖所示，刀具目前在 A 點欲沿著圓弧切
至 B 點，若圓心座標為(25, 15)，圓弧半徑
為 10，則程式為(sin30° = 0.5，cos30° =
0.866，sin45° = 0.707，cos45° = 0.707)

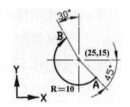

① G91 G18 G02 X20.0 Y23.66 R-10.0;
② G90 G18 G02 X20.0 Y23.66 I5.0 J-8.66;
③ G90 G17 G02 X-12.07 Y15.73 R10.0;
④ G91 G17 G02 X-12.07 Y15.73 I-7.07 J7.07。

112.(1) 指令M19是 ①主軸定向停止 ②切削劑關閉 ③選用主軸低
速檔 ④副程式終止。

113.(3) 圓弧切削如右圖所示，下列選項
何者正確？ ① G90 G18 G3
X-15.0 Z0 I15.0; ② G90 G19
G3 X-15.0 I-15.0; ③ G91G18
G2 X-30.0 I-15.0; ④ G91 G19
G2 X-30.0 I15.0。

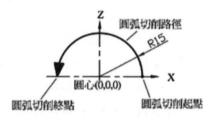

114.(3) 執行程式 N01 G28 G91 Z0；N02 G00 G90 G43 Z10.0 H1；
N03 G01 Z-5.0 F100；則 N03 的刀具移動量 Z 為 ①-5 ②
-10 ③-15 ④-20 mm。

115.(4) 程式 N0010 G92 X300.0 Y200.0；下列敘述何者錯誤？ ①
N0010可以省略 ②G92為程式原點設定 ③X300.0 Y200.0
表示程式原點至刀尖的距離 ④G92可與G54～G59在程式中
交替使用。

116.(2) 通常可在程式第一單節，執行消除補正或前次設定的指令為
① G54 G17 G43 G49 G80 ② G54 G17 G40 G49 G80 ③
G54 G17 G40 G43 G80 ④ G5417 G40 G43 G89。

117.(4) 以20mm端銑刀進行輪廓銑削，如
右圖所示，在無刀徑補正狀態下，
則直線切削至下一點之單節程式爲
① G91 G01 X50.0 Y0.0;
② G91 G01 X55.0 Y0.0;
③ G91 G01 X58.66 Y0;
④ G91 G01 X55.774 Y0。
(sin30° = 0.5，cos30° = 0.866，tan30° = 0.5774)

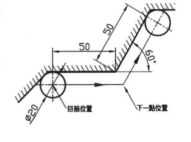

118.(2) 如右圖在XZ平面上銑削圓弧，下
列程式何者正確？
① G18 G02 X_ Z_ R_;
② G18 G03 X_ Z_ R_;
③ G19 G02 X_ Z_ R_;
④ G19 G03 X_ Z_ R_。

119.(1) 指令G43須配合何指令一起使用　①H_　②I_　③P_　④Q_。

120.(2) 以20mm端銑刀進行輪廓銑削，目前位置及絕對原點位置如下
圖所示，在無刀徑補正狀態下，則直線切削至下一點之X絕對
座標爲　①－25.0　②－27.887　③－28.66　④－30.0。
(sin30° = 0.5，cos30° = 0.866，tan30° = 0.57735)

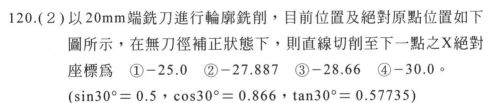
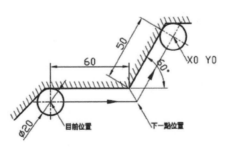

121.(3) 在無刀徑補正狀態下，下列圓弧切削程式何者錯誤？
　　① G91 G02 X30.0 Y20.0 R60.0 F100;
　　② G90 G02 I-60.0 F100;
　　③ G91 G03 X-150.0 Y0 R60.0 F100;
　　④ G90 G03 I60.0 J-60.0 F100。

122.(2) 程式 M98 P51002;執行多次重複呼叫副程式，意指 ①呼叫
O5100 副程式 2 次 ②呼叫 O1002 副程式 5 次 ③呼叫 O51002
副程式 1 次 ④呼叫 O002 副程式 51 次。

123.(3) 啄鑽循環程式 G54 G17 G91 G99 G73 X10.0 R3. Z-15. Q5000
F100 K5.;，其中表示每次啄鑽深度的指令為 ①R3. ②Z-15.
③ Q5000 ④K5.。

124.(4) 柱坑鑽孔循環程式 G54 G17 G91 G99 G82 X10.0 R3. Z-15.
P500 F100 K5.;，其中表示重複鑽孔次數的指令為 ① R3.
② Z-15. ③ P500 ④ K5.。

125.(2) 下列刀具補正指令敘述，何者錯誤？ ①執行 G41 銑削工件外
側為順銑 ②執行 G41 銑削工件內側為逆銑 ③G41 補正為負
時，結果同 G42 ④ G41 或 G42 為刀具半徑補正指令。

126.(4) 執行程式 G91 G28 X0 Y0 Z0 ;，下列敘述何者錯誤？ ①起
點不一定是程式原點 ②終點為機械原點 ③中途點為起點
④經過程式原點。

127.(3) 執行程式 G90 G28 X0 Y0 Z100.;，下列敘述何者正確？ ①
起點必為程式原點 ②中途點必為機械原點 ③中途點必為
Z100. ④終點必為 Z100.。

128.(4) CNC 程式中，自副程式返回主程式的指令是 ①M96 ②M97
③ M98 ④ M99。

129.（2）程式 G91 G46 X0 D01;若 D01=10.0，其實際位移是　①X10.0　②X-10.0　③X22.0　④X-22.0。

130.（4）程式 G99 G74 X_ Y_ Z_ R_ F_；左螺旋攻牙循環，下列何者錯誤？　①加工至孔底時，主軸反轉　②退至 R 點，主軸恢復原來轉向　③F 值表示進給率　④攻牙後退至起點。

131.（2）程式 G73 X_ Y_ R_ Z_ Q_ F_;，其中 Q_所指為　①快速後退之距離　②每次鑽削之距離　③孔底暫停時間　④重覆鑽削次數。

132.（1）程式 G04 P300;所執行的暫停時間為　①0.3 秒　②3 秒　③30 秒　④300 秒。

133.（1）下列何者為單節有效而非連續指令？　① G46　② G41　③ G42　④ G43。

134.（4）程式 N1 G91 G42 G00 X15.0 Y15.0 D1; N2 G01 Y30.0 F100; N3 X30.0; N4 Y-30.0; N5 X-30.0; N6 G40 X-15.0 Y-15.0;如右圖所示，若 D1=5.0，則執行至 N4 時，刀具中心的座標為　① X0 Y-5.0　② X-5.0 Y0　③ X25.0 Y0　④ X25.0 Y5.0。

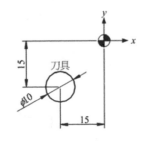

135.（4）下列圓弧程式，何者錯誤？　①圓心角小於 180°時，R 為正值　②圓心角等於 180°時，R 為正值　③圓心角大於 180°時，R 為負值　④圓心角與 R 值無關。

136.（1）指令 G91 G17 G01 G47 X20.0 F50 D01;，若 D01=5.0，其實際位移量為　①30.0　②25.0　③14.0　④15.0。

137.（2）程式 G99 G74 X_ Y_ R_ Z_ F_;，下列敘述何者錯誤？　①到孔底時，主軸正轉，同時 Z 軸後退　②主軸後退至 R 點時，主

軸旋向不變　③指令中省略L，切削循環次數被當作一次　④
F＝節距×主軸轉速。

138.(2) 程式 N10 G73 X_ Y_ R_ Z_ Q_ F_; N20 G02 X_ Y_ R_; N30
X_;，下列敘述何者正確？　①N20不可無F指令　②執行N20
後固定循環指令被取消　③ N20不能執行 G02 指令　④ N30
可繼續執行固定循環指令。

139.(3) 程式 G90 G28 X_ Y_ Z_ ;，其中 X、Y、Z為　①機械原點
②程式原點　③中間點　④參考點。

140.(1) 程式 G90 G03 X95.0 Y90.0 R-65.0;，下圖之路徑何者為正確？

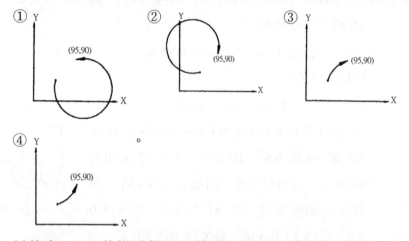

141.(3) 以倍率×100的模式操作手輪進行尋邊，當尋邊器的燈亮，反
轉一格則燈滅，則此時的尋邊器的球頭與工件的邊最大距離為
① 0.001 mm　② 0.01 mm　③ 0.1 mm　④ 1 mm。

142.(2) 以倍率×10的模式操作手輪進行尋邊，當尋邊器的燈亮時，反
轉手輪一格則燈滅，則此時的尋邊器的球頭與工件的邊最大距
離為　① 0.005 mm　② 0.01 mm　③ 0.02 mm　④ 0.5 mm。

143.（2）下列敘述何者錯誤？ ①以旋轉的端銑刀直接接觸工件頂面的方法來確定頂面座標，可能會傷及工件 ②下降尋邊器接近工件頂面，可尋得工件頂面座標 ③以光電尋邊器尋邊時，一定要考慮尋邊器的球頭半徑 ④光電尋邊器已觸及工件的邊時，仍繼續移動 0.2mm，不會損害尋邊器。

144.（2）透過尋邊的方法，將端銑刀具移到工件上程式原點的位置時，此時的機械座標 X，Y 值，可用來設定 ①G92 ②G54 ③刀徑補正 ④刀長補正。

145.（1）電腦與 CNC 銑床執行邊傳邊做的加工方式叫 ① DNC ② CNC ③ PNC ④ NC。

146.（1）A 軸是指相對於下列何軸旋轉？ ①X ②Y ③Z ④B。

147.（4）CNC 銑床比 CNC 綜合加工機少裝的裝置為 ①磁力尺 ②編碼器 ③光學尺 ④自動換刀裝置。

148.（1）下列何種 CNC 銑床的 Z 軸直立？ ①立式 ②臥式 ③膝式 ④Z 式。

149.（2）CNC 銑床若使用尋邊器，則可得下列何種效益？ ①得知刀具磨損 ②定出刀具位置 ③定出工作範圍 ④安排銑削順序。

150.（1）以 G01 方式切削曲線，其弦高誤差值是指 ①最大容許誤差 ②最小容許誤差 ③平均容許誤差 ④最大平均誤差的平方根。

151.（3）以 G01 加工曲面的刀具路徑，如果 CNC 銑床的預讀能力(Buffer)及計算速度不足，下列敘述何者不正確？ ①給予適當的誤差，平行於 XZ 平面的路徑可重整為圓弧(G02, G03)路徑 ②短距離的刀具路徑會造成進給率降低 ③給予適當的誤差，所有的刀具路徑可重整為圓弧(G02, G03)路徑 ④短距離的刀具路徑會造成機器抖動。

152.(4) 銑削 25mm×25mm 外形輪廓，程式為 G90 G01 G41 X0 Y0
D01 F100;，而接續的單節是

① G91 X25.0; Y25.0; X-25.0; Y-25.0;

② G91 X-25.0; Y-25.0; X25.0; Y25.0;

③ G91 Y-25.0; X25.0; Y25.0; X-25.0;

④ G91 Y25.0; X25.0; Y-25.0; X-25.0;。

153.(1) 在立式 CNC 銑床之 YZ 平面上加裝繞 X 軸旋轉的分度頭時，則
此分度頭的旋轉軸稱為　① A 軸　② B 軸　③ C 軸　④ D 軸。

154.(1) 指令 G41 或 G42 的起始設定單節中，其位移動作宜使用指令
① G00　② G02　③ G04　④ G17。

155.(4) 指令 G20 與 G21 轉換時，下列何者不受影響？　①進給率　②
各種補正量　③手輪刻度的單位　④轉速。

156.(1) NC 程式設計時，一般是假設　①工件固定，刀具移動　②工
件移動，刀具固定　③工件及刀具皆固定　④工件及刀具皆移
動。

157.(2) 銑削圓心角小於 180 度的圓弧時，R 值應為　①負值　②正值
③正負值皆可　④不須標註。

二、複選題：

158.(1 2 3) 銑削長方體後發現平行度不佳，下列何者為主要原因？
①虎鉗安裝　②工件夾持　③刀具夾持　④主軸轉速。

159.(1 3)　如右圖之銑削溝槽之示意圖，
最不可能應用於何種銑床？
①立式銑床　②臥式銑床
③砲塔式銑床　④萬能銑床。

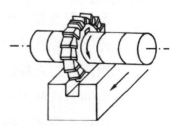

160.(１２４) 如右圖所示之工具機名稱不應為

①立式銑床

②立式拉床

③立式搪床

④立式刨床。

161.(２３) 銑削曲面時,下列敘述何者有誤?

①同樣切削條件下,小徑球刀較大徑球刀所作出的切削殘餘量(Scallop)為大　②同樣大小的球刀,切削路徑間隔量越小,切削殘餘量越大　③同樣大小的球刀,進刀速率越高,切削殘餘量越小　④切削液有助於改善表面粗糙度。

162.(１２) 0.01mm 定位精度之 NC 銑床,常用之滾珠導螺桿等級為 ① C5　② C3　③ C1　④ C0。

163.(１２３) 下列何指令可能令刀具進給停止?　①M00　②M01　③M02　④M05。

164.(２３４) 在 NC 銑床加工中,可執行搪孔固定循環加工之 G 指令為 ① G84　② G85　③ G86　④ G76。

165.(２４) 在 NC 銑床加工中,可執行深孔鑽削固定循環加工之 G 指令為　① G81　② G83　③ G85　④ G73。

166.(２４) 在 NC 銑床加工中,可執行螺牙固定循環加工之 G 指令為 ① G83　② G84　③ G73　④ G74。

167.(１３４) 執行 M02 後,機台狀況為何?　①各軸停止進給　②主軸繼續旋轉　③亮『程式終了』號誌燈　④主軸停止旋轉。

168.(１４) 下列何者為模式碼(持續有效碼)?　① G00　② G04　③ G28　④ G41。

169.(１３)　下列何者可以與 G01 在同一單節中？　①G90　②G28　③G18　④G04。

170.(１２３)　在 NC 銑床加工中，可用於固定切削循環之指令有　①G89　②G98　③G99　④G96。

171.(２４)　對於 NC 工具機的操作，下列敘述何者有誤？　①JOG 與 MPG 分別為觸壓式與手輪式移動各軸　②JOG 速度可調、MPG 速度固定　③剛開機後要使主軸旋轉，可使用 MDI 方式　④手動回機械原點的速度與 G00 的速度相同且不可調。

172.(１２)　會使刀具回歸到機械原點的單節有　① G90 G28 X0 Y0 Z0　② G91 G28 X0 Y0 Z0　③ G90 G00 X0 Y0 Z0　④ G91 G00 X0 Y0 Z0。

173.(２３４)　數值控制的 NC 碼包含下列何者？　①二進位碼　②英文字母　③數字　④符號。

174.(２４)　鑽孔循環程式 G90 G99 G81 X30.0 Y20.0 Z-10.0 R12.0 F30 ; X50.0 Y40.0 R10.0 ;，下列敘述何者正確？　①第一孔的半徑為 12.0mm　②第一孔的位置座標為 (30.0, 20.0)　③第二孔的半徑為 10.0mm　④ Z-10.0 為孔底位置。

175.(１２)　若先執行 G92 X0 Y0 F100 ;，下列那幾組程式執行後會得到相同外形輪廓？　① G91 G01 X10.0; G02 Y-8.0 R4.0; G01 X-10.0; G02 Y8.0 R4.0;　② G90 G03 Y-8.0 R4.0; G01 X10.0; G03 X10.0 Y0.0 R4.0; G01 X0.0　③ G91 G01 X10.0; G03 Y-8.0 R4.0; G01 X-10.0; G03 Y8.0 R4.0;　④ G90 G1 X10.0; G02 Y-8.0 J-4.0; G02 Y0 J4.0。

176.(2 4)　下列何者為斜向直線下刀程式　①G91 G01 Z-3.0 F150
　　　　　　②G91 G01 X20.0 Z-3.0 F100　③G91 G02 X20.0 Y-15.0
　　　　　　Z-3.0 R10.0 F120　④G91 G01 X10.0 Y10.0 Z-2.5 F130。

177.(1 2 4)對於一個圓弧旋角大於 180 度，且 R12.5 的圓弧銑削程
　　　　　　式，下列敘述何者正確？　①G02 X20.2 Y17.8 R-12.5
　　　　　　②G03 X20.0 Y17.8 I8.5 J9.166　③G02 X36.336 Y58.562
　　　　　　R12.5　④ G03 X36.261 Y36.261 I12.460 J1.0。

178.(1 2 4)刀尖貼近高度設定器頂面的操作方法，下列何者不宜採
　　　　　　用？　①以快速移動貼近　②以寸動(JOG)貼近　③以手
　　　　　　輪倍率X1貼近　④以試切削(DRY RUN)貼近。

179.(1 2 4)塑膠工件的尋邊操作宜使用下列哪些尋邊器？

①連桿型　②偏心型　③導電型　④三軸向型。

180.(1 2 4)下列何者為測定工件程式原點的裝置？　①量錶　②尋邊
　　　　　　器　③虎鉗　④Z軸測定器。

181.(1 3)　對於分度頭之敘述，下列何者正確？　①蝸桿與蝸輪的轉
　　　　　　速比常為40：1及5：1　②工件裝於蝸桿軸上　③主軸內
　　　　　　孔為斜孔可裝置中心頂針　④分度板不可轉動。

182.(1 3 4)在傳統銑床上，分度頭可配合使用於下列何種工作？　①
　　　　　　劃線　②銑削3D曲面　③銑削螺旋槽　④銑削正齒輪。

183.(2 3 4) 槓桿式量錶可檢查銑床之 ①工作台之表面粗糙度 ②主軸垂直度 ③螺桿背隙 ④工作台之眞平度。

184.(1 3) 當大量數據的程式要以 DNC 的方式執行，下列敘述何者有誤？ ①在電腦側作程式輸出後，接著按下控制面盤的 AUTO鍵 ②須檢查電腦及機器傳輸協定是否同步 ③傳輸中出現 G91 G28 Z0 則須依序按下 HOME、Z、HOMESTART 鍵以執行程式 ④若 Z 向上跑出極限，可能原因爲刀長補正有誤。

185.(1 3) 依下圖在銑床上做虎鉗校正，當虎鉗螺栓左邊輕鎖右邊放鬆時，下列操作何者不宜？ ①量錶移到右側後旋轉錶面歸零 ②量錶移到左側後旋轉錶面歸零 ③量錶可固定於移動床台上 ④量錶應固定於銑床不動處。

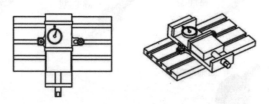

186.(1 3 4) 應用 G76 在 NC 銑床搪孔之敘述，下列何者有誤？ ①提刀時，主軸爲反轉 ②搪刀桿之長度與其直徑比不宜過大 ③搪孔刀之刀尖位移 1mm，孔徑加大 1mm ④屬於半手動搪孔模式。

187.(1 4) 在 NC 銑床面板上的英文縮寫原意，何者有誤？ ①JOG: Jumping Operation Gage ②MDI: Manual Data Input ③MPG: Manual Pulse Generator ④EOB: Edit Offset Back。

188.(2 3) 　 NC 銑床之床台移動定位可用下列何者器材控制？ ①插補器 ②光學尺 ③編碼器(encoder) ④偏光鏡。

189.(2 3 4) 下列何者傳輸介面，可將電腦軟體編寫模擬完之數控程式輸入 NC 銑床控制器內？ ① DNC ② CF-CARD ③ RS232 ④ USB。

工作項目 03：工件夾持及校正及傳統銑床、CNC 銑床－刀具選用及裝卸

一、單選題：

1.(3) 銑床虎鉗之規格，通常是以虎鉗 ①鉗口最大開啓量 ②高度 ③鉗口寬度 ④重量 來稱呼。

2.(2) 以兩個 V 形枕輔助夾持長形圓桿工件時，在不妨礙加工位置的情況下，壓板應儘量壓在 ①兩個 V 形枕中間 ②兩個 V 形枕上面 ③一個壓在工件中間；一個壓在 V 形枕上面 ④只用一個壓板在其中一個 V 形枕上即可。

3.(4) 爲求穩定性良好，因此直角板的材質通常以 ①中碳鋼 ②不銹鋼 ③黃銅 ④鑄鐵 製成。

4.(3) 有一圓形工件，其直徑爲 40mm，長度只有 35mm，今欲以直立方式夾持在虎鉗上，則最好的輔助夾具是 ①黃銅圓棒 ②斜楔 ③ V 形枕 ④ C 形夾。

5.(4) 已加工完成之六面體工件，其平行度良好，材質爲中碳鋼，今欲將該工件夾持在銑床精密虎鉗上，則下列何者爲正確？ ①鉗口應加護罩 ②以圓棒輔助夾持 ③以壓板輔助夾持 ④不必加任何輔助夾具。

6.(2) 工件夾持在虎鉗上，在正常情況下，工件露出鉗口的高度，最佳尺寸為 ① 1～2mm ② 6～12mm ③ 20～25mm ④ 30～35mm。

7.(2) 以90°V 形枕輔助夾持細長桿工件時，若該工件斷面為 ①正方形 ②正六角形 ③正八角形 ④圓形 時則無法精確的夾持。

8.(3) 分度頭之尾座頂針的錐角為 ① 30 度 ② 45 度 ③ 60 度 ④ 75 度。

9.(4) 有一V 形枕開口寬度為40mm，則欲橫置在其上面的圓形工件直徑不得大於 ① 20mm ② 3mm6 ③ 40mm ④ 56mm。

10.(2) 直角板的兩板面皆有長條狀槽孔，其功用為 ①減輕重量 ②螺栓貫穿夾緊之用 ③增加強度 ④不易變形。

11.(1) 六面體工件夾持在虎鉗上，欲在正中間銑一貫穿孔時，則工件下方至少應墊幾塊平行墊塊 ① 2 ② 3 ③ 4 ④ 5 塊。

12.(3) 在銑床虎鉗上敲正工件，應於下列何種狀況下為之？ ①尚未夾持到工件時 ②鉗口輕輕接觸到工件時 ③工件夾持到半緊時 ④工件已完全夾緊後。

13.(4) 有一尺寸為 25×25×65mm 胚料，欲在臥式銑床上銑斷成兩塊，長度各至少為 30mm，鋸割銑刀寬度為4mm，則該胚料之夾持方式為 ①橫置在鉗口中間 ②直立在鉗口中間 ③橫置在鉗口側端 ④橫置在鉗口側端，另一側端也置一25mm寬度的鐵塊一起夾持。

14.(1) 利用銑床虎鉗夾持薄工件，可選用何種輔助夾具？ ①壓楔 ② C 形夾 ③直角板 ④ V 形枕。

15.(3) 下列何種加工為非分度頭之工作範圍？　①正齒輪　②凸輪　③齒條　④角錐。

16.(2) 萬能虎鉗可調整角度之軸共有　①1　②2　③3　④4　個。

17.(2) 於圓轉盤上銑削圓弧，工件夾持校正中心時，須對正　①銑床　②圓轉盤　③虎鉗　④直角板　中心。

18.(3) 銑削螺旋槽時，應使用下列何者夾持？　①虎鉗　②直角板　③分度頭　④跨銑夾具。

19.(1) 銑床虎鉗的基準面是　①固定鉗口　②活動鉗口　③迴轉面　④中心軸。

20.(4) 銑床虎鉗底面之鍵與床台T型槽之配合為　①鬆配合　②緊配合　③隨意配合　④精密配合。

21.(1) 為使工件基準面密貼於虎鉗固定鉗口，可在虎鉗活動鉗口與工件粗糙面間施以何種輔助夾持件？　①圓桿　②塊規　③Ｖ形枕　④墊塊。

22.(1) 工件如圖所示，斜度為 1/10，長度為 50mm 大端尺寸為 25mm 則小端尺寸為　①20mm　②15mm　③10mm　④2mm。

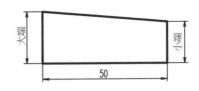

23.(3) 機械鎖定(MACHINE LOCK)開關之作用是　①重新定位刀具起點　②程式鎖住，不得更改　③執行程式 X、Y、Z 軸無位移　④電源鎖住，無法任意切斷。

24.(1) 下列何者不是銑床虎鉗夾持工件的原則？　①工件高出鉗口表面愈高愈好　②儘量使固定鉗口承受切削力　③夾持鑄鐵胚料宜加鉗口罩　④工件宜夾於鉗口中央。

25.(2)圓柱形工件φ30×70長，在立式銑床上用虎鉗夾持，欲在其端面銑削鍵槽，下列方法何者較佳？ ①直接用銑床虎鉗夾持 ②配合V枕夾持 ③配合角板夾持 ④配合壓板夾持。

26.(1)使用銑床虎鉗夾持薄工件時，下列何者較不會發生？ ①工件靠近固定鉗口部份上移 ②工件靠近活動鉗口部份上移 ③工件變形 ④夾持面積不足，銑削時滑移。

27.(2)下列何者屬於支撐裝置？ ①壓板 ②墊塊 ③凸輪 ④連桿。

28.(4)下列何者常用於夾具上的夾緊裝置？ ①墊塊 ②擋塊 ③定位銷 ④凸輪。

29.(4)下列何種支撐方式最平穩，尤其適用於具有粗糙表面之工件？ ①五點支撐 ②二點支撐 ③一點支撐 ④三點支撐。

30.(3)以工件夾持的觀點，若不受限制，則一個工件在空間中有幾個自由度？ ①3個 ②6個 ③12個 ④18個。

31.(4)體積較大之工件，通常的夾持方式為 ①利用虎鉗夾持 ②不必夾持 ③利用V形塊夾持 ④利用輔助工具夾持於床台。

32.(4)圓柱工件與90度V形枕兩邊之接觸點到中心連線的夾角為多少度時，工件支撐最穩定 ①30度 ②40度 ③60度 ④90度。

33.(2)彈簧筒夾適用於夾持 ①莫氏錐柄銑刀 ②直柄銑刀 ③B&S錐柄銑刀 ④7/24錐柄銑刀。

34.(1)由壓板與螺栓組合而成的夾緊構件，如右圖所示，夾緊力若要較大，則應選用下列何者？ ①P愈接近工件 ②P愈遠離工件 ③R愈接近工件 ④任何方均可。

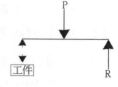

35.(4) 用於墊高壓板之夾緊件為　①Ｖ枕　②角板　③Ｃ形夾　④階梯塊。

36.(1) 下列何者不是鑽模與夾具之主要功用？　①減少切削行程　②增加工件精度　③節省工件安裝時間　④簡化操作方法。

37.(2) 在不妨礙換刀的原則下，CNC銑床之虎鉗通常置於床台面上①偏左側　②正中央　③偏右側　④不必考慮　位置。

38.(3) 重新磨削磁力吸盤表面之主要原因為　①增加美觀　②防止磁力吸盤生銹　③提高夾持力及精密度　④改善磁力吸盤的磁力。

39.(2) 銑床虎鉗配合軟金屬圓桿夾持工件時，圓桿應置於　①工件基準面與固定鉗口之間　②工件未加工面與活動鉗口之間　③工件底面與虎鉗底面之間　④工件未加工面與固定鉗口之間。

40.(3) 利用軟金屬圓桿與銑床虎鉗夾持工件時，其主要目的為　①可防止夾傷工件表面　②可增加夾持力　③可使工件基準面更貼緊固定鉗口　④可使銑削更穩固。

41.(3) 最適用在圓棒的圓柱面上，銑削多個平行於軸線的直槽的夾具為　①正弦桿　②萬能虎鉗　③分度頭　④銑床虎鉗。

42.(4) 最方便調整鑄件粗胚面是否平行於床台之器具為　①量錶　②高度規　③粉筆　④劃線台。

43.(4) 於銑床床台上夾持底部不平整的工件時，必須配合使用壓板及①圓棒　②平行塊　③Ｖ形枕　④千斤頂。

44.(1) 以壓板夾持工件時，壓板墊塊必須考慮工件的　①高度　②寬度　③重量　④面積。

45.(3) 砲塔式銑床銑削全圓弧時，較適合之夾具為　①銑床虎鉗　②萬能虎鉗　③圓轉盤　④磁性夾盤。

46.(3) CNC銑床銑削時，省略下列何種步驟並不影響加工精度？　①主軸轉速設定　②工件夾持　③工件劃線　④銑刀選用。

47.(3) 圓柱形工件可較穩固支持的適用夾具為　①壓板　②C形夾及角板　③V形枕及虎鉗　④平口虎鉗。

48.(2) 設計定位構件時，下列敘述何者錯誤？　①階梯面可兼作定位面　②兩平行階梯面可同作基準面　③階級孔不可兼作定位面　④定位件與底板接合處須留有間隙。

49.(1) 工件底面只放置一支定位銷，則工件的自由度減少一個，而拘束度則增加　①1個　②2個　③3個　④4個。

50.(2) 下列何種定位件較適用於不規則外形且無孔工件之定位？　①V形定位件　②承窩(nest)定位件　③柱塞定位件　④方塊定位件。

51.(3) 端銑刀最常用的材質為　①中碳鋼　②高碳鋼　③碳化鎢　④工具鋼。

52.(1) 銑刀在銑削時，可容納切屑的部位為　①刃槽　②刃面　③刃背　④傾角。

53.(3) 碳化物銑刀最適合於　①重　②輕　③高速　④低速　銑削。

54.(3) 面銑刀之刀面較寬大，銑刀本體一般以　①高速鋼　②碳化鎢　③工具鋼　④低碳鋼　製成。

55.(2) 兩刃端銑刀用於　①精　②粗　③細　④快　銑削。

56.(2) 銑刀之螺旋角愈大，銑削振動愈小，其所生軸向推力　①愈小　②愈大　③不變　④逐漸減小。

57.(1) 呈負傾角之銑刀，不適宜銑削下列何種材料？　①鋁　②黃銅　③合金鋼　④鑄鐵。

58.(4) 以碳化鎢銑刀銑削下列材料，那一種切削速度最快？ ①青銅 ②低碳鋼 ③易削鋼 ④鋁。

59.(3) 直徑較小之高速鋼端銑刀大多以 ①銲片 ②嵌片 ③整體 ④鑄造 製成。

60.(3) 臥式銑床銑刀內徑，下列何者較常用？ ①15.8mm ②22.2mm ③25.4mm ④28.3mm。

61.(1) 銑床主軸轉數不變，則銑刀每一刃之進給量與進給速度成 ①正比 ②反比 ③不成比 ④相等。

62.(4) 選擇適當的切削速度與進給量，可增加銑刀之 ①強度 ②韌性 ③硬度 ④壽命。

63.(4) 工件夾持方式之選定，下列何種因素不須考慮？ ①進刀方向 ②加工程序 ③加工件數 ④切削速度。

64.(1) 鋸割銑刀一般寬度之範圍在 ①0.5～6mm ②3～8mm ③5～10mm ④8～12mm。

65.(1) 銑削3mm寬、60mm深之直形溝槽，下列何種銑刀較合適？ ①鋸割銑刀 ②端銑刀 ③螺旋平銑刀 ④交錯刃側銑刀。

66.(3) 使用面銑刀銑削工件平面時，一次銑削工件之寬度約爲面銑刀直徑之 ①1/3 ②1/2 ③3/4 ④1 倍爲適宜。

67.(4) 在立式銑床上作圓弧或曲面銑削宜選用 ①側銑刀 ②面銑刀 ③T形銑刀 ④端銑刀。

68.(1) 面銑刀之切入角爲45度時，可降低切削抵抗，亦可減少發熱量，故可作 ①重 ②輕 ③高速 ④低速 銑削。

69.(1) 研磨及銲接碳化刀片技術不正確，會使刀具 ①龜裂 ②鬆脫 ③變鈍 ④移位。

70.(1) 下列碳化鎢刀具中，耐磨性最大的是　①P01　②P10　③P20　④P30。

71.(2) 銑削低碳鋼應選用　①M　②P　③K　④O　類刀具。

72.(4) 下列何種刀具最適用於碳鋼工件之粗加工　①單晶鑽石刀具　②立方晶氮化硼(CBN)刀具　③高碳鋼刀具　④碳化鎢刀具。

73.(4) 下列有關於刀具幾何與角度功用之敘述，何者正確？　①斜角不會影響切屑流動　②讓角與刀具磨損無關　③正斜角刀具較適用於黑皮工件之重切削　④刀鼻半徑會影響工件精度。

74.(3) 下列有關銑刀之敘述，何者正確？　①碳化鎢刀片中，P10刀具的韌性優於P50　②鑽石刀具適用於鋼料之精加工　③立方晶氮化硼(CBN)刀具適用於鋼料之精加工　④銑刀是一種單刃刀具。

75.(2) 下列何種刀具材料的韌性最佳？　①鑽石　②高速鋼　③陶瓷　④碳化鎢。

76.(2) 銑削大平面時，應選用　①側銑刀　②面銑刀　③鳩尾銑刀　④端銑刀。

77.(1) 銑削鋼料工件時，刀具間隙角的較佳值為　①5°　②10°　③15°　④20°。

78.(1) 下列碳化鎢刀具之特性中，何者正確？　① P20 之韌性小於 P30　② P20 之耐磨性小於 P40　③ P20 之適用切削速度小於 P40　④ P20 之硬度小於 P40。

79.(4) 下列何種材質的刀具最不適用於模具鋼工件之高精度切削？　①高速鋼　②碳化鎢　③立方晶氮化硼(CBN)　④鑽石。

80.(1) 用於控制切屑流動方向的主要刀具角度為　①斜角　②隙角　③刃角　④鼻角。

81.(3) 下列有關銑削加工之敘述，何者不正確？　①端銑刀刀柄伸出過長會產生銑削異常振動　②精銑加工宜採用多刃端銑刀　③球形端銑刀適用於重銑削　④端銑刀之端面與柱面均有刃口。

82.(3) 下列何種車刀材料常用於鋼材工件之超精密切削？　①碳化鎢　②高速鋼　③立方晶氮化硼(CBN)　④鑽石。

83.(3) 下列有關銑削刀具之選用，何者正確？　①可使用刃口未過中心的端銑刀銑削盲孔底部　②銑刀壽命與每刃進給量無關　③面銑刀的切除率大於端銑刀　④螺旋銑刀無法減少切削阻力。

84.(3) 直徑相同之一般端銑刀，下列何者較適合於重銑削？　①較多刀刃數，較大螺旋角　②較少刀刃數，較小螺旋角　③較少刀刃數，較大螺旋角　④較多刀刃數，較小螺旋角。

85.(1) 使用捨棄式刀片的最大優點為　①可快速更換新的刀刃　②適合於小量銑削　③適合於成形銑削　④適合於小型銑床用。

86.(1) 下列何者不屬於心軸銑刀？　①端銑刀　②平銑刀　③側銑刀　④鋸割銑刀。

87.(4) 下列何種刀具最適用於鋁合金工件之精密加工？　①碳化鎢刀具　②碳化鈦刀具　③CBN 刀具　④鑽石刀具。

88.(2) 大進給粗銑中碳鋼時，碳化鎢刀具宜選用　①M01　②M30　③K01　④K30。

89.(2) 採用高速鋼端銑刀銑削加工，若發生刀刃崩裂，下列改善方法中何者錯誤？　①進給速度減慢　②進給速度增加　③確實夾緊工件　④確實夾緊刀具。

90.(4) 銑削圓弧或曲面時，應選用　①側銑刀　②面銑刀　③鳩尾銑刀　④端銑刀。

91.(2) 鉸削直孔時，爲使機械鉸刀易於導入孔內，其前端應具有 ①圓弧 ②錐度 ③螺紋 ④凹槽。

92.(2) 銑削 T 槽時，因切屑不易排除，故宜選用何種 T 槽銑刀？ ①直刃型 ②交錯刃型 ③左螺旋刃型 ④右螺旋刃型。

93.(3) 欲獲得較好的光製表面宜選擇 ①大進給 ②切速小 ③刀鼻半徑較大 ④切深較大。

94.(1) 刀具在正常狀況下切削時的溫度上升，主要來自於 ①剪切作用 ②磨擦作用 ③切屑捲曲 ④表面能。

95.(1) 端銑刀於銑削中發生微量磨損，宜採下列何種對策？ ①降低進給率 ②增加進刀深度 ③增加刀具伸出量 ④繼續操作。

96.(4) CNC 銑床作二又二分之一次元曲面銑削時，宜選用何種銑刀？ ①槽銑刀 ②面銑刀 ③側銑刀 ④球銑刀。

97.(2) 鉸削 $\phi5$ 至 $\phi20$，鑽孔孔徑應預留多少鉸削量較適當？ ①0.05～0.1mm ②0.2～0.3mm ③0.4～0.5mm ④0.6～0.7mm。

98.(1) 銑切 30×30mm 平面時，使用下列何種直徑的端銑刀較節省時間？ ①35mm ②30mm ③20mm ④16mm。

99.(4) 銑切 12×12mm 平面時，使用下列何種直徑的端銑刀較佳？ ①8mm ②10mm ③12mm ④16mm。

100.(3) 在平面上擬銑切直徑 $\phi21.6\pm0.1$mm、深 20mm 之貫通孔，一般宜使用 ① $\phi21.6$mm 之 4 刃端銑刀 ②中心鑽、$\phi21.6$mm 之 2 刃端銑刀 ③中心鑽、$\phi18$mm 鑽頭、$\phi20$mm 之 4 刃端銑刀 ④ $\phi18$mm 鑽頭、$\phi21.6$mm 之 2 刃端銑刀。

101.(3) 在 CNC 銑床上銑切直徑 $\phi21.6$mm、深 20mm 之盲孔，一般宜使用 ① $\phi21.6$mm 之端銑刀 ②中心鑽、$\phi21.6$mm 之 2 刃端銑刀 ③中心鑽、$\phi18$mm 鑽頭、$\phi20$mm 之 2 刃端銑刀 ④ $\phi18$mm 鑽頭、$\phi21.6$mm 之 2 刃端銑刀。

二、複選題：

102.(1 3 4) 銑削加工後之工件有歪斜現象，想要重新校正架設在銑床上之虎鉗座，下列何者不適用？ ①游標卡尺 ②槓桿式量錶 ③特殊型式之分厘卡 ④光學平鏡。

103.(1 3 4) 茲以公差±0.10mm 與±0.02mm 分別畫成圓1及圓2，如圖所示；圓心 O 代表正確值，可接受公差為 0.01mm。現將量測到的工件尺寸標示為小黑點，下列何者不是該 5 個量測數據所呈現之準確度與重現性？ ①高準確度與高重現性 ②低準確度與高重現性 ③高準確度與低重現性 ④低準確度與低重現性。

量測點

104.(2 3 4) 銑削斜面之工件，可使用下列何種夾持裝置？ ①正弦桿 ②萬能虎鉗 ③平面虎鉗搭配斜度墊塊 ④正弦虎鉗。

105.(2 3 4) 尺寸為200×100×0.5mm之S45C工件，欲銑削其大平面時，可用下列何者夾持？ ①虎鉗 ②磁力吸盤 ③真空吸盤 ④低溫冷凍吸盤。

106.(2 3 4) 重銑削時，使用虎鉗夾持工件之敘述，下列何者正確？ ①夾持力方向宜與進給方向平行 ②夾緊時應避免工件翹起 ③長形工件可並排使用多台虎鉗 ④工件宜置於鉗口中央。

107.(1 3) 設定刀尖與工件高度位置之關係，可以使用 ①Z軸測定器 ②尋邊器 ③薄紙 ④塊規。

108.(1 4) 銑削如圖六面體，下列敘述何者正確？
①第一面選擇較大平面銑削做為基準面
②銑削第二面時，工件和固定鉗口間可
放置銅棒輔助夾持　③銑削第三面時，
第二面是靠於固定鉗口面上　④銑削第
五面時，須校對工件相鄰面與虎鉗底部的垂直度。

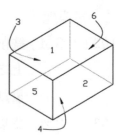

109.(3 4) 面銑削工件時，下列注意事項何者不正確？　①虎鉗夾持
工件的部位宜佔工件厚度 1/2 以上　②銑削寬度宜小於面
銑刀直徑　③量測工件尺寸時，主軸移至工件外側不必停
止轉動　④工件換面銑削不用去除毛邊。

110.(1 4) 下列有關銑刀刀把之敘述何者正確？　① BT 刀把由氣壓
或油壓缸拉緊　② BT 刀把由螺桿拉緊　③ NT 刀把常用
於 NC 銑床　④ NT 刀把常用於傳統銑床。

111.(2 3) 下列有關銑刀刀把之敘述何者正確？　① NT 之錐度為
7/24，而 BT 為 5/24　② NT 刀把常用於傳統銑床，而 BT
刀把常用於 NC 銑床　③裝卸 NT 刀把前須將主軸固定
④ BT 刀把常用於傳統銑床，而 NT 刀把常用於 NC 銑床。

112.(1 2) 如圖所示對工件頂面作銑削時，虎鉗夾持方式何者不宜？

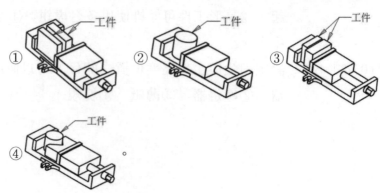

113.(1 4)　有關選用銑刀之敘述，下列何者為正確？　①材質較軟工件之徑向斜角應略大於較硬者　②端銑刀皆可直接用於鑽孔　③材質較軟工件之徑向斜角應略小於較硬者　④銑削平面可選擇平銑刀或面銑刀。

114.(1 2 3)　若考慮進給、切削深度、切削速率、刀鼻半徑、側刃角與端刃角等不同加工條件與刀具幾何，下列組合何者較無法獲得較佳之工件表面粗糙度？　①進給大、切削深度大、切削速率慢、刀鼻半徑小、側刃角大、端刃角小者　②進給大、切削深度小、切削速率慢、刀鼻半徑大、側刃角小、端刃角小者　③進給小、切削深度大、切削速率快、刀鼻半徑小、側刃角大、端刃角大者　④進給小、切削深度小、切削速率快、刀鼻半徑大、側刃角大、端刃角小者。

115.(3 4)　有關銑削加工之敘述，下列何者正確？　①銑刀壽命與每刃進給量無關　②面銑刀適用於銑削大工件面積之曲面　③端銑刀適用於銑削大平面工件之輪廓　④銑削顫振屬於隨機振動。

116.(2 3 4)　下列何者為標註直刃平銑刀之規格？　①柄長　②銑刀直徑　③刀寬　④刃數。

117.(2 3 4)　螺旋刃平銑刀用於重切削時，下列何者正確？　①刀刃數宜較多　②螺旋角度宜較大　③較不易產生顫振　④切削力較平直刃小。

118.(1 2 3)　下列何者常使用成型銑刀銑削？　①齒輪　②鳩尾槽　③T 型槽　④方型鍵座。

119.(1 2 3)　圓形桿欲銑削成六角形，常使用下列何種裝置夾持？　①分度頭　②萬能虎鉗　③分度盤　④角板。

120.(１２) 若在切削進行時發生巨大尖銳的聲音，可能的原因為　①刀尖崩裂　②刀尖磨損　③工件溫度過高　④為高切除率之正常聲音。

121.(２３) 臥銑用刀軸(Arbor)規格為 No.50-25.4-B-457，下列敘述何者正確？　①軸錐度為 B 型　②可裝之銑刀內徑為 25.4mm　③桿長 457mm　④軸上圓形鍵槽之號數為 50 號。

122.(１３４) 下列關於 NT50 的描述，何者不正確？　①表示莫氏錐度 50 號　②錐度為 7/24　③錐角為 $\tan^{-1}(7/12)$　④大徑端小於 NT40。

123.(２３) 如圖，具斷屑功能之銑刀刀刃，下列敘述何者正確？　①可側銑出光滑面　②切削扭矩較小　③適合重切削加工　④切削速度較高。

124.(１２) 欲應用 NC 臥式銑床銑削 10mm 寬之方鍵槽，選用下列何種銑刀較適當？　①端銑刀　②側銑刀　③面銑刀　④角銑刀。

125.(２４) 下列有關 NC 銑床之敘述，何者正確？　①四面加工機必為四軸同動者　②五軸銑床可以利用平口端銑刀銑削出半球形　③三軸銑床可以利用平口端銑刀銑削出半球形　④可以複合化地結合諸如車床類之工具機在同一機床。

126.(１３４) 有關銑削延性工件之敘述，下列何者正確？　①使用切削劑可增加刀具的壽命　②減少刀具斜角可降低積屑刀口(BUE)之形成　③刀具伸出量過長較易產生異常振動　④降低進給可改善刀具磨耗。

127.(１２４) 一般而言，有關鉸孔之敘述，下列何者正確？　①鉸孔可改善鑽孔之精度與表面粗糙度　②鉸孔為正轉進、退刀

③鉸孔裕留量多為固定值且與鉸孔直徑無關 ④機械鉸孔速度多低於鑽孔速度。

128.(１４) 利用 NC 銑床銑削輪廓之刀具選用，常使用下列何者？
①球刀 ②側銑刀 ③面銑刀 ④端銑刀。

129.(１４) 若直徑相同之常用端銑刀，輕銑削較宜選用下列何者？
①較多刀刃數與較大螺旋角 ②較少刀刃數與較小螺旋角
③較少刀刃數與較大螺旋角 ④較多刀刃數與較小螺旋角。

130.(１３４) 若欲銑削模數為3且齒數為30之正齒輪，下列敘述何者正確？ ①齒輪之周節為3πmm ②齒輪之外徑為90mm
③應選用相同模數、壓力角與適當齒形曲線之齒輪銑刀
④可利用齒輪游標卡尺量測齒輪之弦線齒厚。

工作項目 04：銑削條件之判斷及處理及傳統銑床、CNC 銑床－銑削實習

一、單選題：

1.(２) 以直徑16mm之端銑刀銑削工件時，若銑削速度為30m/min，則主轉迴轉數宜為每分鐘 ①460 ②600 ③660 ④760轉。

2.(１) 銑削鑄件毛胚，較不宜用 ①順銑法 ②逆銑法 ③排銑法 ④騎銑法。

3.(３) 在砲塔式銑床上銑削倒角時，除了可以使用各種夾具外亦可以調整 ①塔輪 ②離合器 ③主軸頭 ④馬達 銑削之。

4.(１) 在同一進給速度及迴轉數下，若每一刀刃的進給量愈少，則銑刀的刀刃數要 ①愈多 ②愈少 ③與刀刃無關 ④都一樣。

5.(4) 擬銑削尺寸為 29.7±0.10mm 的正方形柱，則此圓桿的直徑應選用　① 33mm　② 36mm　③ 39mm　④ 42mm。

6.(2) 使用逆銑法銑削工件時，其最大的缺點為　① 刀刃容易崩裂　② 刀刃易磨損　③ 易產生背齒隙　④ 易產生振動。

7.(2) 若未獲知材質軟硬之前，其銑削速度宜以　① 較快　② 較慢　③ 先快後慢　④ 快、慢皆可　試削之。

8.(1) 銑削薄工件宜採用　① 順銑法　② 逆銑法　③ 騎銑法　④ 排銑法。

9.(4) 四刃端銑刀，其進給率為 80mm/min，轉數為 560rpm 時，則每刃的進給量為　① 0.017mm　② 0.020mm　③ 0.024mm　④ 0.035mm。

10.(4) 設以 30m/min 之切削速度銑削不銹鋼材料，面銑刀每刃之進給量為 0.1mm，外徑為 75mm，刀刃數 10 刃，則每分鐘進給率為　① 484mm　② 381mm　③ 254mm　④ 127mm。

11.(1) 用兩刃的端銑刀銑削工件時，發現加工面上有明顯刀痕，其最大的原因為　① 刃口高低不平　② 銑刀太銳利　③ 迴轉數過高　④ 迴轉數過低 所致。

12.(2) 通常面銑刀之精銑削深度為　① 0.05～0.1mm　② 0.3～0.5mm　③ 1.0～1.5mm　④ 1.5～2.0mm。

13.(4) 有一中碳鋼工件加工量為 6mm，以面銑刀銑削，則下列何者最適宜？　① 一次加工 6mm　② 先粗銑削 5mm，再精銑削 1mm　③ 每次加工 2mm，分 3 次切削　④ 先粗銑削 2 次，預留 0.5mm 精銑削。

14.(4) 用端銑刀銑削 L 形肩角時，發現側面上有一圓弧刀痕，其較可能原因為　① 進刀量太小　② 主軸轉速太高　③ 主軸轉速太低　④ 刀具剛性不足。

15.(3) 下列何種車刀材料常用於鋼材工件之超精密切削？ ①碳化鎢 ②高速鋼 ③立方晶氮化硼(CBN) ④鑽石。

16.(3) 下列有關 CNC 銑床之銑削加工敘述，何者為不正確？ ①可利用 NC 程式銑削斜面 ②操作後應將床台歸定位 ③刀具半徑補正值不會影響工件之內徑尺寸 ④應先決定基準面再加工。

17.(3) 在 CNC 銑床上鑽削陣列孔，其中 X 方向計有 6 個孔，間距為 120 mm，Y 方向計有 4 個孔，間距為 40 mm，如下圖所示。若每鑽一孔所需時間為 5 秒，且每一孔與每一孔間的移動速度為 600 mm/min，試估算最少的總加工時間約為 ① 2.2 min ② 3.2 min ③ 4.2 min ④ 5.2 min。

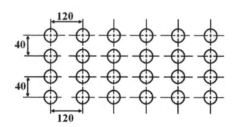

18.(2) 欲分別以直徑同為 16 mm的 4 刃與 6 刃端銑刀，在各不同銑削速度 24 與 32 m/min 下，進行銑削工件。若 4 刃端銑刀之每刃進給量為 0.15mm，計需 8min 完成第一道次銑削。若 6 刃端銑刀以每刃進給量 0.10mm 進行第二道次銑削，在不考慮其他因素下，完成銑削的所需時間為 ① 4min ② 6min ③ 8min ④ 10min。

19.(3) 使用 4 刃的面銑刀，主軸以每分鐘 250 轉銑削加工，若每一刃的銑削量為 0.2mm，則銑削進給之F值應為 ① 50 mm/min ② 180 mm/min ③ 200mm/min ④ 250mm/min。

20.(2) 銑床主軸以 300 rpm 之轉速銑削工件，若工件進給速度為 120mm/min，且每一刀刃的進給量為 0.1mm，則此銑刀之刃數為 ①2刃 ②4刃 ③5刃 ④6刃。

21.(2) 欲達成較佳的工件表面粗糙度，合適切削條件組合之選擇原則為 ①較大進給、較小切深、較大刀鼻半徑 ②較小進給、較小切深、較大刀鼻半徑 ③較小進給、較大切深、較大刀鼻半徑 ④較大進給、較大切深、較小刀鼻半徑。

22.(2) 相同直徑之兩把面銑刀，若選用相同的轉速及進給率，但是其中之A銑刀刃數多於B銑刀刃數，則每一刀刃的進給量應為 ①A＞B ②A＜B ③A＝B ④A≧B。

23.(3) 下列材料A：低碳鋼，B：中碳鋼，C：鑄鋼，D：黃銅，其銑削速度由小到大之排列為 ①A＜B＜C＜D ②B＜C＜D＜A ③C＜B＜A＜D ④D＜A＜B＜C。

24.(2) 下列有關銑削之敘述，何者正確？ ①端銑刀的徑向隙角會影響切削力 ②在各種切削參數中，切削速度對刀具溫度上升的影響最大 ③T槽銑刀和半圓鍵銑刀間的不同點是前者沒有側刀刃 ④切屑的顏色、形狀及加工面粗糙度等情況無法協助判定刀具壽命。

25.(4) 下列敘述何者不正確？ ① CNC 銑床之快速進給速度應包含加速、等速及減速 ②加工凹槽之寬度小於兩倍刀具半徑，補正時會造成過切現象 ③ CNC 銑床銑削加工前，需確認刀具的安全銑削高度及範圍 ④CNC銑床以程式執行銑削加工中，若欲變換主軸轉速，必須停機修改程式中的S值。

26.(1) CNC 銑床在 XY 平面上銑削 2D 平行溝槽，若產生不平行現象時，較可能的原因是 ①程式座標不正確 ②補正方向錯誤 ③進給不當 ④未使用切削劑。

27.(3) 程式G91 G01 X50.0 Y100.0 Z-100.0 F100;，若進給調整鈕設定爲 100%，則 Z 軸方向的進給率約爲　① 100mm/min　② 85mm/min　③ 65mm/nim　④ 50mm/min。

28.(1) 面銑刀若有 10 個刀片、轉速 120rpm、進給率 20mm/s，則每刃進給爲　① 1mm/刃　② 1.2mm/刃　③ 3.6mm/刃　④ 7.2mm/刃。

29.(4) 若主軸轉速爲200rpm，在 CNC 銑床上攻製 M10×1.5 螺紋，則進給率 F 爲　① 1.5mm/min　② 150mm/min　③ 200mm/min　④ 300mm/min。

30.(3) 銑削進給率公式$F = Ft \cdot T \cdot N$，中之 " T " 爲　①銑刀每分鐘的進給量　②銑刀每分鐘每刃的進給量　③銑刀的刀刃數　④銑刀每一迴轉每刃的進給量。

31.(2) 銑削時，若增加銑削深度，則其進給率宜　①增快　②降低　③不變　④按比例增加。

32.(3) 一般直徑相同之端銑刀，適合於重銑削者爲　①較多刀刃數　②較小螺旋角　③較少刀刃數，較大螺旋角　④較多刀刃數，較小螺旋角。

33.(4) 銑床主軸轉速之決定，不考慮下列何種條件？　①銑刀材質　②工件材質　③銑刀直徑　④工件尺寸。

34.(2) 工件爲獲得較佳之表面粗糙度，銑削條件宜選擇　①刃數少、進給快　②刃數多、進給慢　③刃數少、進給慢　④刃數多、進給快。

35.(2) 在同一進給率及迴轉速下，若銑刀的刀刃數愈多，則每一刀刃的進給量　①愈多　②愈少　③與迴轉數無關　④與刀刃數無關。

36.(2)銑削加工在下述何者情況下，應降低銑削速度　①精加工時　②銑刀切刃已磨耗但尚堪用時　③不考慮銑刀壽命時　④工件材質較軟時。

37.(1)銑削脆性材料時，易造成其崩裂，下列何者爲最可能之原因？　①進給太快　②進給太慢　③切削深度太小　④使用切削液。

38.(3)直線銑削時，若 X 與 Y 軸之移動速率分量皆爲 20mm/min，則切削進給率約爲　①14mm/min　②20mm/min　③28mm/min　④40mm/min。

39.(3)直刃側銑刀的刃寬 12mm，若每刃進給 0.08mm，刃數 20，轉速 100rpm，則其進給率爲　①64mm/min　②120mm/min　③160mm/min　④240mm/min。

40.(3)用套殼端銑刀在臥式銑床上銑削側面，其銑刀軸應使用　①A　②B　③C　④D　型。

41.(2)面銑刀精銑削的切削深度宜爲　① 0.05mm　② 0.3mm　③ 1mm　④2mm。

42.(3)銑削大斜面通常用　①端銑刀　②側銑刀　③面銑刀　④角度銑刀。

43.(4)下列何者不適合作淺切削？　①精加工　②要求表面粗糙度較佳者　③發生振顫　④表面有黑皮之工件。

44.(4)兩刃端銑刀之軸向切削深度，一般不可超過直徑的　①1　②1.5　③2　④2.5　倍。

45.(4)在臥式銑床上銑削階梯時，下列何種刀具效率最高？　①平銑刀　②面銑刀　③端銑刀　④側銑刀。

46.(3)下列何者可防止由於刃口積屑而產生的表面刮痕？　①減少刀刃數　②增加進給量　③加切削劑　④提高轉速。

47.(1) 銑削一斜度 1/25 之工件，旋轉虎鉗以量表校正固定鉗口，若床台移動量 60mm，則量表測頭應伸縮　①2.4mm　②2.8mm　③3.0mm　④3.2mm。

48.(1) 銑刀要能夠正常的切削，而且不會發生振顫，應選擇較大之　①切入角　②直徑　③進給量　④切削深度。

49.(2) 若銑床剛性不足可以考慮　①減少銑刀刃數　②減少進給量及切削深度　③增加銑刀刃數　④提高轉速，增加進給量。

50.(1) 使用面銑刀之直徑受下列何者限制？　①銑床剛性　②銑刀刃數　③銑削方向　④切削深度。

51.(3) 銑削平面之面銑刀外徑為 D，工作寬度為 W，則 W/D 約為　①≦1/3　②≦1/2　③≦3/4　④＝1。

52.(2) 有一斜面其斜度為 1/20，大端尺寸為 40mm，長度為 100mm，其小端尺寸為　①34mm　②35mm　③36mm　④37mm。

53.(1) 擬自一圓桿騎銑對邊距離 12mm 的方桿，其最小圓桿直徑為　①17mm　②19mm　③21mm　④23mm。

54.(1) 精銑削時，為要求平面度的精確，則銑刀各刃口的偏擺度宜為　①0.01　②0.05　③0.10　④0.20　mm 以內。

55.(1) 銑削與工件基準邊平行的溝槽，宜校正　①基準邊　②虎鉗鉗口　③工作台　④床柱。

56.(3) 用端銑刀銑削深溝槽時，溝槽一般會出現的情況是　①槽壁垂直　②下寬、上窄　③上寬、下窄　④不一定。

57.(3) 銑床床台極限擋塊位置，必須是考慮溝槽的　①精度　②寬度　③長度　④深度。

58.(2) 粗銑削溝槽後，換精銑刀精銑削應　①直接進刀精銑削　②精銑削一次後，量測尺寸，再進刀精銑削　③以主軸中心計算後

進刀　④測量槽寬尺寸後，作最後一次進刀精銑削。

59.(1) 銑削溝槽時，端銑刀刃是否鋒利，主要將影響到　①表面粗糙
度　②尺寸精度　③垂直度　④切屑之排除。

60.(3) 作 90 度 V 形槽精銑削時，應採　①劃線　②墊 V 形枕　③使
用量錶調整方式　④以 90 度成形銑刀　銑削。

61.(2) 銑削斜溝槽時，如溝槽斜度為 1:2，銑床工作台移動 10mm，
則以量錶測量時，最高與最低之差值為　①10mm　②5mm
③20mm　④2mm。

62.(3) 用 8mm 端銑刀銑削一直槽，其槽中心離基準面 30mm，則銑刀
邊自基準面移到槽中心之移動量為　①22mm　②30mm　③
34mm　④38mm。

63.(3) 在碳鋼工件上銑削 T 形槽時，其冷卻方法宜　①用壓縮空氣
②用少量切削劑　③用大量切削劑　④不必使用。

64.(3) 有一斜度為 1/8 之槽，其長度為 56mm，斜面小端尺寸為 28mm，
則大端尺寸為　①30mm　②32mm　③35mm　④38mm。

65.(3) 用端銑刀作最後一次溝槽精銑削時，較有效率的加工方式為
①只精銑削側面　②只精銑削槽底面　③同時精銑削側面及槽
底面　④只精銑削尺寸稍大的那一面。

66.(3) 欲一次銑削完成長溝槽時，宜選用　①面銑刀　②鳩尾銑刀
③側銑刀　④齒輪銑刀。

67.(1) 臥式銑削螺旋槽時，床台應調整螺旋角度，使銑刀和螺旋　①
平行　②垂直　③成銳角　④成鈍角。

68.(1) 有一 60 度鳩尾形槽，深度 9mm，其上、下兩尖角距離差如為
2Z，則其 Z 值應為　①tan30°×9　②tan30°÷9　③tan60°×9
④tan60°÷9。

69.(3)銑床無法銑削下列何種溝槽？ ①半圓鍵座 ②斜鍵座 ③孔內鍵槽 ④環狀溝槽。

70.(2)有一60度鳩尾形槽如下圖，內肩角距為40mm，圓桿直徑10mm，則其A值應為 ①11.86mm ②12.68mm ③13.86mm ④14.68mm。

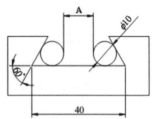

71.(3)下列何種銑刀較適合於特定形狀之生產？ ①側銑刀 ②端銑刀 ③成形銑刀 ④鋸割銑刀。

72.(1)使用下列何種銑刀來銑削倒角最為簡便？ ①角度銑刀 ②端銑刀 ③側銑刀 ④鋸割銑刀。

73.(1)使用成形銑刀銑削工件時，其轉速以該銑刀 ①最大 ②最小 ③平均 ④任意 直徑計算。

74.(3)已得到孔徑 25.90mm，欲搪孔成 26.00mm，則搪孔刀應移動 ①0.20 ②0.10 ③0.05 ④0.025 mm。

75.(2)使用角度銑刀或端銑刀銑削同一材質工件時，則角度銑刀銑削之迴轉速較使用端銑刀者為 ①高 ②低 ③一樣 ④無關。

76.(4)以傳統銑床加工孔徑間的尺寸精度要求甚高時，宜選用 ①劃線 ②以刺沖打中心點 ③目視 ④劃線及尋邊。

77.(2)一般麻花鑽頭的鑽頂角為 ①108度 ②118度 ③125度 ④180度。

78.(2)搪孔工作的孔中心之求法，是由 ①虎鉗活動鉗口決定 ②工件外形決定 ③工作台中心決定 ④主軸中心決定。

79.(4)利用主軸頭作搪孔前，應將工作台 ①前後、上下固定 ②前後、左右固定 ③上下、左右固定 ④前後、左右、上下都要固定。

80.(3)鉸刀種類繁多，而機械加工用鉸刀的切入部，一般標準為 ①
30 ②40 ③45 ④60 度。

81.(1)鉸削一般鋼料時，主軸轉速要慢，但為提高切削效率而加快進
給速度時，最好將進給限制在每刃 ①0.4 ②0.8 ③1.2
④1.6 mm 以下。

82.(3)鑽頭刀刃的切削速度以何部位最快？ ①靜點 ②切刃 ③外
徑 ④腹部。

83.(3)加工 $\phi33$ 的精密孔時，較佳的加工順序為 ①鑽孔→端銑削
②端銑削→搪孔 ③鑽中心孔→鑽孔→搪孔 ④鑽中心孔→端
銑削→搪孔。

84.(2)銷與工件上的孔不太能組合時，宜選用何種刀具再次加工？
①固定鉸刀 ②調整鉸刀 ③端銑刀 ④鑽頭。

85.(4)鉸孔工作時，主軸之迴轉情形為 ①切削中可停止 ②切削中
可變速 ③退刀時可停止 ④切削中不可停止。

86.(3)欲在20mm厚的鋼板上，鑽削一直徑10mm之貫穿孔，設鑽削
速度為24m/min，每轉進給量為0.2mm，則需時為 ①0.5
②0.3 ③0.15 ④0.07 分鐘。

87.(4)欲加工直徑 8mm 之孔，為獲得精確尺寸，且表面粗糙度及真
圓度均佳時，常採用 ①沖孔 ②鑽孔 ③砂布磨光 ④鉸孔。

88.(3)鑄件上待搪孔之預留孔，為求得其基準點，常用的方法是利用
①尋邊 ②目測 ③劃線 ④量錶 求孔中心。

89.(3)鉸孔工作時，直接裝設在刀軸上來使用的鉸刀是 ①錐度 ②
調整 ③殼形 ④奇數刃 鉸刀。

90.(1)造成工件加工面不垂直的原因，下列何者不正確？ ①銑削速
度太快 ②工件有毛邊 ③夾具不清潔 ④工件夾持不當。

91.(1) 銑削工件時，表面粗糙度不佳的原因與下列何者無關？　①銑
床之額定馬力太大　②排屑不良　③銑刀之切刃形狀不恰當
④進刀量過大。

92.(4) 銑床虎鉗鎖緊後將手柄拿開，下列何者不是此動作之主要原
因？　①避免手柄掉下造成傷害　②避免工件鬆脫　③避免妨
礙操作　④避免銑床無法啓動。

93.(3) 在銑削加工完成後，萬一刀具上有鐵屑纏繞時，以何者去除鐵
屑較妥？　①戴上棉紗手套的手　②游標卡尺　③長型鐵勾
④鑽頭。

94.(2) 粗銑削 20×50×90 mm 的六面體工件時，宜最先考慮的銑削
面爲　① 20×50 mm　② 50×90 mm　③ 20×90 mm　④任
意面。

95.(2) 用 ϕ10 端銑刀銑削低碳鋼工件之凹槽深 20mm，在不考慮機械
強度之條件下，下列何種加工方法較佳？　①粗銑一次 18mm
深，精銑一次 2mm 深　②粗銑五次每次 3.8mm 深，精銑二次
每次 0.5mm 深　③銑削八次每次 2.5mm 深　④銑削 20 次每次
1mm 深。

96.(2) 銑削時，下列何者是造成切削振動的主要原因？　①銑削深度
太小　②工件伸出太長　③轉速太慢　④進給太小。

97.(4) 搪孔過程中得孔徑爲 24.95mm，欲完成 25.00mm 孔徑時，則
搪孔刀應再移動　① 0.20mm　② 0.10mm　③ 0.05mm　④
0.025mm。

98.(2) 若要搪削成直徑 28.02mm，但實際的量測尺寸只有 27.94mm
時，其搪孔刀應單邊調整　① 0.02mm　② 0.04mm　③ 0.08mm
④ 0.12mm。

99.(2) 在銑削工件時，若銑刀接觸工件的切線方向和工件移動方向相反時，稱為 ①順(下)銑法 ②逆(上)銑法 ③排銑法 ④騎銑法。

100.(2) 一面銑刀有 10 刃齒，進給率為 500 mm/min，若轉速為 1000rpm 時，則每刃每轉的進給量為 ① 0.02mm ② 0.05mm ③ 0.2mm ④ 0.5mm。

101.(3) 銑削一工件，若其尺寸尚差 0.48mm，而手輪之倍率選擇為 ×10，則手輪刻度環應轉動多少格？ ① 24 ② 36 ③ 48 ④ 96 格。

102.(4) 銑削銲道表面或鑄件黑皮面時，其銑削要領為 ①切削深度小，進給速度大，低轉速 ②切削深度大，進給速度大，高轉速 ③切削深度小，進給速度小，低轉速 ④切削深度大，進給速度大，低轉速。

103.(4) 在銑床上欲精銑得到平滑的表面，應使用 ①較大的進刀與較高的轉速工作 ②較大的進刀與較低的轉速工作 ③較小的進刀與較低的轉速工作 ④較小的進刀與較高的轉速工作。

104.(3) 有一 250×40×15 mm 六面體工件，若欲銑削 40×15mm 的端面時，應以虎鉗夾持工件之 ① 250×40mm ② 40×15mm ③ 250×15mm ④任意面。

105.(4) 在立式銑床上，銑削 45 度倒角，則應選用之角度銑刀為 ① 45 ② 60 ③ 75 ④ 90 度。

106.(4) 銑削斜面的方法，下列何者不適宜用來擺斜度？ ①銑床頭 ②工件 ③虎鉗 ④工作台。

107.(2) 立式銑床上銑削溝槽或鍵座，宜選用 ①角度銑刀 ②端銑刀 ③T槽銑刀 ④開縫銑刀。

108.(2)傳統立式銑床端銑刀銑切內孔或內溝以 ①順銑法 ②逆銑法 ③騎銑法 ④成型銑法 為佳。

109.(3)四切刃端銑刀進行開溝槽粗銑削時，若希望每刃進給0.15mm，已知主軸每分鐘680轉，則床台移送工件速率應設定為每分鐘 ①102mm ②204mm ③408mm ④916mm。

110.(1)通常以側銑刀銑削直形溝槽，經若干次粗銑削後，其精銑削之預留量約為 ①0.1～0.2mm ②0.5～0.7mm ③1.0～1.2mm ④1.5～2.0mm。

111.(2)成型銑刀材質以 ①工具鋼 ②碳化鎢 ③鎳鉻鋼 ④陶瓷 居多。

112.(3)下列有關成型銑刀的敘述，何者正確？ ①不可用於銑製不規則形狀的工件 ②主要適用於粗銑加工 ③成型銑刀研磨較費時且成本較高 ④屬於有刀柄型銑刀，不是刀軸型銑刀。

113.(2)擬鉸削10.0mm之孔，則鉸孔前宜鑽削的孔直徑為 ①10.0mm ②9.8mm ③9.4mm ④9.0mm。

114.(2)在立式銑床上鉸孔，主軸之轉速應較鑽孔時為 ①快 ②慢 ③一樣 ④不一定。

115.(3)作鉸孔工作時，下列何者較正確？ ①主軸轉速較高，進給較慢 ②主軸轉速較低，進給較快 ③主軸轉速較低，進給較慢 ④主軸轉速較高，進給較快。

116.(2)機械鉸刀之前端具有 ①圓弧 ②錐度 ③螺紋 ④凹槽。

117.(4)銑削工件之精度不良，與下列何者無關？ ①心軸套鬆動 ②刀刃磨損 ③進給太快 ④進給過慢。

118.(1)若 $V = 125$m/min 及 $D = \phi 80$，則轉速應為 ①500rpm ②750rpm ③1000rpm ④1250rpm。

119.(4) 欲以主軸轉速 300rpm 攻 M8×1.25P 螺紋，在 G84 之 F 值應為 ① 250mm/min ② 300mm/min ③ 350mm/min ④ 375mm/min。

120.(4) 若主軸轉速為 200rpm，在 CNC 銑床上攻 M10×1.5 螺紋，則進給率 F 為 ① 150mm/min ② 200mm/min ③ 250mm/min ④ 300mm/min。

121.(1) 銑削鋼工件，刀具的間隙角較佳值為 ① 5° ② 10° ③ 15° ④ 20°。

122.(2) 銑削加工時，下述何種情形即應減少每一刀刃進刀量？ ①工件較厚 ②要求較佳之表面粗糙度 ③使用高強度銑刀片 ④銑削較淺溝槽時。

123.(2) 銑削深槽時，宜選用 ①端銑刀 ②交錯刃側銑刀 ③鳩尾銑刀 ④ T 槽銑刀。

124.(4) 銑削平行面時，應於工件底面與虎鉗鉗台之間墊以何物，較易銑得平行面 ①圓桿 ② V 形枕 ③角尺 ④平行塊。

125.(4) 校正工件基準面與床台平行度時，量表的磁座宜裝在那裡最好？ ①床鞍 ②支持物 ③刀軸 ④床柱。

126.(3) 在 G17 平面進行直線切削，若 X、Y 軸之移動速率之分量皆為 20mm/min，則切削進給率應為 ① 15mm/min ② 20mm/min ③ 28mm/min ④ 40mm/min。

127.(1) 為使工件基準面緊貼虎鉗固定鉗口，可在虎鉗活動鉗口與工件粗糙面間夾以 ①圓桿 ②塊規 ③ V 形枕 ④墊片。

128.(1) 防止銑削時產生高頻率振動的方法為 ①降低主軸轉速 ②增加進給率 ③增加銑削深度 ④粗加工時，用刀刃數較多之銑刀。

129.(2)切削高碳鋼，較適合之碳化物刀具材質為　①P類　②M類　③K類　④S類。

130.(1)安裝搪孔刀於搪孔器中，下列何者錯誤？　①可使用端銑刀取代搪孔刀　②宜注意刀尖安裝方向　③宜考慮徑向斜角是否適當　④宜觀察徑向及軸向間隙角是否干涉。

131.(3)搪孔所得之孔徑為 24.90mm，欲搪孔成 25.00mm，則搪孔刀應移動　①0.20mm　②0.10mm　③0.05mm　④0.025mm。

132.(1)銑削 $\phi80$ 之內孔，為求圓弧光滑平順，程式中通常會　①加入引導圓弧　②加入引導直線　③在圓弧內側鑽孔　④在圓弧起點處加入指令G09。

133.(3)用一般端銑刀精銑削鋼料，銑刀刃數宜選用　①單刃　②雙刃　③4刃　④與刃數無關。

134.(2)銑削二又二分之一次元圓弧，為使表面光滑平順須　①加大進給率　②減少間距量　③增加銑削深度　④增大間距量。

135.(2)螺絲攻的斷屑溝槽是相當於什麼角度？　①間隙角　②斜角　③螺旋角　④切入角。

136.(2)通常在鋁質工件鑽 1mm 以下小孔時，使用何種附件較佳？　①搪孔頭　②增速器　③工具顯微鏡　④攻牙刀桿。

137.(3)CNC銑床若採用固定循環指令鑽孔時，下列那一項與該單節指令內容無關係？　①孔的位置　②提刀高度　③主軸轉速　④孔數。

138.(3)設 A 銑刀直徑大於 B 銑刀，若選用相同的每分鐘轉數及進給率，則銑刀每一迴轉的進給量為　①A 大於 B　②B 大於 A　③A 等於 B　④AB 不能比。

139.(4) 面銑刀的刀刃數為 5，若其主軸轉速為 500rpm，進給率為 100mm/min，則此面銑刀每一刀刃的進給量為　① 0.2mm　② 0.12mm　③ 0.08mm　④ 0.04mm。

140.(2) 以銑床鑽削工件時，鑽頭折斷之可能原因為　①鑽頭直徑太大　②鑽削進給太快　③鑽頭夾太緊　④鑽頭研磨太銳利。

141.(4) 銑削工件時發生振動之最可能原因為　①進給太慢　②刀具太銳利　③主軸轉速偏高　④工件或銑刀夾持不牢。

142.(2) 銑削工件時，產生工件表面粗糙度不良之可能原因為　①進給太慢　②刀具磨損　③主軸轉速太快　④銑削太淺。

143.(4) 欲減小銑削振動宜　①增加每齒切削量　②增加床台進給速度　③增加銑削深度　④降低床台進給速度或銑削深度。

144.(1) 銑削一工件，若其高度尺寸尚差0.48mm，而手輪每格0.02mm，則手輪刻度環應轉動多少格　①24　②36　③48　④96　格。

145.(1) 銑床上鉸孔若造成不良孔面，其原因是　①鉸削量太大　②主軸轉速太慢　③鉸削量太小　④切削液過量。

146.(2) CNC銑床銑削時，下列何者可以省略不須執行？　①選用銑刀　②工件劃線　③工件夾持　④決定主軸轉速。

147.(3) CNC銑床執行鉸孔循環時，Z軸到達指令點位置後主軸會　①自動停止　②自動反轉退刀　③以正轉及原進給速度退刀　④以正轉及快速退刀。

148.(4) 依 CNS 表面粗糙度標準，若圖面上標註為 6.3a 之表面粗糙度值應為　① 0.25mm　② 0.025mm　③ 0.063mm　④ 0.0063mm。

149.(3) 依 CNS 表面粗糙度標準，20S 相當於　① 2.0a　② 2.5a　③ 5.0a　④ 6.3a。

150.(2) 搪孔銑削時，若要搪削成直徑 28.02mm，但實際的尺寸為 27.94mm時，則其搪孔刀應單邊調整　①0.02mm　②0.04mm　③0.08mm　④0.12mm。

151.(2) 高速鋼鑽頭鑽孔加工，下列材料何者切削速度最慢？　①低碳鋼　②高碳鋼　③黃銅　④鋁。

152.(4) 銑削時，下列何種情況宜降低切削速度？　①夾持較穩定時　②不考慮銑刀壽命時　③精加工時　④刀刃已磨損，但在容許範圍內時。

153.(3) 銑削時，發生刀刃缺損的可能原因為　①切削液太多　②進給量太小　③切屑排出不良　④切削深度較淺。

154.(2) 銑削時，若增加銑削深度，則其進給率應　①增快　②降低　③不變　④按比例增加。

155.(2) CNC銑床執行攻螺紋循環，Z軸到達指令點位置後，主軸會　①自動停止　②自動反轉退刀　③以正轉及原進給速度退刀　④以正轉及快速退刀。

156.(3) CNC銑床粗銑削平面時，一般選用之加工條件應為　①較高切削速度及較大進給率　②較高切削速度及較小進給率　③較低切削速度及較大進給率　④較低切削速度及較小進給率。

157.(3) 在銑床上鑽孔加工後，若發生擴孔現象，最可能原因為　①鑽孔位置不正確　②鑽唇角太小　③鑽頭切邊不等長　④鑽唇間隙太大。

158.(1) 若進給率為每分鐘200mm，主軸每分鐘800轉，銑刀每一刀刃之切削量為0.05mm，則該銑刀之刀刃數為　①5　②6　③8　④10。

159.(2) 以直徑 80mm 之 10 刃面銑刀，銑削中碳鋼工件，若銑削速度
為 75m/min，每刃進給為 0.2mm，則進給率為　① 562mm/min
② 600mm/min　③ 637mm/min　④ 700mm/min。

160.(2) 面銑刀的切削寬度(W)與刀徑(D)之關係，下列何者較佳？　①
W ＜ D/2　② W ＞ D/2　③ W ＝ D/2　④無關。

161.(3) 一般直徑相同之端銑刀，適合於重銑削者為　①較多刀刃數
②較小螺旋角　③較少刀刃數，較大螺旋角　④較多刀刃數，
較小螺旋角。

162.(2) CNC銑床的座標系統一般都假設　①工件移動，刀具不動　②
工件不動，刀具移動　③工件移動，刀具移動　④工件不動，
刀具不動。

163.(2) 在銑削中，視情況需要而欲量測工件尺寸時，程式中應包含下
列何種指令？　① M0　② M1　③ M2　④ M5。

164.(2) 直徑 100mm 之 6 刃平銑刀，若每刃每轉進刀量為 0.02mm，且
進給率為 12mm/min，則銑削速度約為　① 25　② 30　③ 35
④ 40　m/min。

165.(2) CNC銑床上用固定循環指令鑽孔時，下列何者與程式無關？
①孔的數量　②主軸轉速　③提刀高度　④孔的位置。

166.(3) 欲以CNC銑床銑切出直徑 ϕ20.8mm 深 20mm 之盲孔，較適宜
之加工程序為　①直接使用 ϕ20.8mm 之端銑刀　②使用中心
鑽，ϕ20.8mm 之 2 刃端銑刀　③中心鑽，ϕ18mm 鑽頭 ϕ20mm
之 2 刃端銑刀　④ ϕ18mm 鑽頭，ϕ20.8mm 之 2 刃端銑刀。

167.(2) B 軸是指相對於下列何軸旋轉？　① X　② Y　③ Z　④ B。

168.(1) 如下圖所示，以平口端銑刀銑削長方形凹穴，若在轉角處不發
生殘料的情況下，則最大刀具路徑間距約等於　① 0.85×刀距

直徑 ② 0.707×刀距直徑 ③ 0.866×刀距直徑 ④ 0.5×刀距直徑。(cos30°＝ 0.866，cos45°＝ 0.707，cos60°＝ 0.5)

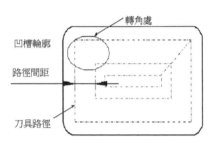

169.(2) 在 CNC 銑床上使用尋邊器，可得下列何種效益？ ①得知刀具磨損 ②定出刀具與工件位置關係 ③定出工作範圍 ④安排銑削順序。

170.(4) CNC銑床以程式試削工件後，發現深度尺寸有些微誤差時，應如何處理最有效？ ①調整刀具 ②換新刀片 ③調刀徑補正值 ④調刀長補正值。

二、複選題：

171.(1 2) 下列有關工件表面粗糙度之敘述，何者正確？ ①若 Ra 值相同，其Rmax值必定相同 ②若切斷值愈小，Ra值愈大 ③若 Ra 值相同，其表面輪廓必定相同 ④探針移動方向只會影響 Rmax 值。

172.(1 2 4) 下列有關銑削加工之敘述，何者正確？ ①切除量可表示為單位時間之切除體積 ②進給量可表示為mm/刃 ③銑刀刃數不會影響工件表面之銑削精度 ④屬於不連續斜交切削。

173.(1 3 4) 下列有關銑床工作之敘述，何者正確？ ①心軸錐孔大多採用銑床標準錐度 ②增加工件之進給率可改善工件精度

③通常為刀具旋轉而工件平移 ④T型槽可先用端銑刀銑出直槽，再用 T 型刀銑削。

174.(1 2 4) 直徑 D 之面銑刀銑削寬度 W 之塊狀工件，若 D＞W 且銑削深度為 d 與工件切削速度為 V，則工件切除率(MRR)之表示式，何者不正確？ ①$D^2 \cdot V$ ②$W \cdot D \cdot V$ ③$W \cdot V \cdot d$ ④$D \cdot V \cdot d$。

175.(1 2) 下列有關操作表面粗度儀之敘述，何者正確？ ①探針接觸工件表面之壓力可自動調整 ②須評估工件表面粗糙度之狀況，選用合適之切斷值 ③粗糙度標準片不能校正表面粗度儀 ④工件表面髒污不會影響正確值。

176.(1 3) 在面銑作業中，銑削 300mm 長之工件，若銑刀直徑為 200mm、銑刀刃數為 10、每刃進刀量為 0.25mm、切削速度為 157m/min，下列何者正確？ ①主軸轉速為 250rpm ②主軸轉速為 200rpm ③銑刀每轉切削量為 2.5mm ④切削進給率為 500mm/min。

177.(1 2) 面銑刀直徑 80mm，若切削速度 100～160m/min，則下列何者為可選擇之主軸轉速？ ① 420 ② 560 ③ 700 ④ 820 rpm。

178.(1 2 3) 下列有關選擇適當銑削速度之敘述，何者正確？ ①銑削速度與銑削的材料有關 ②銑削速度與銑床的切削性能有關 ③操作精銑的銑削速度較粗銑的銑削速度快 ④銑削速度的單位是 rpm。

179.(1 2 3) 下列有關選擇適當銑削速度之敘述，何者不正確？ ①銑削速度是工件對主軸移動的速度 ②相同刀具下，高碳鋼工件的銑削速度較低碳鋼工件快 ③相同工件下，高速鋼銑刀的銑削速度較碳化物銑刀快 ④銑削速度是經由主軸轉速調整。

180.(2 3) 使用直徑 75mm 之面銑刀銑削，粗銑 150m/min，精銑 210m/min時，則主軸轉速約為 ①粗銑 760 ②精銑 890 ③粗銑 640 ④精銑 980 rpm。

181.(1 3) 使用2刃、直徑 10mm 之端銑刀銑削，粗銑 45m/min，精銑 60m/min，每刀刃進給量 0.15mm時，則進給率約 ①粗銑 450 ②粗銑 500 ③精銑 600 ④精銑 650 mm/min。

182.(2 3) 如右圖，以面銑刀銑削一道次，不考慮表面粗糙度下，得到的切削面可能是
①凸面
②凹面
③平面
④波浪面。

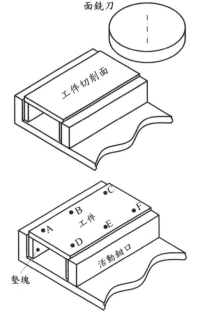

183.(2 3 4) 如右下圖，銑削長方體後，測量 6 個位置，其厚度分別為A20.10，B20.10，C20.10，D20.02，E20.02，F20.02mm，可能原因為 ①進給率與轉速搭配不當 ②虎鉗底面有切屑 ③夾持時活動鉗口將工件向上推 ④兩個墊塊不等高。

184.（１２４）如右圖，使用端銑刀的側刃
切削工件後，工件的側面與
切削面的直角度未達要求，
應改進下列的那些項目？
①重新校正虎鉗的固定鉗口
平行度　②切削時進給率求平穩　③降低夾持力　④精削
量不宜過大。

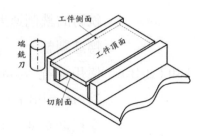

185.（１２４）鍵座銑削後發現其側壁面是傾斜的，改善策略為　①降低
進給率　②減少刀具伸出長度　③增加切深　④先粗加工
再精加工。

186.（２３）　以端銑刀切削鋁料發現積屑現象，下列何者可改善？　①
鎖固刀具　②使用適當切削劑　③降低進給率　④鎖固工
件。

187.（３４）　下列有關單鋒刀具幾何與角度之功用敘述，何者不正確？
①斜角會影響切屑流動方向　②刃面磨適當溝槽有助於折
斷切屑　③正斜角較適用於黑皮工件之重切削　④刀鼻半
徑不會影響工件切削表面粗糙度。

188.（１２３）下列有關順銑法之敘述，何者正確？　①刀刃較逆銑法不
易磨耗　②切削力由大至小　③切屑形成由厚至薄　④易
生振動且不易排屑。

189.（１２４）下列有關鉸孔工作的敘述，何者正確？　①退鉸刀時採同
鉸削方向旋轉　②鉸削前的鑽孔直徑＝鉸孔直徑－鉸削裕
留量　③機械鉸刀之鉸削速度約等於同直徑鑽頭之鑽削速
度的２倍　④螺旋刃鉸刀較直刃鉸刀之鉸削阻力小且不易
振動。

190.(1 2 3) 以端銑刀側邊精修工件時，主軸轉速為一定值，若欲改善表面粗糙度時，下列何者為可行之方法？ ①選用刃數較多之銑刀 ②選用較大直徑之刀具 ③降低進給速率 ④增加切削深度。

191.(1 2 3) 鉸孔加工後，發現孔徑小於預定尺寸，較可能的原因為 ①鉸刀磨損 ②選用鉸刀公差等級錯誤 ③鉸削過程產生較大熱膨漲 ④預留量太少。

192.(1 4) 下列有關銑刀軸之敘述，何者正確？ ①銑刀軸錐度可為7/24 ②銑刀軸錐度必為莫氏錐度 ③NT40之公稱直徑小於NT30 ④NT50公稱直徑大於NT40。

193.(2 3 4) 下列銑床工作，何者正確？ ①主軸迴轉中可直接切換迴轉方向開關 ②分段式變速機構必須在主軸靜止時變換轉速 ③無段式變速機構必須在主軸迴轉中變換轉速 ④檢測工件應先停止主軸迴轉再行檢測。

194.(1 2 3) 下列銑床操作安全事項，何者正確？ ①操作機器時不可戴手套 ②應穿戴安全眼鏡及安全鞋 ③清理切屑前應先停止主軸迴轉 ④裝卸銑刀宜以手直接握持刀刃以求方便。

195.(1 4) 下列何種銑刀常用於立式銑床？ ①面銑刀 ②齒輪銑刀 ③平銑刀 ④端銑刀。

196.(1 2 3) 四刃面銑刀直徑 80mm，若主軸轉速為 500rpm，每刃切削量為 0.15～0.25mm，則下列何者為可選擇之進給率？ ① 300 ② 400 ③ 500 ④ 600 mm/min。

197.(1 3) 端銑刀銑削一溝槽時，發現槽底面為一斜面，下列何者為可能之原因？ ①端銑刀未確實夾緊 ②主軸轉速太快 ③夾持於虎鉗的工件平面不平行 ④進給率太慢。

198.(１２) 端銑刀銑削一溝槽時，發現槽底面為一斜面，下列何者為可行之改善方法？ ①確實夾緊端銑刀 ②減少切削深度 ③增加進給率 ④選用較大螺旋角的端銑刀。

199.(２３４) 工件銑削中，產生異常聲響之較可能原因為 ①機器剛性佳 ②切削進給量太大 ③刀刃已經鈍化 ④夾持力不足。

200.(１３４) 銑床加工完成後之工件尺寸不正確，可能之原因為 ①刀具已經磨損 ②主軸故障 ③使用不適當加工條件 ④夾持變形。

201.(２４) 量測工件的間隙可使用下列何者？ ①高度規 ②厚薄規 ③塊規 ④投影機。

202.(１４) 下列何者屬於逆銑切削特性？ ①切屑由薄而厚，銑刀受力先輕後重 ②受螺桿背隙影響較大 ③適合銑削薄件 ④適合銑削黑皮面鑄件。

203.(１２) 下列何者屬於順銑切削特性？ ①加工時摩擦較少，銑刀刃口壽命較長 ②受螺桿背隙影響較大 ③進給消耗功率較大 ④適合銑削黑皮面鑄件。

204.(２３４) 一斜度工件長30mm，標註為1：5±0.002，量測出小端高度10.05mm，則大端的容許高度為 ①15.95 ②16.00 ③16.05 ④16.10 mm。

205.(２３４) 對傳統銑床的操作下列敘述何者正確？ ①重切削應採用順銑法 ②搪孔可用自動向下進刀功能 ③作X方向銑削時，應固定Y方向的移動 ④面銑削時，應鎖緊主軸套筒。

206.(１４) 若切削進給率為140mm/min時，每刃進給不得超過0.25mm，下列切削條件何者適用？ ①2刃300rpm ②4刃120rpm ③5刃100rpm ④6刃95rpm。

207.(1 3)　在傳統銑床上以直徑 20mm 端銑刀作深度 50mm 側邊粗銑，應避免下列何種銑削方式？

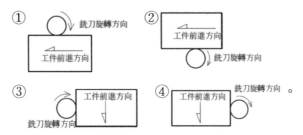

208.(2 4)　如下圖所示，若要在 10 度斜面處再銑一 50 度斜面，則下列 x 方向移動量與量錶數據的關係何者有誤？　①x 軸走 10mm 量錶指針轉 6.43mm　② x 軸走 8mm 量錶指針轉 7.95mm　③x 軸走 7.78mm 量錶指針轉 5.0mm　④x 軸走 6.58mm 量錶指針轉 6.0mm(sin40° ＝ 0.64278)。

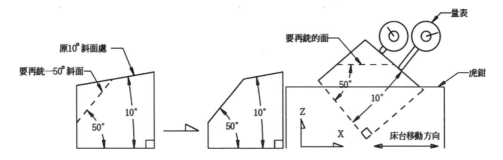

209.(2 4)　若銑床 X 方向的進給手輪每格刻度 0.02mm，一轉 2.5mm，已知背隙有 5 格。要鑽三孔，如圖所示，若手輪正轉定位A孔，

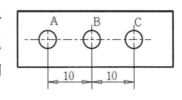

鑽完後，再鑽BC兩孔，下列定位過程何者有誤？①正轉 4 圈鑽 B 孔，再正轉 4 圈鑽 C 孔　②正轉 8 圈鑽 C 孔，再

反轉4圈鑽B孔 ③正轉8圈鑽C孔,再反轉5格加4圈
後鑽B孔 ④正轉8圈加5格鑽C孔,再反轉4圈鑽B孔。

210.(2 4) 工件夾持於虎鉗作端銑與側銑的情況下,將兩端面平行的
圓錐形工件,銑成具有24個直角的六面體,如下圖所示,
應如何安排各面的銑削順序?

① 1→2→3→6→4→5 ② 4→6→3→5→2→1

③ 3→1→4→5→6→2 ④ 3→5→4→6→1→2。

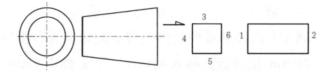

211.(1 2 3) 下列何指令與補正有關? ①G44 ②G46 ③G48 ④
G50。

212.(1 2) 下列敘述何者正確? ①執行G91 G00 X86.6 Y50.0時,
刀具移動先與 X 軸成 45°夾角 ②執行 G91 G01 X86.6
Y50.0 F200時,刀具移動與X軸成30°夾角 ③執行G91
G18 G01 X86.6 Y50.0 Z20.0 F200時,刀具無Y軸的移
動 ④執行 G91 G17 G02 I-20.0時,因缺少X及Y座標
以致於刀具無法移動。

213.(1 3 4) 執行 G92 X50.0 Y50.0 Z50.0 單節之前,下列刀具相對位
置的敘述,何者錯誤?

①刀具至機械原點的相對座標為 X50.0 Y50.0 Z50.0

②程式原點至刀具的相對座標為 X50.0 Y50.0 Z50.0

③機械原點至刀具的相對座標為 X50.0 Y50.0 Z50.0

④刀具至程式原點的相對座標為 X50.0 Y50.0 Z50.0。

214.(1 3) 以 G41 的方式銑削長方體的外輪廓，得到偏大 0.1mm 的尺寸，此時可採用下列何方法修正？ ①刀徑補正值減 0.05mm ②刀徑補正值減 0.1mm ③程式路徑向內縮 0.05mm ④程式路徑向內縮 0.1mm。

215.(2 4) 執行 G91 G01 X86.6 Y50.0 F100 時，刀具的速率下列何者正確？ ① X 軸的移動速率為 100mm/min ② X 軸的移動速率為 86.6mm/min ③ Y 軸的移動速率為 100mm/min ④ Y 軸的移動速率為 50mm/min。

216.(1 2 3) 精銑削 60°鳩尾槽，如下圖，刀端中心為刀具基準點，下列何者正確？ ①銑削 A 點時刀具的 Y 座標為 23.56mm ②銑削 B 點時刀具的 Y 座標為 26.44mm ③銑削 C 點時刀具的 Y 座標為 22.11mm ④銑削 D 點時刀具的 Y 座標為 26.88mm。

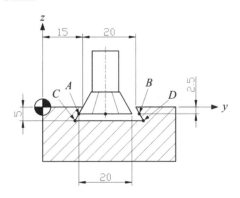

217.(3 4) 在 NC 銑床上銑削工件的刀具路徑為長方形，銑削後的工件尺寸未達圖面要求，可使用下列何種方法修正？ ①修改 F 值 ②修改 S 值 ③修改 D 值 ④修改程式。

218.（１２） 在立式 NC 銑床上銑削斜面，若此斜面垂直於 XY 平面並與 XZ 平面成一夾角，可採用下列何種方法 ①旋轉虎鉗 ②執行程式 ③墊斜度墊塊於工件底面 ④使用錐度銑刀。

219.（１２３）程式中利用同一端銑刀銑削兩個深度後，發現兩個深度差值未達要求，不應修改 ①刀長補正值 ②刀徑補正值 ③程式原點的位置 ④程式中某一個深度值。

220.（１２３）在立式 NC 銑床上以端銑刀精銑削長方形外輪廓後，得到偏大的尺寸，不須修改下列何者之設定值？ ①G92 ②G54 ③H ④D。

221.（１２） 在立式 NC 銑床上以端銑刀的側刃銑削長方體工件的一面之後，發現該面與相鄰面的直角度不佳，下列何者為可能原因？ ①虎鉗鉗口與運動軸不平行 ②F 值太大 ③S太小 ④切深不足。

222.（２３） 在立式 NC 銑床上以虎鉗夾持薄工件時，下列敘述何者不正確 ①活動鉗口傾斜可能造成工件向上移 ②用大鐵鎚敲工件使工件向下貼平 ③不必考慮工件變形的問題 ④以軟鎚邊敲邊鎖緊。

223.（１２） 如圖所示之凹槽欲利用 NC 銑床作最後一道精銑，宜選用下列何直徑之端銑刀 ① 6mm ② 8mm ③ 10mm ④ 12mm。

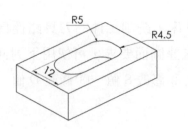

224.(2 4)　NC 銑床在下列何種模式(Mode)下，可手動裝卸刀把？
①自動執行程式(Auto)　②寸動操作(Jog)　③手動資料輸入(MDI)　④手動原點復歸(Home)。

225.(1 2 4)下列有關 NC 銑床的敘述何者正確？　①NC 程式是以刀具中心爲基準來描寫切削路徑　②程式加工之刀具宜設定長度補正　③G54 座標系用於設定刀具由「程式原點」移動到「機械原點」之位移　④尋邊器可配合使用於設定工作座標系。

226.(1 3 4)NC 銑床程式執行中，按壓那些鍵可立即停止刀具移動
①RESET　②OPT STOP　③CYCLE STOP　④EMERGENCY STOP。

227.(1 2)　NC 銑床在 XY 平面上的圓弧銑削(O 爲圓心，P 爲起點，Q 爲終點)，下列敘述何者正確？

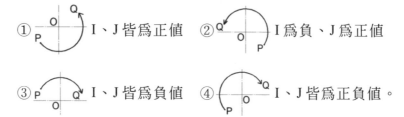

228.(1 4)　工件如圖所示，欲在 XY 平面上鑽直徑 8mm 數孔，O 爲程式原點，執行程式 G90 G81 X10.0 Y10.0 R3.0　Z-20.0　F150;G91　X12.0 Y12.0 K5;下列敘述何者正確？　①數孔中心爲一直線排列且與 X 軸呈 45 度　②共鑽 5 孔　③最終孔之位置爲(60, 60)　④鑽孔深度爲 20mm。

229.(2 4) 執行 G00 快速定位指令，由 A 點至 B 點路徑，下列圖形何者正確？

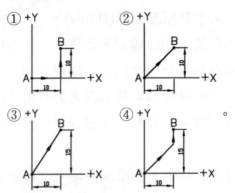

230.(1 3) 在不同的加工平面上以 G03 沿箭頭方向切削圓弧，下列何者正確？

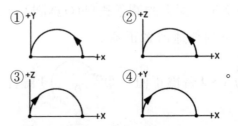

231.(2 3) 使用 G41 D01 指令精銑削外形尺寸 $30^{\ 0}_{-0.05}$ mm，若端銑刀直徑 8mm，理論上 D 值可設定為 ① 4.02 ② 4.00 ③ 3.98 ④ 3.96。

232.(1 2) 使用 G41 D01 指令精銑削外形尺寸 $30^{+0.05}_{\ 0}$ mm，若端銑刀直徑 8mm，理論上 D 值可設定為 ① 4.02 ② 4.00 ③ 3.98 ④ 3.96。

233.(1 2 3) 使用 G42D01 指令精銑削溝槽尺寸 $30^{\ 0}_{-0.05}$ mm，若端銑刀直徑 8mm，理論上 D 值可設定為 ① 4.02 ② 4.01 ③ 4.00 ④ 3.98。

234.(2 3)　　使用 G42D01 指令精銑削溝槽尺寸30 $^{+0.05}_{\ \ 0}$ mm，若端銑
刀直徑 8mm，理論上 D 值可設定為　①4.02　②4.00
③3.99　④3.96。

235.(2 3)　　使用 G41D01 指令精銑削外形時，若端銑刀直徑 8mm 且
D值4.05，得尺寸30.15mm。同一加工條件下，若外形尺
寸為30 $^{+0.05}_{\ \ 0}$ mm，則D值可設定為　①4.02　②4.00
③3.98　④3.96。

236.(3 4)　　使用 G42D01 指令精銑削溝槽時，若端銑刀直徑 8mm 且
D 值4.05，得尺寸29.85mm 。同一加工條件下，若溝槽
尺寸為30 $^{+0.05}_{\ \ 0}$ mm，則D值可設定為　①4.02　②4.00
③3.97　④3.95。

237.(3 4)　　使用刀徑補正(正值)與其刀具路徑方向，下列圖形何者正
確？

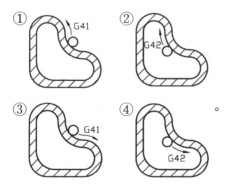

238.(2 3)　　銑削不同工作座標系標示的數個相同輪廓，可使用下列何
指令？　①G53　②G55　③G58　④G60。

239.(2 4)　如圖所示，欲設定 G43 之刀長補正
值，當工作座標系之Z值設為0.0時，
則下列補正值何者正確？
① H1=0.0
② H1=－120.0
③ H2=20.0
④ H2=－100.0。

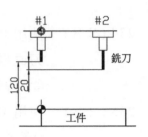

240.(1 3)　如圖，欲設定各刀之 G43 刀長補正
值，當控制器內 G54 之 Z 值已設定
為-50.0時，則下列補正值何者正確？
① H1=－200.0
② H1=－250.0
③ H2=－180.0
④ H2=－230.0。

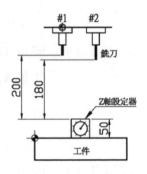

241.(2 4)　NC銑床上定義軸向敘述何者正確？　①XY平面永遠是在
水平方向　②刀具主軸為Z軸　③當刀具移向工件方向定
義為正　④繞X軸之旋轉軸為A軸。

242.(1 3)　機械原點與工件原點之相對位置如下圖，若測出右上A孔
之機械座標如表所示，則工件原點之機械座標為何？
① X = 277.160　② Y = － 121.712　③ Y = － 196.712
④ X = 427.160。

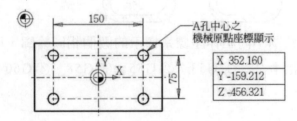

243.(3 4)將一長方形工件夾於虎鉗，以球頭直徑 10mm 光電尋邊器尋找程式原點，碰觸時之座標如下圖所示，程式原點的機械座標為何？ ① X ＝ 247.160 ② Y ＝－ 125.10.X ＝ 305.20.Y ＝－ 191.902。

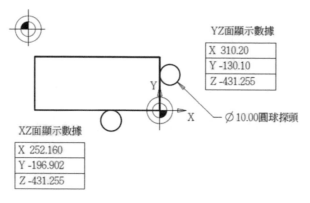

244.(1 4) 如下圖所示，程式原點位於工件頂面正中央，以光電尋邊器尋找程式原點，若球頭直徑為 10mm，則程式原點的機械座標為何？ ① X ＝ 410.5 ② Y ＝－ 185.21 ③ X ＝ 400.118 ④ Y ＝－ 163.431。

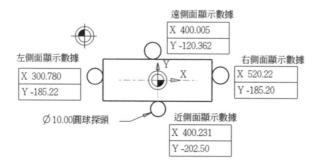

245.(2 3) 欲以 NC 銑床攻 M12×1.75 的螺紋，若牙深 25mm 且下刀開始及提刀停止均在 Z ＝ 5.0mm 處，則可使用到下列何單節程式？ ① G99 G86 X30.0 Y20.0 Z-25.0 R5.0 F87.5;

②M03 S50; ④G99 G84 X30.0 Y20.0 Z-25.0 R5.0 F87.5;

④G01 Z-25.0 F87.5;。

246.(1˙3) 如圖所示要在銑床上鑽出六孔,則下
列何者非此六孔的座標?

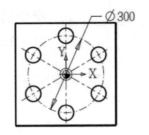

①(－75, 129.9)

②(0, 150)

③(75, 129.9)

④(－129.9, 75)。

工作項目 05：傳統銑床、CNC 銑床－二又二分之一次圓弧及輪廓

一、單選題：

1.(4) 採用座標法,在傳統銑床上以直徑16mm端銑刀的圓柱面銑削
半徑12mm 的外圓弧,當刀具從0度移至2度時,X 軸移動量
為 ①0.060 ②0.048 ③0.024 ④0.012 mm。(sin2°＝
0.03490, cos2°＝0.99939, tan2°＝0.03492)

2.(2) 分度盤可配合下列何種工具機可加工平板凸輪的輪廓?
①牛頭鉋床 ②立式銑床 ③車床 ④鑽床。

3.(1) 分度盤的手輪與盤面迴轉速比為 ①90：1 ②1：90
③40：1 ④1：40。

4.(4) 有一正三角形之板狀工件,其邊長為 112mm,擬將該工件之
各頂角銑削成半徑10mm的外圓弧,則各圓弧頂至對應之各底
邊距離約為 ①56mm ②67mm ③77mm ④87mm。

5.(1) 採用座標法以直徑 20mm 端銑刀,銑削一直徑 32mm 之外圓
弧,當刀具由0度移至5度,Y 軸的移動量為 ①2.266mm
②25.9106mm ③2.2747mm ④297.1814mm。

6.(2)採用座標法，在傳統銑床上以端銑刀的圓柱面銑削外圓弧時，
分點數的多寡與加工後的輪廓粗糙度之關係爲點數愈多 ①愈
粗糙 ②愈光滑 ③粗糙度維持定值 ④與粗糙度無相關。

7.(1)採用座標法，在傳統銑床上以端銑刀的圓柱面銑削外圓弧時，
分點數的多寡與進給量之關係爲點數愈多 ①進給少 ②進給
多 ③進給量不變 ④與進給無相關。

8.(2)在傳統銑床上銑削半徑爲 10 mm 的內圓弧
如右圖所示，則選用的刀具直徑爲
① 10 mm ② 20 mm ③ 30 mm
④ 40 mm。

9.(3)在傳統銑床銑削外圓角，宜採用下列何種刀具？ ①端銑刀
②面銑刀 ③成形銑刀 ④側銑刀。

10.(4)欲得精確的孔徑且該孔不適合鉸孔時，宜採用下列何種刀具？
①端銑刀 ②面銑刀 ③鑽頭 ④搪孔刀。

11.(2)在傳統銑床上銑削圓弧狀溝槽如下圖所示，宜
配合使用 ①正弦虎鉗 ②轉盤 ③V枕
④千斤頂。
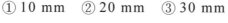

12.(1)在傳統銑床上銑削平板凸輪，下列何者宜配合使用 ①分度頭
②角板 ③萬能虎鉗 ④雞心夾頭。

13.(4)在傳統銑床加工時，下列銑削工作何者不須成形銑刀？ ①銑
齒輪 ②銑鏈輪 ③倒圓角 ④鑽孔。

14.(3)欲銑削無移位的平齒輪，若其模數爲 2.0mm，齒數爲 20，則
胚料外徑爲 ①30mm ②40mm ③44mm ④50mm。

15.(4)傳統銑床的分度頭，其蝸桿與蝸輪的速比爲 ①1：9
②9：1 ③1：40 ④40：1。

16.(3) 銑削鑽頭的螺旋溝槽可在下列何種銑床加工？　①立式銑床　②臥式銑床　③萬能銑床　④龍門銑床。

17.(2) 銑削模數 2.0 無移位的平齒輪時，切削深度為　① 2.0 mm　② 4.314mm　③ 5.314 mm　④ 6.314mm。

18.(3) 使用 B&S 度頭，欲作 13 等分工作，應選則那一片分度板？　①第 1 片　②第 2 片　③第 3 片　④自製分度板。(第 1 片：15 16 17 18 19 20，第 2 片：21 23 27 29 31 33，第 3 片：37 39 41 43 47 49)

19.(2) 使用 B&S 度頭，欲作 14 等分工作，應選則那一片分度板？　①第 1，2 片皆可　②第 2，3 片皆可　③第 1，3 片皆可　④第 1，2，3 片皆可。(第 1 片：15 16 17 18 19 20，第 2 片：21 23 27 29 31 33，第 3 片：37 39 41 43 47 49)

20.(1) 比較模數 1 mm 與 5 mm 的齒輪　①前者齒形較小　②後者齒形較小　③前者節圓直徑較大　④後者節圓直徑較大。

21.(2) 在傳統銑床上利用分度盤銑削圓弧溝槽，如右圖所示，將工件固定在分度盤的內容不包括
①調整工件底邊平行 X 軸
②鎖緊分度盤的盤面
③使工件的圓弧中心對正分度盤中心
④調整工件垂直中心線平行 Y 軸。

22.(4) 通常在傳統銑床上的倒角的方法不包括　①將工件上在 V 枕上，以虎鉗夾持工件　②使用倒角刀　③虎鉗旋轉 45°　④使用座標法沿著倒角面切削。

23.(4) 銑削通過任意兩點之圓弧程式，對於半徑 R 的敘述，下列何者不正確？　①圓心角小於 180°時，R 為正值　②圓心角等於

180°時，R 為正值　③圓心角大於 180°時，R 為負值　④圓心角與 R 值無關。

24.(2)下列何種切削需考慮工件圓弧半徑不得小於刀具半徑？　①切削外圓弧　②切削內圓弧　③切削外角隅　④與切削型式無關。

25.(4)銑削後外形尺寸偏大，其程式中有 G43 H01; G41 D02;，則應修改　①G43 為 G44　②G41 為 G42　③H01 之資料　④D02 之資料。

26.(4)程式 G91 G00 G45 X-5.0 D01;，若 D01 設定為-5.0，則結果為 X 軸移動　①-15.0mm　②-10.0mm　③-5.0mm　④0mm。

27.(1)若用 R 值指令銑削圓心角大於 180°的圓弧時，R 值為　①負值　②正值　③正負值皆可　④不須標註。

28.(3)銑削 YZ 平面之圓弧須使用指令　①G17　②G18　③G19　④G20。

29.(2)G19 G03 X_ Y_ Z_ J20.0 F_; 的刀具路徑為　①φ40圓　②螺旋　③一點　④直線。

30.(4)G17 G01 G41 X100.D01 F250;，程式中的刀具補正值須輸入在　①G17　②G41　③I20.0　④D01。

31.(2)刀具路徑如右圖所示，則補正指令為
① G40
② G41
③ G42
④ G43。

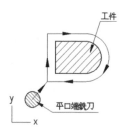

32.(3)下列敘述何者錯誤？　①指令 G18 為選擇 ZX 平面　②G41 為左補正　③G02 為反時針銑削　④圓弧切削的 R 值亦可以 I、J 代替。

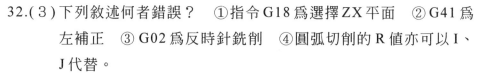

33.(2) 曲面上凸部份的最小曲率半徑為3mm，最大為10mm，下凹部份的最小曲率半徑為 8mm，最大為 20mm。若欲精加工此曲面，則可選用最大的球刀半徑為　①3mm　②8mm　③10mm　④20mm。

34.(2) 以球刀中心執行下列程式

O123; G40 G49 G80; S1000 M03;

G91 G00 Z-50.0; G01 Z-10.0 F100;

N10 G18 G02 X100.0 I50.0; G01 X0.1 Y1.0; G03 X-100.2 I-50.1; G01 X-0.1 Y1.0;

G02 X100.4 I50.2; G01 X0.1 Y1.0; G03 X-100.6 I-50.3; G01 X-0.1 Y1.0;

G02 X100.8 I50.4; G01 X0.1 Y1.0; G03 X-101.0 I-50.5; G01 X-0.1 Y1.0;

G02 X101.2 I50.6; G01 X0.1 Y1.0; G03 X-101.4 I-50.7; G01 X-0.1 Y1.0;

G02 X101.6 I50.8; G01 X0.1 Y1.0; G03 X-101.8 I-50.9;

G00 Z50.0; M30;，執行結果為　①在 YZ 平面上銑削圓弧　②刀具路徑形成半圓錐面　③刀具路徑形成直紋曲面　④以球刀刀端點之路徑為半圓錐面。

35.(3) 加工掃掠曲面(Swept surface)的 NC 程式，採用何種方式製作較方便？　①人工計算刀具路徑座標，手寫方式製作NC程式　②使用2D電腦繪圖軟體求得刀具路徑座標，手寫方式製作NC程式　③使用CAD/CAM軟體製作NC程式　④使用CAE軟體製作NC程式。

36.(3) 以直線指令方式製作曲面的 NC 程式,下列何者較有效率?
①手工計算座標點,手寫 NC 程式 ②以計算器算點座標,手
寫 NC 程式 ③以 CAD 軟體繪製曲面,以 CAM 軟體製作 NC
程式 ④以 CAE 軟體製作 NC 程式。

37.(2) 一般狀況下,粗削曲面採用下列何種銑刀效率較佳? ①面銑
刀 ②平口端銑刀 ③球刀 ④錐狀球刀。

38.(4) 通過數點能產生幾種曲線? ①1種 ②2種 ③3種 ④多種。

39.(3) 欲在球面上刻字,先求得 2D 的刻字刀具路徑,再以 2D 路徑點
的 X、Y 座標對應在球面上的 Z 座標,此操作觀念稱為 ①直
紋 ②掃掠 ③投影 ④旋轉。

40.(3) 如右圖所示,使用圓弧指令銑削曲面,下
列何種方式較佳? ①用控制器補正方
式,以圓弧 A、圓弧 B 所形成的曲面為範
圍製作程式,使用球刀加工 ②用控制器
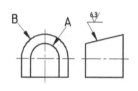
補正方式,以圓弧 A、圓弧 B 向 Z 方向加刀具半徑之尺寸求出
補正曲面製作程式,使用球刀加工 ③不使用控制器補正,以
圓弧 A、圓弧 B 所形成的曲面向法線方向求出補正曲面製作程
式,使用球刀加工 ④以用控制器補正方式,以圓弧A、圓弧
B 所形成的曲面範圍製作程式,使用平口端銑刀。

41.(2) 如右圖所示,使用圓弧指令銑削曲面,下
列何種刀具較適合? ①平口端銑刀
②球刀 ③圓角端銑刀 ④錐形端銑刀。

42.(1) 如右圖,精銑削曲面部分,使用下列何種刀具
較適合? ①平口端銑刀 ②球刀 ③圓角端
銑刀 ④錐形端銑刀。

43.(3) 以G01的方式沿軸心方向精銑削橫臥之外半圓柱面時，優先採用何種銑刀？ ①平銑刀 ②T槽銑刀 ③球刀 ④錐形球刀。

44.(1) 以G01方式切削曲面，其弦高誤差值是指 ①最大容許誤差 ②最小容許誤差 ③平均容許誤差 ④最大平均誤差的平方根。

45.(4) 以G01加工曲面的刀具路徑，如果CNC銑床的預讀能力(Buffer)及計算速度不足，下列敘述何者正確？ ①給予適當的誤差及G19，平行於 XZ 平面的路徑可重整為圓弧(G02, G03)路徑 ②短距離的刀具路徑不會造成進給率降低 ③給予適當的誤差，所有的刀具路徑可重整為圓弧(G02, G03)路徑 ④短距離的刀具路徑會造成機器抖動。

46.(4) 銑削25mm×25mm 外形輪廓，程式為 G90 G01 G42 X0 Y0 D01 F100;而接續的單節不正確的是
① G91 X25.0; Y25.0; X-25.0; Y-25.0;
② G91 X-25.0; Y-25.0; X25.0; Y25.0;
③ G91 Y-25.0; X25.0; Y25.0; X-25.0;
④ G91 Y25.0; X25.0; Y-25.0; X-25.0;。

47.(3) 如右圖所示，10mm 球刀之中心在半圓球曲面上，若半圓球的中心座標(0, 0, 0)，半徑 20mm，當球刀中心座標移至 X = − 10.0，Y = 12.0，則其 Z 座標值為
① $\sqrt{100}$ ② $\sqrt{144}$ ③ $\sqrt{156}$ ④ $\sqrt{381}$。

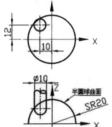

48.(2) 執行程式 G91 G01 X50.0 Y100.0 Z150.0 F80;刀具在 Z 方向移動 100mm 時，X 方向移動量計算式為
① $\frac{80}{50} = \frac{X}{150}$ ② $\frac{100}{150} = \frac{X}{50}$ ③ $\frac{150}{100} = \frac{X}{50}$ ④ $\frac{150}{80} = \frac{X}{50}$。

49.(4) 如右圖以 R2 球銑刀銑削圖示半圓槽，在
不啟動刀徑補正下，由點 1→點 2 之球刀
中心路徑程式為　①G91 G18G02 X-12.0
R6.0;　② G91 G18 G03 X-12.0 R6.0;
③G91 G18 G02 X-8.0 R4.0;　④G91 G18 G03 X-8.0 R4.0;。

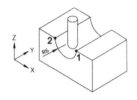

50.(2) 如右圖所示，刀尖自 A 點逆時鐘之全圓銑削
路徑程式為
① G03 I5.0;　② G03 J5.0;
③ G03 I-5.0;　④ G03 J-5.0;。

51.(4) 如右圖所示，刀尖自 A 點→B 點之圓弧銑
削路徑程式為
① G91 G19 G02 Y-20.0 J10.0;
② G91 G19 G03 Y-20.0 J10.0;
③G91 G19 G02 Y-20.0 J-10.0;　④G91 G19 G03 Y-20.0 J-10.0;。

52.(2) 以直徑 10 端銑刀銑削圓弧溝槽，尺寸如
右圖，若程式為 G90 G00 XαYβ; G01
Z-3.0 F50; G91 G17 G02 Xγ Yδ R30.0;
則　①$\alpha =$ 11.481，$\beta = -$ 27.716，$\gamma =$
11.481，$\delta =$ 27.716　②$\alpha = -$ 11.481，β
$=$ 27.716，$\gamma =$ 22.962，$\delta =$ 0　③$\alpha =$ 11.481，$\beta = -$ 27.716，γ
$=$ 22.962，$\delta =$ 27.716　④$\alpha = -$ 11.481，$\beta =$ 27.716，$\gamma =$
11.481，$\delta =$ 0。($\sin 22.5° =$ 0.38268，$\cos 22.5° =$ 0.92388，
$\tan 22.5° =$ 0.41421)

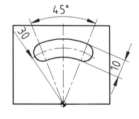

53.(1) 如右圖所示，圓鼻刀(刀徑 10mm，
圓角 2mm)與半圓柱曲面(半徑 25mm)
的接觸點為 P，則刀端中心 Q 之座標
為 ① X26.382 Z11.5 ② X26.182
Z11.6 ③ X26.082 Z11.7 ④ X25.982 Z11.8。(sin30° = 0.5，
cos30° = 0.866，tan30° = 0.5774)

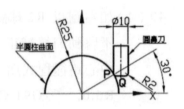

二、複選題：

54.(1 3) 採用錐角 90° 的倒角刀進行倒角 1×45°，下列敘述何者正
確？ (sin45° = 0.707，cos45° = 0.707) ① 第 1 刀銑削後
量得斜邊長為 1mm，則下一刀向下進刀 0.293mm ② 第
1 刀銑削後量得斜邊長為 0.9mm，則下一刀向材料側進刀
0.1mm ③ 第 1 刀銑削後量得斜邊長為 1.2mm，則下一刀
向下進刀 0.152mm ④ 第 1 刀銑削後量得斜邊長為 0.8mm，
則下一刀向材料側進刀 0.2mm。

55.(1 2 4) 計算倒角刀的轉速時，其直徑不宜採用 ① 刀具柄徑 ②
刀刃最大徑 ③ 刀具切削工件時的最大徑 ④ 平均直徑。

56.(1 3 4) 以分度頭等分 15 等份，可採用下列何孔圈 ① 18 ② 20
③ 33 ④ 39。

57.(3 4) 以臥式銑床進行排銑，其刀軸上安裝數個不同直徑的開槽
銑刀，選擇切削速度時須考慮下列何者 ① 刀具最大徑
② 刀具最小徑 ③ 工件材質 ④ 刀具材質。

58.(2 3 4) 在傳統銑床上銑削外圓弧，可應用下列何種方法？ ① 自
動進給 ② 座標法 ③ 轉盤銑削 ④ 成形刀銑削。

59.(2 3) 外徑 88mm 之胚料若應用分度頭銑削成公制無移位正齒
輪，已知銑刀模數 4，則下列敘述何者正確？ ① 齒數為

22 齒 ②齒頂高為 4mm ③銑削相鄰齒間，曲柄應轉二圈 ④其齒形較模數 3 者為小。

60.(１２) 欲銑削成如右圖所示之斜面，宜使用下列何種工具？ ①虎鉗、轉盤和平口端銑刀 ②虎鉗、斜度墊塊和平口端銑刀 ③虎鉗、平行墊塊和錐度銑刀 ④虎鉗、轉盤和錐度銑刀。

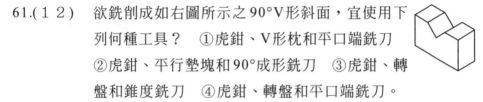

61.(１２) 欲銑削成如右圖所示之 90°V 形斜面，宜使用下列何種工具？ ①虎鉗、V 形枕和平口端銑刀 ②虎鉗、平行墊塊和 90°成形銑刀 ③虎鉗、轉盤和錐度銑刀 ④虎鉗、轉盤和平口端銑刀。

62.(１２３) 在長方體工件邊緣銑削 2×45°倒角，下列敘述何者正確？ ①工件墊 90°V 枕使倒角邊傾斜 45°，以面銑刀加工 ②工件放正，以 90°倒角刀加工 ③工件墊 90°V 枕，以面銑刀輕觸工件邊緣，床台再上升 1.414mm ④工件放正，以 90°倒角刀輕觸工件邊緣，床台再上升 1.414mm。

63.(１３) 在鋼材塊料上銑削鳩尾槽，下列敘述何者正確？ ①鳩尾銑刀的角度常為 60°及 75°，屬於成型銑刀 ②可直接以鳩尾銑刀銑出內鳩尾槽 ③外鳩尾槽之寬度受銑削完成深度之影響 ④由於鳩尾刀尖端脆弱，粗銑削宜採順銑。

64.(１２) 以附轉盤式虎鉗之銑床銑削如右圖之等邊三角形，下列轉盤旋轉位置何者正確？

65.(１３４) 採用下列那些方法可切削出斜面？ ①虎鉗夾持時墊斜度板，放於工件底面 ②切削中改變轉速及進給率 ③球刀以小移動量的方式等高銑削 ④虎鉗旋轉角度。

66.(２３４) 如右圖所示，P點不正確的X座標約為
① 30.006
② 30.056
③ 30.106
④ 30.156。
(sin15° = 0.259, cos15° = 0.966)

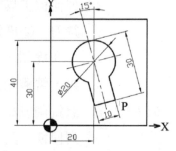

67.(１３４) 程式 O123; N1 G92 X0 Y0; N2 G42 G0 X20.0 Y10.0 D1; N3 G1 X50.0; N4 G91 G28 X0 Y0 Z0; N5…，D1 為刀具半徑。

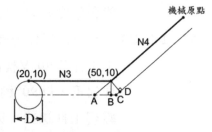

當執行完N3時，刀具中心位置不會在右圖所示的 ①A點 ②B點 ③C點 ④D點。

68.(２４) 如下圖球形端刀沿X軸方向往復精削凸出的半球面，若球刀在Y軸方向的路徑間距皆相同，則殘料較多區域出現在何範圍內 ①A區 ②B區 ③C區 ④D區。

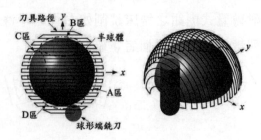

69.(１４) 欲暫停1秒，下列程式何者正確？ ①G04 X1.0 ②G04 P1 ③G04 X1 ④G04 P1000。

70.(２３４) 以球形端銑刀銑削凸出的半球面，欲使半球面的殘料較均勻，相鄰兩路徑間距的選擇不宜採用 ①球面上之距離相同 ②X方向的間距相同 ③Y方向的間距相同 ④Z方向的間距相同。

71.(２３) 刀具路徑如右圖所示，則補正指令為

　　① G41 D1(D1 值＜0)

　　② G41 D1(D1 值＞0)

　　③ G42 D1(D1 值＜0)

　　④ G42 D1(D1 值＞0)。

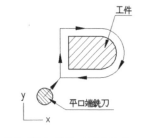

72.(１４) 程式頭為 G17 G40 G49 G80; G54 G0 X0 Y0 Z100.0; S2000 M03; G90 G00 X10.0 Y10.0;…，若機械原點至程式原點的向量設定在G54工作座標系，則執行此程式前宜先將刀具移至 ①機械原點 ②程式原點 ③相對座標原點 ④相互不干涉的位置。

73.(２３４) G91 G18 S1000 M03; N1 G03 X40.0 I20.0; N2 G01 Y0.1; N3 G02 X-40.0 I-20.0; N4 G01 Y0.1;重複N1～N4數次，欲銑削出半圓柱面則刀具不宜選擇 ①球形端銑刀 ②圓鼻刀 ③平口端銑刀 ④圓角刀。

74.(１３) 欲採用順銑的方式，則其刀具路徑須採用下列何者？ ①外輪廓採用順時針方向 ②外輪廓採用逆時針方向 ③內輪廓採用逆時針方向 ④內輪廓採用順時針方向。

75.(３４) 下列指令何者是單節有效碼 ①G41 ②G90 ③G28 ④G10。

76.(1 2 4) 有關連續式 NC 控制系統之應用，下列何者為正確？ ①銑床之輪廓切削 ②車床之輪廓切削 ③銑床之鑽孔 ④磨床之輪廓磨削。

77.(2 3) NC 銑床上，加工路徑及銑刀關係如圖所示，所須使用的指令為何？
① G02 ② G03
③ G41 ④ G42。

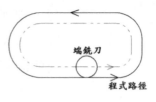

78.(1 4) NC 銑床上，加工路徑及銑刀關係如圖所示，所須使用的指令為何？
① G02 ② G03
③ G41 ④ G42。

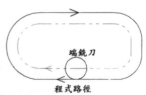

79.(1 3) NC 銑床上，曲面加工路徑及銑刀關係如圖所示，所須使用的指令為何？
① G02 ② G03
③ G18 ④ G19。

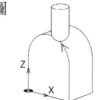

80.(1 2) 使用銑牙刀銑削內螺紋，則下列敘述何者正確？ ①內孔直徑需大於銑牙刀直徑 ②以G02指令向下銑削螺紋 ③以G84指令銑削螺紋 ④銑完螺紋須反轉退刀。

81.(2 3) 以 90°倒角刀對工件之頂面四周進行倒角，則下列何者可得等邊倒角(相鄰兩邊倒角距離相等)？

① ② ③ ④ 。

82.(1 4) 對工件之頂面四周進行等邊倒角(相鄰兩邊倒角距離相等)，則下列何者之倒角斜面不為45°？

① ② ③ ④ 。

83.（１２３）NC 銑床上以 G76 進行精搪孔，下列敘述何者正確？　①可改善孔徑偏差　②下刀點為孔的中心　③孔徑修正量可經由調整刀具偏置得到　④孔徑修正量可經由調整控制器上刀徑補正量得到。

84.（３４）　只用一把球刀精銑如圖之全圓弧曲面，宜使用球刀直徑為　①8　②7　③5　④4　mm。

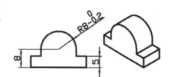

85.（２３４）如圖以NC程式銑削工件外形後，欲使用相同程式銑削頂面倒角，當主軸換刀後，須修改那些條件？　①刀徑補正方向　②下刀深度　③刀長補正號　④刀徑補正量。

工作項目 06：傳統銑床、CNC 銑床－故障排除及機具維護

一、單選題：

1.（４）銑床自動進給之安全銷若折斷，則新更換之安全銷，以下列何者最適宜？　①折斷之鑽頭柄　②鐵釘　③螺絲　④同規格之安全銷。

2.（１）主軸無剎車裝置之銑床，若欲裝卸刀軸時，則主軸變速檔最好調在　①低速檔的最慢轉速　②低速檔的最快轉速　③高速檔的最慢轉速　④高速檔的最快轉速 位置。

3.（４）主軸為無段變速之砲搭式銑床，其主軸於下列何種情形下，應避免停機？　①低速檔的最慢速　②低速檔的最快轉速　③高速檔的最慢轉速　④高速檔的最快轉速 位置。

4.（２）銑床之操作面板上，通常有一個較大的按鈕，它是作為緊急停機之用，所以其顏色通常為　①黑色　②紅色　③黃色　④綠色。

5.(3) 銑床主軸馬達通常是以數條V形皮帶驅動主軸時，若其中一條斷裂，則應如何處置？ ①該斷裂之皮帶換新即可 ②除了更換該斷裂之皮帶外，至少再更換另一條 ③應全部更換新皮帶 ④該斷裂之皮帶，可以重新接好再使用。

6.(2) 銑床之立銑主軸頭若會漏油，其最可能原因是 ①機油太稀薄 ②油封老舊磨損 ③主軸之軸承未迫緊 ④會漏油是正常且無可避免的事。

7.(2) 一般銑床的工作台與床鞍滑動面之潤滑機油黏度，最適當者為 ISO VG ①32 ②68 ③100 ④150 號。

8.(2) 捨棄式面銑刀之刀盤若未能鎖緊在C型刀軸上，則銑削之結果為 ①銑削時會有火花 ②銑削面不平整 ③銑削面會變成斜面 ④毛邊特別嚴重。

9.(4) 欲清除銑床工作台與床鞍等滑動面上之切屑時，最正確的方法為 ①棕刷 ②抹布 ③壓縮空氣 ④真空吸塵器 清除。

10.(1) 傳統銑床若操作者面向主軸頭，其主軸中心與工作台面的垂直度的調整要領應為 ①左邊之角度應略微小於90度 ②右邊之角度應略微小於90度 ③要完全垂直 ④其垂直度與工件加工之精度無關。

11.(3) 銑削若產生高振動時，應 ①增加主軸迴轉速 ②增加切削速度 ③降低工作台進給量 ④改變馬達轉向。

12.(1) 面銑刀銑削時，若發現間斷切削聲，其原因與下列何者無關？ ①刀具材質 ②刀具歪斜 ③刃口破裂 ④刀刃不同高。

13.(3) 銑削中產生振動現象若是因為床台有間隙所造成的，則調整的部位應是 ①螺桿之間隙 ②工作台水平 ③工作台嵌條 ④工作台與主軸之垂直度。

14.(3) 以主軸昇降方式鉸孔時，其眞圓度不佳，較可能之原因爲　①工作台導螺桿之間隙太大　②工作台水平未校正好　③主軸之偏擺大　④工作台與主軸之垂直度不佳。

15.(2) 下列何種操作方式較不適用於移動床台0.1mm？　①操作進給率開關及軸向移動開關　②操作快速移動開關及軸向移動開關　③手動單節操作方式　④操作軸向選擇開關及手輪(MGP)。

16.(3) G41之補正値輸入負値，則其刀具路徑　①不補正　②向左補正　③向右補正　④兩倍補正。

17.(4) 欲在銑削中途量測工件尺寸，下列何者較佳？　①按緊急停止開關　②按暫停開關　③程式執行中修改程式，加入M00指令　④使用M01指令。

18.(1) 立式 CNC 銑床之螢幕顯示機械座標位置 X、Y、Z 值皆爲負值，若觀察者位於床台上且面對機械，則機械原點位於觀察者的　①右前上方　②右後上方　③左前上方　④左後上方。

19.(4) 當 DNC 邊傳邊作時，電腦控制面板出現一直在等待狀況(@LSK)時，不可能的原因爲　①傳輸埠設定錯誤　②PC之RS232接頭損壞　③傳輸速率設定錯誤　④傳輸線未連接。

20.(4) 執行DNC邊傳邊作產生錯誤時，不可能的原因爲　①CNC銑床操作模式錯誤　② CNC 銑床參數設定錯誤　③介面使用錯誤　④程式號碼錯誤。

21.(2) CNC銑床發生主軸無法夾緊刀把，可能原因是　①氣壓或油壓力量不足　②碟形彈簧破裂損壞　③主軸軸承損壞　④主軸吹氣故障。

22.(4) CNC銑床發生主軸無法退出刀把，不可能的原因是　①氣壓或油壓力量不足　②氣壓缸或油壓缸出力太小　③主軸錐面或刀桿本體有雜物卡住　④換刀吹氣裝置故障。

23.(4) CNC銑床床台若產生顯著背隙，操作者應採行下列何種措施？
①調整滾珠螺桿組　②改變刀具半徑補正值　③改變刀具長度
補正值　④請原製造廠商維修。

24.(3) 通常 CNC 銑床加工工件中發生停電，當恢復供電後，下列何
者與重新開機之步驟無關？　①打開電源　②重新找刀具起點
③重設系統參數　④重回機械原點。

25.(2) 有關 CNC 銑床刀把，下列敘述何者正確？　① BT30 柄徑＞
BT40 柄徑　②BT30 柄徑＜BT40 柄徑　③BT30 錐度＞BT40
錐度　④ BT30 錐度＜ BT40 錐度。

26.(4) CNC銑床之熱交換器空氣濾網阻塞，不會造成　①熱交換器不
良　②電器箱溫升　③電子元件老化　④馬達故障。

27.(2) CNC銑床在調整斜楔時，必須同時調整垂直、水平者為　①V
型滑軌　②方型滑軌　③線性滑軌　④滾珠螺桿。

28.(2) 當 CNC 銑床的螢幕顯示異常訊息時，與下列何者無關？　①
偵錯系統　②切削劑供應系統　③氣油壓系統　④潤滑系統。

29.(2) CNC銑床無法順利拆卸刀具時，最常見的原因為　①主軸偏擺
度不良　②刀柄之拉桿精度不良　③液壓油濃度太高　④液壓
油濃度太低。

30.(1) 使用 RS232 進行 DNC 連線作業時，為防止信號衰減，一般連
線長度宜為　①10m以下　②15～25m　③30～40m　④40m
以上。

31.(4) CNC銑床開機時，如果潤滑油不足，會產生下列何種情形？
①與三軸移動無關　②仍可自動裝卸刀具　③主軸無法動作
(CW，CCW)　④出現警示訊息。

32.(2) 下列何種錯誤不會影響 DNC 連線？ ①傳輸埠設定錯誤 ②原點設定錯誤 ③傳輸速率設定錯誤 ④RS232 介面設定錯誤。

33.(4) 執行 DNC 邊傳邊作產生錯誤時，不可能的原因為 ①操作模式錯誤 ②參數設定錯誤 ③介面使用錯誤 ④程式號碼錯誤。

34.(1) 電源接通後，冷卻機與油泵浦同時停止運轉，下列何者不是故障原因？ ①電壓不穩 ②保險絲熔斷 ③保護裝置作動 ④馬達故障。

35.(1) 潤滑油指示燈的功用是顯示 ①油量不足 ②泵浦失效 ③氣壓壓力不足 ④馬達失效。

36.(2) 下列何者不是空壓三點組合的功能？ ①過濾水份 ②流量調整 ③潤滑 ④壓力調整。

37.(4) 如果潤滑油不足，開機時會產生下列何種情形？ ①三軸無法移動 ②仍可自動裝卸刀具 ③主軸無法動作(CW，CCW) ④出現警示訊息。

38.(4) 下列何者不是空氣壓縮機排送空氣至機台應注意事項？ ①溼氣(水蒸氣) ②油杯的破損 ③漏氣 ④電動機的馬力。

39.(4) 探討故障狀況時，下列何者較不重要？ ①故障種類 ②故障發生頻率 ③故障重現性 ④地震效應。

40.(3) CNC銑床之床台進給系統常用 ①油壓馬達 ②步進馬達 ③伺服馬達 ④氣壓馬達。

41.(1) 用於 CNC 銑床油壓單元的油品，依一般正常操作，宜多久更換一次？ ①半年 ②一年 ③二年 ④永久免更換。

42.(2) CNC銑床的主軸傳動皮帶，宜多久例行檢查一次？ ①一年 ②一個月 ③六個月 ④二年。

43.(2) CNC銑床的主軸頭部若為齒輪驅動，齒輪箱油的例行更換時間
宜為 ①一個月 ②六個月 ③兩年 ④不需更換。

44.(3) CNC銑削工作結束時，取下主軸中之刀把才切斷電源之目的，
與下列何者無關？ ①作好工具歸位 ②減少主軸變形 ③防
止刀具變形 ④安全。

45.(3) CNC銑床滑道表面若發現色澤異常且略有溫升，其不可能的原
因是 ①潤滑油孔阻塞 ②潤滑油等級錯誤 ③切削劑不足
④潤滑油不足。

46.(3) CNC銑削加工中，若切削液流量忽大忽小，較不可能的原因是
①進水口阻塞 ②水量不足 ③泵浦壞掉 ④水管洩漏。

47.(1) 指令G41、G42的補正消除單節中，其位移動作宜使用指令
① G00 或 G01 ② G02 或 G03 ③ G04 ④ G17。

48.(1) 程式執行中若遇停電時，宜採取下列何種步驟？ ①按緊急停
止開關 ②拆卸工件 ③拆除刀具 ④順其自然。

49.(3) 遇停電後，重新開機之步驟與下列何者無關？ ①打開電源
②回機械原點 ③重設系統參數 ④重新找刀具起點。

50.(2) 手動回歸機械原點時，發生超行程時之排除方法為 ①人力拉
回 ②按反方向移動按鈕 ③修改程式 ④操作手動單節(MDI)
開關。

51.(3) 當 CNC 銑床手動脈波發生器無法操作時，不可能的原因為
①機械被鎖定(MLK ON) ②伺服系統異常 ③主軸故障 ④
手動脈波發生器接觸不良。

52.(4) 當 CNC 銑床出現主軸伺服馬達過熱警示時，不可能的原因為
①馬達線圈內部短路 ②馬達煞車異常 ③PCB異常 ④Z軸
伺服馬達故障。

53.(4) 當 CNC 銑床的原點復歸位置與實際停止位置出現不一致時，不可能的原因為　①減速碰塊位置異常　②伺服馬達及機械的曲軸連結器鬆動　③脈波檢出器異常　④馬達負荷過重。

54.(2) CNC銑床若在輸入程式執行銑削過程中，一旦發覺進給率稍為偏高，處置措施應為　①立即停機修改程式中的 F 值　②調整操作面板上之進給率旋鈕　③立即停機更改主軸的每分鐘迴轉數　④調整操作面板上之主軸旋轉率旋鈕。

55.(3) 手動操作CNC銑床原點復歸，其面板 X、Y、Z 三軸的指示燈未亮起，可能之原因為　①油壓系統控制不良　②氣壓系統壓力不足　③擋塊位置不確實　④潤滑系統異常。

二、複選題：

56.(1 3 4) 銑床潤滑單元的齒輪式泵浦在正常運轉下注油壓力降低之可能原因為　①外部油管破裂　②油管阻塞　③齒輪磨損　④馬達功率減退。

57.(2 3) 銑床產生床台自動進給失效之不可能原因為　①進給馬達過載　②進給馬達逆轉　③主軸馬達故障　④導螺桿失效。

58.(1 2 4) 銑削過程中之故障排除措施，下列何者正確？　①發生刀具斷裂必須立即停機　②發現潤滑油不足必須立即補充　③不必理會床軌滑動面上流出黑色潤滑油　④主軸馬達冒煙必須立即停機。

59.(1 2 4) 銑床操作時，床膝上昇困難之可能原因？　①床膝固定桿為鎖固狀態　②工件太重　③未調整床台水平　④床柱和膝部潤滑不良。

60.(1 3 4) 面銑削時，刀刃崩裂之較可能原因？　①主軸反轉　②主軸轉速太高　③切除量太大　④主軸套管未鎖固。

61.(2 3)　砲塔式分段變速銑床，銑削時主軸會停止或打滑之可能原因？　①主軸轉速太慢　②高低速變換把手未確實定位　③皮帶鬆弛　④皮帶緊繃。

62.(3 4)　銑削工件時產生刀刃斷裂，則改善的方法何者正確？　①放鬆床台固鎖螺栓　②降低主軸轉速　③降低進給率　④選用刃數較多刀具。

63.(1 2 3) 下列何者與銑削時產生異常的切削振動聲音有顯著的相關？　①工件夾持　②刀具夾持　③進給率　④工件尺寸。

64.(3 4)　會造成NC銑床產生警示(Alarm)訊號的可能原因為何？　①程式未設定工件原點　②刀具未安裝　③各運動軸只有一個極限開關　④軌道潤滑油不足。

65.(1 2 4) 下列敘述何者正確？　①軸滑塊碰觸硬體極限開關會發生過行程　②軸滑塊到達軟體極限會發生過行程　③硬體極限有正負之分　④軟體極限有正負之分。

66.(2 3 4) NC 程式連線傳輸至控制器，下列敘述何者正確？　①以邊傳邊作(DNC)方式，傳輸完畢程式會儲存在控制器內　②以上傳(UPLOAD)方式，傳輸完畢程式會儲存在控制器內　③傳輸裝置與控制器間須設定通訊協定　④控制器出現過時(TIME OUT)，其可能原因為通訊協定設定有誤。

67.(2 3 4) 下列何者為銑床每日使用後之檢查項目？　①床台是否水平　②各操作開關電源是否關閉　③各軸固定螺栓是否已放鬆　④機器是否擦拭乾淨。

68.(1 3 4) 下列何者為銑床的每日維護項目？　①機件潤滑　②背隙調整　③檢查機械轉動是否有異聲　④床台清潔。

69.(１４) 下列何者為立式銑床之日常保養項目？ ①清潔床台與軌道 ②更換潤滑油 ③檢查機器精度 ④檢查潤滑油量。

70.(１２３) 下列何者為使用者定期維護立式銑床精度之檢驗或校正項目？ ①主軸錐孔之偏轉度 ②工作台面之水平 ③主軸之垂直度 ④工作台面之高度。

71.(１２３) 下列何者為保養NC銑床之每日檢查項目 ①軸向潤滑油量 ②空壓裝置 ③切削劑量 ④定位精度。

72.(２３４) 下列何者為NC銑床之每日保養項目 ①清理切削劑的水箱 ②清潔工作床台並上油 ③清理主軸錐度面 ④清理防護罩。

73.(１２４) 下列何者屬於NC銑床每日保養項目？ ①檢查軌道潤滑油油量 ②檢查壓縮空氣/液壓油壓力 ③調整螺桿背隙 ④檢查切削劑容量。

74.(１４) 執行程式時，降低主軸下刀撞機的可行措施為 ①下刀前，檢查刀長補正值是否正確 ②下刀前，檢查刀徑補正值是否正確 ③調高下刀速率 ④刀尖接近工件時，按進給暫停鍵檢查下刀餘量是否正確。

75.(１３４) 要維持NC銑床之精度與正常運作，宜做哪些工作？ ①常作螺桿背隙檢測與補正 ②冷機情況下高速加工 ③定期檢測床台水平並校正 ④空壓裝置須定期排水。

76.(１２３) 當NC工具機之潤滑油警示(ALARM)燈號亮時，可添加何種型號的油？ ①中油循環機油R68 ②殼牌TONNA T68 ③中油滑道機油68 ④齒輪油NC658。

▶ 7.2　機工類乙級共同科目試題

工作項目 01：機械製圖

一、單選題：

1.(1) 依據 CNS 標準，下列何者屬於幾何公差之方向公差符號？

　　①⊥　②⊕　③◎　④▱。

2.(3) 依據 CNS 中華民國國家標準，下列何者屬於幾何公差之形狀公差符號？　①∠　②∥　③⌒　④＝。

3.(1) 一般配合選用時，屬於留隙配合爲　① H8/e8　② K7/h6　③ H6/h6　④ H7/s6。

4.(3) 工件圖面尺寸 $\phi 30 \begin{smallmatrix} +0.050 \\ +0.025 \end{smallmatrix}$，經加工後檢查合格者爲　① $\phi 36$　② $\phi 36.016$　③ $\phi 36.038$　④ $\phi 36.052$。

5.(1) 工件俯視圖如右圖所示 ，其半剖面應繪製爲

①　②　③　④。

6.(3) 工件視圖如右圖所示 ，依據箭頭方向，其輔助視圖

爲　①　②　③　④。

7.(3) 依據 CNS 標準，內螺紋習用畫法如右圖所示 [圖] ，其右

側視圖應為 ① ② ③ ④ 。

8.(2) 半圓鍵鍵座應標註圓心位置、直徑及何種尺度？ ①角度 ②
寬度 ③長度 ④斜度。

9.(2) 依據 CNS 標準，蝸桿的前視圖畫法為 ①

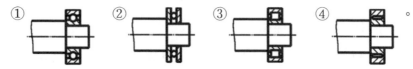

② ③ ④ 。

10.(1) 依據 CNS 標準，滾珠軸承的一般表示法為

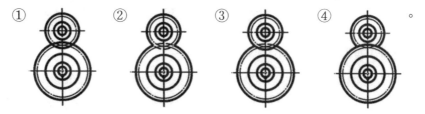

① ② ③ ④ 。

11.(1) 依據 CNS 標準，正齒輪組合的習用表示法為

① ② ③ ④ 。

12.(2) 依據 CNS 標準，內外螺紋組合的組合剖視圖畫法為

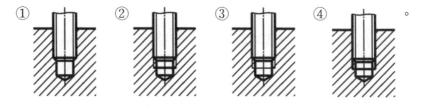

① ② ③ ④ 。

13.(3) 依據 CNS 標準，渦形彈簧的簡易表示法為

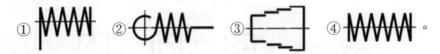

14.(3) 組合圖的件號線從零件引出時，在零件側端應加繪　①小圓圈　②箭頭　③小黑點　④件號。

15.(3) 依據 CNS 標準，表面符號中基準長度的單位為　① m　② cm　③ mm　④ μm。

16.(3) 依據 CNS 標準，粗糙度等級 N8 等同於中心線平均粗糙度　① 12.5μm　② 6.3μm　③ 3.2μm　④ 1.6μm。

17.(2) 依據 CNS 標準，熔接符號 表示為　①點熔接　②全周熔接　③現場焊接　④縫熔接。

18.(3) 右圖為熔接道詳圖，依據 CNS 標準，其熔接符號應為　① ② ③ ④ 。

19.(4) 若圓錐的長度為 30mm，錐度為 1：5，當大端半徑為 20mm，則小端半徑為　① 10mm　② 12mm　③ 15mm　④ 17mm。

20.(4) 以電腦輔助繪圖軟體作圖，從某起點畫一條到右下方 30 度、距離為 50 的斜線段，其終點座標需輸入　①@50,－30　②@30＜50　③@50＜30　④@50＜－30。

21.(2) 以電腦輔助繪圖軟體作圖，若要執行平移視窗，所需輸入的指令為　① MOVE　② PAN　③ ZOOM　④ SCALE。

22.(1) 以電腦輔助繪圖軟體作圖，依據 CNS 標準，用來標註尺度的顏色為　①綠色　②紅色　③黃色　④青色。

23.(3) 視圖之虛線太多時,常改用下列何者表示? ①等角圖 ②輔助視圖 ③剖視圖 ④展開圖。

24.(2) 對物體作假想剖切,以了解其內部形狀時,表示割面位置的線,稱為 ①剖面線 ②割面線 ③實線 ④虛線。

25.(4) 輔助視圖是用以表示物體 ①正面 ②頂面 ③底面 ④傾斜面 的形狀。

26.(1) 組合圖中,較常須剖切的機件是 ①齒輪 ②螺絲 ③螺帽 ④軸。

27.(4) 剖視圖中的剖面線常繪成 ①粗實線 ②中線 ③虛線 ④細實線。

28.(4) RP 兩字在輔助視圖中是代表 ①垂直面 ②水平面 ③傾斜面 ④參考平面。

29.(2) 半剖面圖是將物體 ① 1/2 剖切 ② 1/4 剖切 ③ 1/6 剖切 ④ 1/8 剖切。

30.(4) 孔與軸間有間隙的機件配合方式,稱為 ①過渡配合 ②過盈配合 ③干涉配合 ④留隙配合。

31.(3) 視圖上之幾何公差符號 "//" 係表示 ①眞直度 ②眞平度 ③平行度 ④平面度。

32.(4) 視圖上之幾何公差符號 "◎" 係表示 ①平行度 ②眞圓度 ③對稱度 ④同心度。

33.(1) 設計尺寸時,只給予一個上偏差值或下偏差值的公差,稱為 ①單向公差 ②雙向公差 ③通用公差 ④位置公差。

34.(2) 壓縮彈簧在零件圖上的總長度是指 ①安裝長度 ②自由長度 ③工作長度 ④壓實長度。

35.(3) 工程製圖國家標準之規定，真圓度的符號是

①⬠ ②◎ ③◯ ④⊕。

36.(3) 標註 M8×1.0 的螺釘，其中 8 是代表　①節徑　②內徑　③外徑　④螺距。

37.(3) 螺紋上標註 M60×2，係表示　①節徑 60mm，螺距 2mm　②外徑 60mm，第二級配合　③外徑 60mm，螺距 2mm　④節徑 60mm，第二級配合。

38.(4) 軸之平面圖上某部位加畫細實線之對角線，即表示該處　①應刻對角線　②裝配時需注意　③兩端對稱　④加工為平面。

39.(4) 等角圖中的三等角軸互成　①30°　②60°　③90°　④120°。

40.(1) 為方便置於文書夾中或裝訂成冊，A1 的圖紙通常折成何種規格？　①A4　②A3　③A2　④A1。

工作項目 02：行業數學

一、單選題：

1.(3) 有一矩形的長度為 $(5x+4)$，寬為 $(x-3)$，若其周長為 50 cm，則此矩形之面積為　①12cm^2　②18cm^2　③24cm^2　④36cm^2。

2.(2) 方程式 $9x+2=12x-7$ 的解為 $x=$　①-3　②3　③-1　④1。

3.(3) 下列何者為一元二次方程式？　①x^2-2x+1　②$2x+y-3=0$　③$x(x-2)=4$　④$x^2+2x+3=x^2+1$。

4.(4) 若方程式 $3x-2y=x-4y=5$，則 $2x-3y=$　①-1　②2　③4　④5。

5.(3) 有一個三角形的高為底長之 $\frac{1}{2}$，如果高為 x cm，則此三角形

之面積為 ① x cm² ② $2x$ cm² ③ x^2 cm² ④ $\frac{x^2}{4}$ cm²。

6.(1) 多項式 $2x^2 - 5x + 2$ 可經因式分解為 ① $(2x - 1)(x - 2)$

② $(x + 2)(2x + 1)$ ③ $(2x + 1)(x - 2)$ ④ $(2x - 1)(x + 2)$。

7.(2) 有一濃度為80%的酒精溶液若干公升，若加入20公升的水後，

酒精濃度變為60%，則原有酒精溶液為 ① 30公升 ② 60公

升 ③ 90公升 ④ 120公升。

8.(4) 若方程式 $(x - 3)(2x + 1) = 0$，則 $2x + 1$ 之值為 ① 7 ② 2

③ 0 ④ 7 或 0。

9.(1) 求一元二次方程式 $2x^2 + 1 = 5x - 1$ 之解為 ① $x = \frac{1}{2}$ 或 $x = 2$

② $x = \pm 1$ ③ $x = \pm 2$ ④ $x = 1$ 或 $x = -\frac{1}{2}$。

10.(2) 若 $\frac{3}{2}x + 1 = \frac{5}{4}$，則 $1 - 2x$ 之值等於 ① 2 ② $\frac{2}{3}$ ③ $\frac{1}{2}$

④ $\frac{3}{4}$。

11.(4) 一個二位數，其個位數字與十位數字的和為 9，若將個位數字

與十位數字對調，則所得到的新數比原數少9，則原數是多少？

① 36 ② 63 ③ 45 ④ 54。

12.(4) 解下列一次方程 $\frac{1}{2}x - \frac{1}{3}x = \frac{1}{5}$，則 $x =$ ① $\frac{1}{2}$ ② $\frac{2}{3}$

③ $\frac{3}{5}$ ④ $\frac{6}{5}$。

13.(1) 有一梯形上底為 $(2x + 3)$ cm、下底為 $(5x - 1)$ cm、高為8cm，

若此梯形的面積為36cm²，則 $x =$ ① 1 ② 2 ③ 3 ④ 4。

14. (2) 已知 $6 - a = 2$，$b - a = 6$，$\dfrac{b}{2} - c = 3$，$d - 3c = 1$，則 $d =$
　　① 5　② 7　③ 9　④ 13 。

15. (3) 將多項式 $2xy + 5x + 4y + 10$ 因式分解，可以得到　① $(2x + 2)(y + 5)$　② $(2y + 2)(x + 5)$　③ $(2y + 5)(x + 2)$　④ $(2x + 5)(y + 2)$ 。

16. (4) 下列何者爲銳角？　① $-\pi$　② $\dfrac{3\pi}{4}$　③ $\dfrac{\pi}{2}$　④ $\dfrac{\pi}{3}$ 。

17. (2) 已知 $\triangle ABC$ 爲一個直角三角形，其中 $\angle C = 90°$，$\angle A$ 爲較大的銳角，兩股長分別爲 5、12，則 $\sin A =$　① $\dfrac{5}{12}$　② $\dfrac{12}{13}$　③ $\dfrac{5}{13}$　④ $\dfrac{12}{5}$ 。

18. (1) $\sin 30° \times \cos 30° \times \tan 30° \times \cot 30° \times \sec 30°$ 的值等於　① $\dfrac{1}{2}$　② $\dfrac{\sqrt{2}}{2}$　③ $\dfrac{\sqrt{3}}{2}$　④ 1 。

19. (4) 直角三角形 ABC 中，$\angle C = 90°$、$\angle A = 30°$，求 $(\sin B)^2 + (\cos B)^2$ 的值等於　① $\dfrac{1}{2}$　② $\dfrac{\sqrt{2}}{2}$　③ $\dfrac{\sqrt{3}}{2}$　④ 1 。

20. (1) 直角三角形 ABC 中，$\angle C = 90°$、$\tan A = \dfrac{3}{4}$，求 $\dfrac{\sin A}{1 - \cot A}$ 的值等於　① $-\dfrac{9}{5}$　② $\dfrac{7}{3}$　③ $-\dfrac{12}{5}$　④ $\dfrac{9}{4}$ 。

21. (3) $\operatorname{son} 30° \cos 60° + \cos 30° \sin 60° =$　① 0　② -1　③ 1　④ 2 。

22. (2) $\dfrac{2}{\sqrt{3}} \cos 30° - \sin 30° + \cos 60° - \tan 45° + \dfrac{\sqrt{3}}{2} \cot 60° =$　① 0　② $\dfrac{1}{2}$　③ $\dfrac{\sqrt{3}}{2}$　④ 1 。

23.(4) 直角三角形 ABC 中，$\angle A$ 為銳角且 $\sec A = \dfrac{2}{\sqrt{3}}$，求 $\dfrac{\cos A}{1 - \sin A}$

的值等於　① $\dfrac{1}{2}$　② $\dfrac{\sqrt{2}}{2}$　③ $\dfrac{4}{\sqrt{3}}$　④ $\sqrt{3}$。

24.(2) 直角三角形 ABC 中，$\angle C = 90°$、$\angle A = 45°$，求 $\sin A + \cos B$

=　① 1　② $\sqrt{2}$　② 2　④ $2\sqrt{2}$。

25.(3) 設 θ 為任一角，則下列有關三角函數的關係，何者有誤？

① $\sin(-\theta) = -\sin\theta$　　② $\cos(-\theta) = \cos\theta$

③ $\sin(\pi - \theta) = -\sin\theta$　　④ $\cos(\pi - \theta) = -\cos\theta$。

26.(1) 利用正弦定律，若 $\triangle ABC$ 中，$\angle C = 120°$，$\angle B = 30°$，$\overline{AC} =$

5，求 $\overline{AB} =$　① $5\sqrt{3}$　② $\dfrac{20}{\sqrt{3}}$　③ $10\sqrt{3}$　④ 10。

27.(4) 利用餘弦定律，若 $\triangle ABC$ 中，a，b，c 分別代表對邊之邊長，

且 $a = 2$，$b = 3$，$c = 4$，則 $\cos A =$　① $\dfrac{11}{12}$　② $\dfrac{9}{13}$　③ $\dfrac{5}{12}$

④ $\dfrac{21}{24}$。

28.(2) 有一個氣球在距離 A 同學 10m 處的距離由地面垂直等速上升，

經過 10sec 後，A 同學看到氣球的角度剛好為仰角 60 度，則此

氣球上升的速度為　① $\sqrt{2}$ m/sec　② $\sqrt{3}$ m/sec　③ $2\sqrt{2}$ m/sec

④ $3\sqrt{3}$ m/sec。

29.(2) 15×15mm 之正方形，其外接圓直徑為　① 18.25mm

② 21.21mm　③ 25.25mm　④ 31.31mm。

30.(1) 單邊長為 40mm 的正六角形，其外接圓半徑為　① 40mm

② 47mm　③ 52mm　④ 55mm。

31.(1) 若 $\sin\theta=\dfrac{3}{5}$，則 $5-5\cos^2\theta=$　①$\dfrac{9}{5}$　②$\dfrac{5}{4}$　③$\dfrac{3}{5}$　④$\dfrac{12}{5}$。

32.(2) 若 $\sqrt{2}\cos\theta-\tan45°=0$，則$\theta=$　①30°　②45°　③60°　④90°。

33.(4) 已知 $\tan\theta=2$，利用三角恆等式，則 $\dfrac{3\sin\theta-2\cos\theta}{\cos\theta}=$　①$\dfrac{1}{2}$

②1　③2　④4。

34.(1) 若α代表角度，已知，則 $\sin5\alpha=\cos4\alpha$，則$\alpha=$　①10°　②

12°　③15°　④18°。

35.(3) 切削速度係指單位時間工件經過刀刃的距離，其單位通常表示

為　①mm/rev　②rpm　③m/min　④m/sec²。

36.(4) 車削工件時，工件旋轉一圈，刀具所前進的距離，稱為　①主

軸轉速　②迴轉速度　③切削速度　④進給。

37.(2) 有一輛汽車以 18km/h 的等速度，沿 30 度的斜坡向上行駛 10

秒，則此一汽車所爬行的直線高度為　①18m　②25m　③

36m　④50m。

38.(4)A、B 兩車沿一直線路徑同向行駛，A車先以200m/min的速率

出發，10min後，B車以300m/min的速率沿相同的路線追趕，

則B車多久可以趕上A車？　①5min　②10min　③15min

④20min。

39.(4) 雞加兔共55隻，合計共有160隻腳，則兔有　①10隻　②15

隻　③20隻　④25隻。

40.(1) 設 x 表任意一奇數，則下列何者必為偶數？　①$x+5$

②$2x+3$　③$3x+8$　④x^2。

二、複選題：

41.(1 2 3) 方程式 $x^2 - 2x + 6y - 5 = 0$ 之幾何，下列敘述何者正確？
①頂點座標$(1, 1)$　②焦點座標$(1, -0.5)$　③準線方程式 $y = 2.5$　④軸線平行於 x 軸。

42.(1 3 4) 下列公式何者正確？　① $\sin 2x = 2 \sin x \cos x$
② $\cos 2x = 1 + 2 \sin x$　③ $1 + \tan^2 x = \sec^2 x$
④ $\sin^2 x + \cos^2 x = 1$。

43.(1 2 3) 一組三角板可畫出下列何種角度？　① $15°$　② $75°$　③ $105°$　④ $125°$。

44.(1 4) 如右圖所示有一直徑 X mm 之圓棒，欲切削成對邊為 12mm 之正六邊形，則下列何者比較節省材料？
① $X = 13.86$
② $X = 12.26$
③ $h = 0.98$
④ $h = 0.93$。

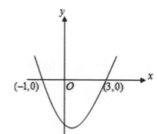

45.(2 3) 二次函數 $y = ax^2 + bx + c$ 的圖形如右圖所示，下列何者正確？
① $a < 0$
② $b < 0$
③ $c < 0$
④ $b^2 - 4ac < 0$。

46.(1 3) 解出不等式 $1 \leq |2x - 1| < 5$，下列何者正確？
① $-2 < x \leq 2$　② $0 < x \leq 2$　③ $1 \leq x < 3$　④ $-3 \leq x < 1$。

47.(３４) 下列敘述，何者正確？

①若 a，b 都是無理數，則 $a + b$ 是無理數

②若 a，b 都是無理數，則 ab 是無理數

③若 a 是有理數，b 是無理數，則 $a + b$ 是無理數

④若 $a + b$，$a - b$ 都是有理數，則 a，b 都是有理數。

48.(１２４) 若 $180° < \theta < 270°$ 且 $\sin \theta = -\dfrac{5}{13}$，下列何者正確？

① $\cos \theta = -\dfrac{12}{13}$ ② $\cos(180° + \theta) = \dfrac{12}{13}$

③ $\tan(180° - \theta) = \dfrac{5}{12}$ ④ $\dfrac{\sin \theta}{1 - \cos \theta} = -\dfrac{1}{5}$。

49.(１３) 有一材料長 1m × 寬 10cm × 厚 10mm，下列何者正確？①材料為鋼鐵，則重量約為 7.8kg ②材料為鋼鐵，則重量約為 8.9kg ③材料為鋁合金，則重量約為 2.7kg ④材料為鋁合金，則重量約為 7.1kg。(比重：鋼 7.8，鋁 2.7)

50.(１３) 在同一平面相交的兩圓弧，可用下列何種方法解得交點座標？ ①兩個二元二次方程式求解 ②兩個二元一次方程式求解 ③兩個極座標方程式求解 ④兩個一元二次方程式求解。

工作項目 03：精密量測

一、單選題：

1.(3) 常用厚薄規的材質是 ①塑膠 ②銅 ③鋼 ④鋁。

2.(1) 使用整組式厚薄規的目的之一是 ①量測間隙用 ②當墊片用 ③量測長度用 ④量測寬度用。

3.(1) 厚薄規上的數字是表示其 ①厚度 ②寬度 ③長度 ④公差。

4.(3)使用厚薄規量測時，正確手感為　①鬆　②緊　③適度鬆緊　④無關鬆緊。

5.(3)若取本尺9mm長作為游尺的長度，並將此長度10等分，則此游標尺的最小讀數為　① 0.02mm　② 0.05mm　③ 0.1mm　④ 0.5mm。

6.(2)若取本尺39mm長作為游尺的長度，並將此長度20等分，則此游標尺的最小讀數為　①0.02m　②0.05m　③0.1m　④0.5m。

7.(4)一般游標卡尺不適合直接量測　①外徑尺度　②內孔尺度　③階級尺度　④斜度。

8.(1)游標卡尺的外測爪長度約40 mm、厚度約2.8 mm，內測爪長度約16 mm，下列何者錯誤？　①無法量測直徑大於80 mm圓柱　②無法量測圓柱槽寬大於2.8mm，槽徑大於80 mm　③無法量測內階級孔的孔深位置大於16 mm者　④用本尺與游尺端部量測工件的段差值，比深度測桿量測準確。

9.(2)有一游標卡尺，取本尺的9mm長，在游尺上分10等分；量測時，若游尺從基準算起的第5條刻度線與本尺的23mm對齊，則尺寸讀值為　①23.4mm　②19.4mm　③23.5mm　④19.5mm。

10.(4)以游標卡尺量測時，下列情況何者不影響讀值準確度？　①游尺鬆動　②未正視游尺刻度　③量測力偏大　④使用前擦拭乾淨。

11.(4)游標卡尺的游尺刻度方法中，較易讀取者是以本尺　①12mm等分成25格　②19mm等分成20格　③24mm等分成25格　④39mm等分成20格。

12.(4)以游標卡尺量測10±0.02 mm之尺寸，宜選擇精度規格至少為　① 1/10 mm　② 1/20 mm　③ 1/40 mm　④ 1/50 mm。

13.(2) 游標卡尺兩外測爪無法密合而形成一個角度時，宜先採用的補正策略為　①正常現象，不用補正　②調整游尺的滑動間隙　③將游尺的外測爪扳回原位置　④機械加工游尺的外測爪。

14.(4) 以游標卡尺量測內孔直徑四次，得到之尺寸分別為 21.33、21.34、21.34、21.36 mm，若內測爪完全接觸孔徑，則正確尺寸為　① 21.33 mm　② 21.34 mm　③ 21.35 mm　④ 21.36 mm。

15.(4) 如右圖，以一般游標尺量測A、B、C、D，並計算兩孔中心之距離，下列不適合的方法為
①(A＋B)/2
②B＋10
③A－10
④C＋D。

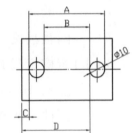

16.(2) 以游標卡尺量測凹槽寬度三次，得到尺寸分別為21.34、21.36、21.36 mm，若內測爪完全接觸溝壁，則正確尺寸為　① 21.33 mm　② 21.34 mm　③ 21.35 mm　④ 21.36 mm。

17.(3) 一般缸徑規適合量測　①深度　②外徑　③深孔徑　④內溝槽徑。

18.(4) 無法作為缸徑規歸零基準的量具是　①外分厘卡　②環規　③精密高度規　④深度分厘卡。

19.(1) 使用缸徑規量測時，測桿的一端當圓心，另端沿軸向微量擺動的目的是　①找最小讀值　②避開切屑　③測試缸徑規的穩定度　④找最大讀值。

20.(4)使用缸徑規量測時，測桿的一端當圓心，另端沿徑向微量擺動的目的是 ①找最小讀值 ②避開切屑 ③測試缸徑規的穩定度 ④找最大讀值。

21.(1)三點式內分厘卡與兩點式內分厘卡的比較，下列何者正確？ ①前者較穩 ②後者較準 ③前者較適用於量測溝槽 ④後者較適用於量測內孔。

22.(2)下列何者適合量測孔壁至邊緣的距離？ ①一般分厘卡 ②萬能分厘卡 ③盤式分厘卡 ④輪轂分厘卡。

23.(4)使用兩點式內分厘卡量測時，前後左右的擺動，其目的是 ①避開雜物 ②習慣動作 ③使測爪與工件減少接觸 ④找正確的尺寸。

24.(3)清理分厘卡方法，下列何者正確？ ①用壓縮空氣清理污物 ②拆除襯筒清理內部 ③用清潔的布擦拭油污，再塗防銹油 ④使用機台的切削油噴洗。

25.(2)氣泡式水平儀的每一刻度讀數為0.01 mm/m，若量測某平面得知氣泡偏一格，則表示該平面傾斜約 ①1秒 ②2秒 ③3秒 ④4秒。

26.(4)氣泡式水平儀每一刻度為2 mm長，並以1刻度表示角度1秒，則水平儀玻璃管的彎曲半徑為 ①51.566 m ②103.132 m ③206.285 m ④412.529 m。

27.(1)使用每一刻度讀數為0.01 mm/m的氣泡式水平儀量測，若氣泡移動一格，則表示1 m長的平面兩端高度差 ①0.01 mm ②0.02 mm ③0.04 mm ④0.1 mm。

28.(2)使用每一刻度讀數為0.1mm/m氣泡式水平儀量測參考平面，得知氣泡偏右兩格，旋轉180°量測結果為偏右1格，這表示水

平儀 ①無誤差 ②誤差 0.5 格 ③誤差 1 格 ④誤差 2 格。

29.(3)下列何者不屬於組合角尺之元件? ①直角規 ②中心規 ③節距規 ④角度規。

30.(4)組合角尺不適用於 ①畫 45°線 ②求圓桿中心 ③量測直角 ④量測角度 30±0.1°。

31.(3)組合角尺可量測角度的最小讀數為 ①0.1° ②0.5° ③1° ④2°。

32.(4)組合角尺的直角規不適用於 ①量測直角 ②量測角度 45° ③量測水平 ④量測角度 30°。

33.(3)使用塞規檢測工件的孔,如何判定合格品? ①GO 端能通過 ②NO GO 端不能通過 ③GO 端能通過而 NO GO 端不能通過 ④GO 端不能通過而 NO GO 端能通過。

34.(2)在塞規上作凹槽或是塗紅色的位置是 ①GO 端 ②NO GO 端 ③握把處 ④GO 端及 NO GO 端皆是。

35.(2)下列敘述何者正確? ①各種量規的 GO 端尺寸均大於 NO GO 端 ②卡規的 GO 端尺寸大於 NO GO 端 ③塞規的 GO 端尺寸大於 NO GO 端 ④各種量規的 GO 端尺寸均小於 NO GO 端。

36.(3)內錐度量規可檢驗 ①錐度 ②內錐孔徑 ③錐度和內錐孔徑 ④錐度總長度。

37.(1)將錐度工件塗上紅丹後,再套入內錐度量規並旋轉 1/4 圈,其目的是要檢驗 ①錐度的接觸率 ②錐度的真圓度 ③內錐孔徑 ④錐度總長度。

38.(1)精密高度規的螺桿節距及圓周等分數 ①0.5 mm、500 刻度 ②0.5 mm、1000 刻度 ③1 mm、500 刻度 ④2 mm、1000 刻度。

39.(2) 以 100 mm 正弦規量測如右圖所示工件的斜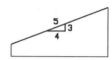
度，則塊規累積尺寸為　① 58.339 mm　②
60.000 mm　③ 60.339 mm　④ 65.000 mm。

40.(1) 以 100 mm 正弦規量測角度 40 度，則塊規累積尺寸為　① 64.279
mm　② 76.604 mm　③ 83.100 mm　④ 119.175 mm。(sin40°
= 0.64279，cos40° = 0.76604，tan40° = 0.83100，cot40° =
1.19175)

41.(1) 以外分厘卡量測自製正弦規的兩圓柱間最大外側尺寸得 75.00
mm，圓柱直徑為 15.00 mm，則正弦規公式中的長度要代入
① 60 mm　② 67.5 mm　③ 75 mm　④ 90 mm。

42.(4) 下列何者不適合以光學比測儀量測？　①長度　②角度　③螺
紋牙角　④深度。

43.(3) 欲堆疊塊規尺寸為 62.123 mm，則優先考慮的塊規尺寸為　①
0.023mm　② 0.123mm　③ 1.003mm　④ 60mm。

44.(1) 直讀式游標卡尺係利用下列何者之放大原理？　①磁帶　②游
標　③螺紋　④齒輪系。

45.(1) 水平儀玻璃管內裝的液體是　①醚　②水　③透明油　④酒精。

46.(4) 組合角尺上的量角器，本尺上之刻度為　① 5 分　② 10 分　③
0.5 度　④ 1 度。

47.(2) 下列何者不是組合角尺的構件？　①鋼尺　②分規　③角度規
④中心規。

48.(1) 通常檢驗工件孔徑的限規是　①塞規　②環規　③樣圈　④卡
規。

49.(4) 槓桿式量錶之測桿可調擺的角度是　① 60 度　② 90 度　③ 180
度　④ 240 度。

50.(2) 槓桿式量表裝於萬向夾具，再固定於下列何種工具機的刀架，可量測工件的內錐度　①立式銑床　②車床　③臥式銑床　④平面磨床。

51.(4) 正弦規配合塊規係用於量測工件之m　①深度　②外徑　③孔徑　④角度。

52.(3) 利用正弦規量測工件角度時，要配合的量具是　①半圓形量角器　②萬能量角器　③塊規　④組合角尺。

53.(2) 正弦規配合塊規用於量測工件角度時，所應用的三角函數是　① tan　② sin　③ cos　④ cot。

54.(3) 下列何者是正弦規的長度規格？　① 50 或 150mm　② 75 或 150mm　③ 100 或 200mm　④ 150 或 300mm。

55.(4) 正弦規在小於何種角度使用較合適？　① 90 度　② 75 度　③ 60 度　④ 45 度。

56.(3) 光學比測儀無法直接量測螺絲的　①牙角　②牙深　③節徑　④外徑。

57.(1) 桌上型光學比測儀量測機件輪廓時，所採用的照明光軸是　①向上型　②向下型　③橫向型　④縱向型。

58.(4) 光學比測儀量測工件角度所使用的部位是　①投影透鏡　②裝物台　③兩頂心座　④投影螢幕。

59.(2) 金屬塊規長時間保存，為了防止生銹，表面最好塗上　①煤油　②凡士林　③乳化油　④汽油。

60.(3) 通常一盒塊規中，片數最多者為　① 202 片　② 152 片　③ 112 片　④ 102 片。

61.(3) 用於現場檢驗或組合尺寸所使用的塊規等級是　① 00 級　② 0 級　③ 1 級　④ 2 級。

62.(3)缸徑規量測工件孔徑時，與孔壁接觸的測爪數目為 ①4個 ②3個 ③2個 ④1個。

63.(4)設置卡板基準尺寸的量具是 ①游標卡尺 ②環規 ③鋼尺 ④塊規。

64.(4)一般精密高度規可達的量測精度是 ① 1/20mm ② 1/50mm ③ 1/100mm ④ 1/1000mm。

二、複選題：

65.(2 3) 一般分厘卡之敘述，下列何者不正確？ ①螺桿節距為 0.5mm ②襯筒主標線一格為1mm ③套筒分成100格 ④每轉套筒1格代表心軸前進0.01mm。

66.(1 3 4)大量檢驗時，卡規不可用來量測下列何者？ ①角度 ② 外徑 ③內徑 ④錐度。

67.(1 4) 游標卡尺的刻劃設計，下列何者正確？ ①本尺每刻劃間 隔為 0.5mm，取本尺 12mm(即 24 格)分為 25 等分，則此 本尺與副尺每一刻劃值之差為 0.02mm ②本尺的 20mm 等於為游標尺的 19 格，游標尺的解析度為0.05mm ③本 尺的 12mm 等分為游標尺的 25 格，游標尺的解析度為 0.05mm ④本尺最小刻度為1mm，取本尺39等分作為游 尺20等分，此游標尺之最小讀數應為0.05mm。

68.(3 4) 檢驗塊規需要用到下列何者？ ①工具顯微鏡 ②光學比 測儀 ③氦氣燈 ④光學平鏡。

69.(1 3) 量規量測工件之敘述，下列何者正確？ ①塞規之通端與 不通端都無法通過時，則該工件之尺寸太小 ②錐度塞規 之小端接觸到紅丹，則錐孔之錐度太小 ③塞規之通過端 比不通過端長 ④環規用於量測孔徑。

70.(2 4) 兩頂心座、槓桿量錶與平板組合可量測下列何者？ ①垂直度 ②偏擺度 ③平面度 ④同心度。

71.(1 2 3) 一般游標卡尺可直接量測工件之 ①深度 ②外徑 ③內徑 ④偏心值。

72.(1 3) 萬能量角器可應用下列何者？ ①量測角度 ②量測外徑 ③劃線求圓柱中心 ④量測深度。

73.(1 3) 光學平鏡配合氦氣燈可量測下列何者？ ①分厘卡兩砧座平面度 ②工件垂直度 ③塊規平面度 ④工件平行度。

74.(1 2 3) 下列何者可量測工件之凹槽寬度？ ①一般游標卡尺 ②塊規 ③精密高度規 ④環規。

工作項目 04：金屬材料

一、單選題：

1.(3) 拉伸試驗無法求得下列那一項性質？ ①延性 ②抗拉強度 ③疲勞強度 ④降伏強度。

2.(3) 一般在下列何種材料之拉伸曲線，可觀察到明顯的降伏現象？ ①陶瓷 ②鋁合金 ③低碳鋼 ④銅合金。

3.(4) 對角136°之金鋼石方錐體壓痕器，以一定荷重壓入試片表面，使其產生方錐形壓痕的硬度試驗法為 ①勃氏 ②洛氏 ③蕭氏 ④維克氏。

4.(2) 關於勃氏硬度試驗，下列敘述何者不正確？ ①壓痕器為直徑5mm或10mm之硬鋼球 ②適合於超硬合金之測試 ③需使用計測顯微鏡測量，查表求其硬度值 ④壓痕大，對試片具破壞性。

5.(1) 衝擊試驗主要目的是測量材料之　①韌性　②延性　③抗拉強度　④硬度。

6.(2) 汽車之車軸經常承受反覆變化之應力作用，即使應力低於材料之降伏強度，車軸也會發生破壞，此現象稱為　①潛變　②疲勞　③衝擊　④頸縮。

7.(3) 材料在高溫時，雖然所受的荷重固定，且低於一般拉伸試驗所得的彈性限，也會使材料繼續產生變形，此現象稱為　①頸縮　②疲勞　③潛變　④軟化。

8.(4) 亞共析鋼之何種性質會隨著碳含量增加而降低　①抗拉強度　②硬度　③降伏強度　④伸長率。

9.(1) 灰口鑄鐵與延性鑄鐵最顯著的差別在於　①石墨形狀　②含碳量　③鑄件大小　④基地組織。

10.(3) 車床的底座常用灰口鑄鐵來製造，係由於其何種性質優異？　①強度　②延性　③制震性　④韌性。

11.(4) 延性鑄鐵其石墨為球狀，主要是在鑄鐵熔液中添加少量之何種合金為球化劑？　①鈦　②鋁　③銅　④鎂。

12.(2) 下列何種元素容易使碳鋼在常溫加工時龜裂，導致冷脆性發生？　①硫　②磷　③矽　④錳。

13.(4) 下列何者不是工具鋼中添加鉻、鉬等合金元素的主要作用？　①增加硬化能　②增加耐磨耗性　③增加回火時的軟化抵抗　④增加脆性。

14.(1) 一般高強度低合金鋼之機械，性質優良，可用於橋樑、車輛等，係屬於　①構造合金鋼　②合金工具鋼　③耐蝕鋼　④耐衝擊工具鋼。

15.(2) 在鋼料中，添加何種微量元素可以改善其切削性？　①銅　②鉛　③鎂　④鋅。

16.(3) 18-4-1高速鋼中，代表含量18%之元素爲　①鉻　②鎳　③鎢　④釩。

17.(2) SKD11爲冷加工用衝模材料，係屬於　①構造合金鋼　②合金工具鋼　③耐蝕鋼　④高強度低合金鋼。

18.(4) 下列表面硬化法中，那一種不會改變鋼料化學成分，只改變表面層組織？　①滲碳法　②氮化法　③硼化法　④高週波硬化法。

19.(3) 把鋼料加熱至$A3$線或$A\,cm$線上方約$30\sim50℃$，保持適當時間然後在空氣中冷卻的作法，稱爲　①完全退火　②軟化退火　③正常化　④弛力退火。

20.(1) 能改善鋼料表層之耐磨耗性，而內部仍具有強韌性的熱處理方法爲　①滲碳法　②正常化　③調質處理　④油淬法。

21.(3) 七三黃銅延展性佳，主要是銅中約含30%之　①錫　②鋁　③鋅　④鎂。

22.(4) 下列何種材料常利用時效硬化來提昇其強度？　①碳鋼　②鋅合金　③銅合金　④鋁合金。

23.(3) 下列那一種合金之比重最小，可應用於3C產品之外殼？　①鋁　②銅　③鎂　④鎳。

24.(2) 依據 CNS9612 合金編號 2014(杜拉鋁)爲常用航空材料，其化學成分主要爲　①Al-Si-Mg　②Al-Cu-Mg-Mn　③Al-Zn-Mg　④Al-Mg-Ni。

25.(4) 下列四種元素中，危害碳鋼之抗拉強度最大者爲　①矽　②錳　③鎂　④硫。

26.(1) 一般用於製造鑿子的材料是　①高碳鋼　②高速鋼　③高錳鋼　④高鎳鋼。

27.(4) 高速鋼是一種　①構造用　②建築用　③汽車用　④工具用　合金鋼。

28.(3) 物體對抗另一物體壓入之抵抗程度，稱為　①強度　②塑性　③硬度　④彈性。

29.(1) 鋼料受拉力會伸長，去除拉力後又恢復至原來長度的這種性質，稱為　①彈性　②延性　③展性　④塑性。

30.(3) 抗拉試驗的直接目的是，得到材料的　①硬度　②撓度　③強度　④勁度。

31.(1) 疲勞破壞最可能的原因是　①反覆應力　②反覆硬度　③施力不均　④工件尺寸過大。

32.(4) 展性鑄鐵中的石墨形狀為　①球狀　②片狀　③針狀　④不規則塊狀。

33.(1) 延性鑄鐵中的石墨形狀為　①球狀　②片狀　③針狀　④不規則塊狀。

34.(3) 鑄造銅軸承所使用的材料是　①黃銅　②純銅　③青銅　④鈹銅。

35.(3) 可改善黃銅切削性的元素是　①鋅　②錳　③鉛　④鐵。

36.(3) 可降低鋁合金比重，並增加其抗衝擊性的元素為　①矽　②銅　③鎂　④鋅。

37.(4) 高碳鋼調質的主要目的在　①增加硬度　②減少硬度　③增加耐磨性　④增加韌性。

38.(2) 淬火的鋼料經升溫到約 500℃ 後，再進行冷卻的操作方法，稱為　①退火　②回火　③球化　④正常化。

39.(3)滲碳處理屬於下列何種方法？ ①回火 ②退火 ③表面硬化 ④正常化。

40.(2)碳鋼低溫回火熱處理具有下列何種功效？ ①增加硬度 ②減少脆性 ③增加含碳量 ④減少含碳量。

41.(4)退火熱處理具有下列何種功效？ ①硬化鋼料 ②增加含碳量 ③減少含碳量 ④軟化鋼料。

42.(1)一般低碳鋼最常用的表面硬化法是 ①滲碳硬化 ②氮化硬化 ③高週波硬化 ④火焰硬化。

二、複選題：

43.(12) 關於差排移動之敘述，下列何者正確？ ①差排移動會造成塑性變形 ②差排沿原子最密堆積面移動 ③晶界有助差排移動 ④單晶材料會有差排存在。

44.(13) 下列有關金屬再結晶現象的敘述，何者正確？ ①加工程度愈大，再結晶溫度愈低 ②加工程度愈大，再結晶溫度愈高 ③合金的熔點愈高，通常再結晶的溫度也愈高 ④加工程度愈大，施以再結晶退火的效果愈佳。

45.(123)下列有關金屬材料塑性變形的敘述，何者正確？ ①發生塑性變形的方式主要包括滑動和雙晶二種 ②差排沿原子最密堆積面移動 ③雙晶塑性變形後，則呈現寬的雙晶帶 ④晶界有助差排移動。

46.(134)比強度定義下列何者不正確？ ①抗拉強度／比熱 ②抗拉強度／比重 ③降伏強度／比例極限 ④抗拉強度／伸長率。

47.(234)下列不銹鋼系，何者具有磁性？ ①沃斯田鐵系 ②肥粒鐵系 ③麻田散鐵系 ④低鎳析出硬化系。

48.(1 3 4) 下列敘述，何者正確？ ①鎂的抗腐蝕性和鋁相近 ②純鎂的應變硬化效果很好 ③鎂是六方密結構 ④鎂的延性較鋁低。

49.(1 3 4) 有關可增加碳鋼硬化能之敘述，下列何者不正確？ ①晶粒變細 ②添加 Mn 元素 ③加快其冷卻速率 ④降低其含碳量。

50.(1 2 4) SCM 鋼之主要合金元素，下列何者不正確？ ①C 與 Mn ②C 與 Mo ③Cr 與 Mo ④Cr 與 Mn。

51.(1 2 4) 有關熱膨脹係數之敘述，下列何者會對其產生影響？ ①原子間鍵結強度 ②材料之熔點 ③材料之尺寸 ④原子振動。

52.(1 2) 下列有關鋼鐵組織的敘述，何者正確？ ①肥粒鐵之組織屬於強度小且硬度低者 ②殘留沃斯田鐵置於常溫一段時間會發生膨脹現象 ③麻田散鐵之組織屬於強度大且韌性佳者 ④波來鐵之層狀組織會隨冷卻速度愈快而愈粗大。

工作項目 05：機械工作法

一、單選題：

1.(2) 5mm 的六角扳手，其規格是 ①六角形的對角長度 ②六角形的對邊長度 ③螺絲的節徑 ④螺絲的外徑。

2.(2) 下列有關使用固定扳手與活動扳手的敘述，何者錯誤？ ①儘量用固定扳手 ②對於不同尺寸螺絲頭，使用活動扳手鎖緊施力皆一樣 ③固定扳手只能用於單一種螺絲頭尺寸 ④活動扳手可用於六角頭及四角頭螺絲。

3.(4) 下列何者不是鑽床的規格之一？　①主軸中心至床柱的距離　②主軸端面到床台最低位置的距離　③主軸上下移動距離　④進刀手柄的迴轉圈數。

4.(3) 高速鋼鑽頭鑽削低碳鋼工件，鑽頭的鑽唇角宜為　① 90°　② 100°　③ 118°　④ 135°。

5.(4) 造成往復式鋸床之鋸條折斷，下列何者較不可能？　①沒開動前鋸條接觸工件　②換新鋸條沿著已有的鋸路切入　③材料沒夾緊　④沒加切削劑。

6.(2) 鋸條磨損過快與下列何者較無關聯？　①速度太快　②鋸切壓力偏小　③鋸齒反向安裝　④回程時，鋸條未抬起。

7.(1) 車床一般不用於下列何種加工？　①鑽頭的螺旋角　②螺絲　③圓桿的階級　④錐度。

8.(4) 銑床一般不用於下列何種加工？　①平面　②溝槽　③ T 槽　④壓花。

9.(4) 下列何者不適用於改善積屑刀口的產生？　①降低刀頂面摩擦力　②使用切削劑　③減少進給率　④刀具斜角減小。

10.(4) P10 與 P30 車刀片的選用條件，下列何者正確？　①前者較適用於粗車　②後者較適用於高速車削　③前者較適用於有振動的車削條件　④後者較適用於重切削。

11.(2) M 與 K 類車刀片的選用條件，下列何者正確？　①前者適用於車削低碳鋼　②後者適用於車削鑄鐵　③前者適用於車削石材　④後者適用於車削不銹鋼。

12.(4) 下列何者是使用切削劑的目的？　①不影響刀具壽命　②有助於斷屑　③增加切削阻力　④降低工件及刀具溫度。

13. (4) 以砂輪機磨碳化物刀具，一般採用的砂輪磨料代號是　①A
　　②WA　③C　④GC。

14. (1) 車床之規格以　①旋徑　②床鞍型式　③刀座型式　④尾座大
　　小　表示。

15. (2) 下列何者屬於工件旋轉刀具移動的工具機？　①磨床　②車床
　　③鑽床　④銑床。

16. (3) 下列何者適用特殊形狀研磨？　①圓柱磨床　②工具磨床　③
　　成形磨床　④平面磨床。

17. (3) 下列何者屬於刀具旋轉工件移動的工具機？　①車床　②拉床
　　③銑床　④鉋床。

18. (4) 下列何者不屬於銑床的常用規格？　①床台的縱向移動距離
　　②銑床刀軸的大小　③可裝銑刀直徑的大小　④銑刀數量。

19. (2) 下列何者不屬於車床之基本構造？　①車頭　②車刀　③傳動
　　機構　④床台。

20. (3) 一般車床導螺桿的牙形是　①方形　②V形　③梯形　④鋸齒
　　形。

21. (3) 下列何者不屬於工具磨床的基本構造？　①傳動機構　②尾座
　　③磨輪　④機器頭座。

22. (4) 傳統車床上，以手動方式促使刀具溜座縱向移動的裝置是　①
　　離合器　②蝸桿與蝸輪　③導螺桿　④齒輪與齒條。

23. (2) 工件長100mm錐度部份長64mm，兩端直徑20mm及12mm，
　　欲車製此錐度工件，其尾座偏置量應為　①6mm　②6.25mm
　　③6.5mm　④6.75mm。

24. (4) 車床尾座指示鑽深20mm，而實測只有12 mm，則不可能之原
　　因為　①尾座滑動　②鑽頭未夾緊　③工件未夾緊　④鑽頭磨
　　損。

25.(1) 車床橫向進刀桿刻度環上，每一刻度之刀具移動量爲 0.02mm，今工件從 ϕ30mm 車削至 ϕ25mm，則進刀桿應前進之刻度數爲 ① 125 格 ② 150 格 ③ 200 格 ④ 250 格。

26.(3) 螺旋齒輪常用下列何種工具機加工？ ①立式銑床 ②鉋床 ③萬能銑床 ④車床。

27.(2) 銑床分度頭(1:40)中，一分度板有 15、16、17、18、19、20 孔圈，若要銑削 32 齒之齒輪，每銑一齒則搖柄迴轉數爲 ① 1 $\frac{7}{15}$ ② 1 $\frac{4}{16}$ ③ 1 $\frac{4}{17}$ ④ 1 $\frac{10}{20}$。

28.(2) 有一平銑刀直徑爲 100 mm，刀刃數爲 8，每刃進給爲 0.15 mm，如該主軸轉速 400 rpm，則進給率爲 ① 240 mm/min ② 480 mm/min ③ 960 mm/min ④ 1030 mm/min。

29.(4) 磨床磨削鑄鐵工件，宜選用何種代號之砂輪磨料？ ① A ② WA ③ GC ④ C。

30.(2) 在車床上切削外錐度，經調整複式刀座至所需錐度並予以固定，若車刀刀尖高於工件中心線，則切削後之錐度會 ①變大 ②變小 ③不變 ④皆有可能。

31.(3) 切削 V 形螺紋，下列何者不爲中心規的用途？ ①檢驗車刀角度 ②檢驗車刀與工件的垂直度 ③量測螺紋長度 ④檢查試削導程。

32.(4) 18-4-1 高速鋼之成分爲 ① 18%C-4%W-1%V ② 18%Cr-4%V-1%W ③ 18%Cr-4%W-1%V ④ 18%W-4%Cr-1%V。

33.(1) 有一鑽石砂輪之標記符號爲 SD-120-J-100-B-N-30，其中 SD 及 120 代表 ①磨料及粒度 ②磨料及結合度 ③粒度及結合度 ④粒度及結合劑。

34.(4) 帶鋸機鋸條使用時，通常截取適當長度銲接後須進行何種處理？ ①淬火 ②表面硬化 ③退火 ④回火。

35.(3) 磨輪之標註 A-70-M-8-V，其中 "8" 代表 ①結合材料 ②砂粒大小 ③組織鬆密程度 ④磨料種類。

36.(3) 銑刀軸規格 NO 50-25.4-B-457，其中 "50" 表示 ①孔徑 ②桿長 ③錐度號碼 ④硬度。

37.(2) 下列有關車刀敘述，何者正確？ ①右手車刀用於自左向右車削 ②圓鼻車刀用於精車削 ③右牙車刀僅須右側磨成側讓角 ④切斷刀之前端較後端窄。

38.(2) 車削圓桿時，工件表面粗糙發亮，下列何者較有可能？ ①主軸轉速太慢 ②刀尖高出工件中心線 ③工件夾持偏心 ④車刀鬆動。

39.(1) 車削錐形工件，為使錐度正確，車刀刀刃與工件中心應 ①等高 ②刀刃應略高 ③刀刃應略低 ④視材料而定。

40.(2) 車床進給量單位為 ① mm/min ② mm/rev ③ cm/min ④ cm/rev。

41.(2) 在車床上進行切斷時，產生振動的較可能原因為 ①切斷的部分靠近夾頭 ②車刀伸出太長 ③工件夾得太緊 ④車刀伸出太短。

42.(2) 刀具作旋轉運動，而工件作平移運動的工具機是 ①車床 ②銑床 ③牛頭鉋床 ④鑽床。

43.(4) 一般適用於粗銑削的平口端銑刀，其刀刃數為 ① 8 刃 ② 6 刃 ③ 4 刃 ④ 2 刃。

44.(1) 車削延性材料時，形成積屑刃口的主要原因是 ①切削速度不恰當 ②溫度太高 ③壓力太小 ④切削量太少。

45.(4) 利用碳化物車刀粗車直徑 40mm 低碳鋼工件時，若主軸轉速為 1,020 rpm，則其切削速度為 ① 8 m/min ② 28 m/min ③ 118 m/min ④ 128 m/min。

46.(4) 在車床上切削直徑 45mm 之工件，切削速度 40 m/min 時，主軸轉速為 ① 1800 rpm ② 358 rpm ③ 353 rpm ④ 283 rpm。

47.(3) 銑床的工作台除了可作三方向移動外，還可作旋轉者為 ①立式銑床 ②臥式銑床 ③萬能銑床 ④靠模銑床。

48.(3) 銑削平面時，若銑削量很大，宜選用 ①端銑刀 ②角銑刀 ③面銑刀 ④側銑刀。

49.(3) 平銑刀重銑削平面時，宜選用的刀齒是 ①齒數少的直齒 ②齒數多的直齒 ③條數少的螺旋齒 ④條數多的螺旋齒。

50.(2) 一般用於銑削正齒輪的銑床是 ①立式銑床 ②臥式銑床 ③龍門銑床 ④直式銑床。

51.(1) 一般用於研磨銑刀的磨床是 ①工具磨床 ②外圓磨床 ③平面磨床 ④無心磨床。

52.(4) 最適合於多量少樣車削工件的是 ①機力車床 ②工具車床 ③六角車床 ④專用車床。

53.(3) 一般在水泥牆上鑽孔時，宜選用的鑽頭材質是 ①高碳鋼 ②高速鋼 ③碳化物 ④陶瓷。

54.(2) 鑽頭柄上刻有 "HS" 字樣者，其材質是 ①高碳鋼 ②高速鋼 ③碳化物 ④高錳鋼。

55.(2) 鑽削一般鋼料時，鑽頭鑽唇間隙角是 ①3～7度 ②8～12度 ③13～17度 ④18～22度。

56.(2) 中心鑽頭的錐角是 ①45度 ②60度 ③90度 ④120度。

57.(3) 平面磨削時，切削速度計算公式：$V = \pi DN$，其中的 "N" 表主軸轉速，則 "D" 為　①工件的外徑　②工件的內徑　③砂輪的外徑　④砂輪的內徑。

58.(2) 切削強度高而硬脆的鋼料，其切屑易成　①連續形　②不連續形　③積屑刃口連續形　④積屑刃口不連續形。

59.(1) 切割不規則曲線的工件，應選用　①立式帶鋸機　②往復式鋸床　③金屬圓鋸機　④磨料圓鋸機。

60.(1) 使用臥式帶鋸機鋸切直徑 75mm 的低碳鋼工件時，宜選用的鋸條為每 25.4mm 有　① 6 齒　② 8 齒　③ 10 齒　④ 12 齒。

61.(1) 帶鋸條的接頭熔接宜採用　①對接　②搭接　③單蓋板式　④雙蓋板式。

62.(2) 下列何者不屬於帶鋸條熔接的工作程序？　①剪切所需長度　②敲扁鋸條兩端　③磨平兩端　④熔接部位回火。

二、複選題：

63.(1 2 3) 下列加工方法何者不正確？　①刺沖打點可作為量具與圓規腳尖的支點　②研磨淬火鋼料時應使用碳化矽砂輪　③臥式銑削有鑄鐵件表面時，應使用順銑法　④切削延性材料時為容易形成連續切屑，車刀後斜角應加大。

64.(2 4) 有關鑽削加工之敘述，下列何者正確？　①鑽頭直徑越大，鑽削速度應愈高　②沖製中心點之凹痕大小應比鑽頭的靜點大　③可用中心沖敲碎已斷在工件中之鑽頭　④工件的含碳量愈高，鑽削速度應降低。

65.(1 4) 下列有關切削刀具的敘述，何者正確？　①鑽石刀具不適合切削鐵系材料　②陶瓷刀具主要成分為氧化鋁，適合重切削或斷續切削　③碳化鎢刀具的耐熱性高於陶瓷刀具　④高速鋼刀具硬度宜大於 HRc50 以上。

66.（1 2 4）有關切削劑之使用，下列敘述何者錯誤？　①車床壓花應用水溶性切削劑　②非水溶性切削劑主要目的為冷卻　③碳化鎢車刀在車削過程中已溫度升高時，不可突然對刀片噴灑大量切削劑降溫　④水溶性切削劑主要目的為潤滑。

67.（3 4）　對於熱作加工下列何種敘述正確？　①工件在退火溫度以下加工　②工件在回火溫度以下加工　③工件在再結晶溫度以上加工　④可增加工件內部組織細微化及硬度與延展性。

68.（1 3）　有關攻螺紋之敘述，下列何者正確？　①手攻攻盲孔牙宜使用第三攻完成最後精修　②對於貫穿孔的攻牙，必須使用第一攻、第二攻、第三攻的順序攻牙　③攻牙之前先倒角，以導引螺絲攻進入　④機械攻牙可沿用鑽孔轉速。

69.（3 4）　機械加工基準面通常選擇　①未加工表面　②複雜表面　③工作圖標註尺寸的基準面　④已加工後的表面。

70.（1 2 3）鑽頭選擇需考慮　①工件材質　②鑽頭材質　③鑽頭尺寸　④鑽床床台尺寸。

71.（1 2 4）操作加工機械要注意　①機器的使用注意事項　②自身的安全防護　③機械的表面及顏色　④工具及量具的正確使用方法。

72.（1 2 3）切削產生的熱量主要是通過下列何者傳導？　①切屑　②工件　③切削劑　④機械主軸馬達。

工作項目 06：機件原理

一、單選題：

1.（3）下列何者不是彈簧之主要功能？　①吸收震動　②吸收衝擊力　③吸收熱能　④儲存機械能。

2.(4) 下列何者不是彈簧常用的線材？ ①琴鋼線 ②不銹鋼線 ③磷青銅線 ④鑄鐵線。

3.(3) 彈簧線圈平均直徑 20 mm，線徑 2 mm，其彈簧指數為 ① 18 ② 12 ③ 10 ④ 2。

4.(1) 主要用以承受彎曲負載之彈簧為 ①板片彈簧 ②壓縮彈簧 ③扭力彈簧 ④扭力桿式彈簧。

5.(1) 彈簧常數 55 N/mm 之壓縮彈簧，施加 22 N 之力，其撓曲量為 ① 0.4 mm ② 0.8 mm ③ 1.25mm ④ 2.5 mm。

6.(2) 壓縮彈簧之所有線圈相接觸時的長度為 ①壓縮長度 ②壓實長度 ③自由長度 ④作用長度。

7.(2) 兩壓縮彈簧之彈簧常數分別為 20 N/mm 及 60 N/mm，串聯後之總彈簧常數為 ① 10 N/mm ② 15 N/mm ③ 40 N/mm ④ 80 N/mm。

8.(4) 兩壓縮彈簧之彈簧常數分別為 30 N/mm 及 50 N/mm，並聯後之總彈簧常數為 ① 10 N/mm ② 15 N/mm ③ 40 N/mm ④ 80 N/mm。

9.(1) 相對於正齒輪，下列何者不是螺旋齒輪之主要特點？ ①較高噪音 ②較高接觸比 ③較高傳遞速度 ④較高傳遞動力。

10.(2) 漸開線正齒輪之漸開線起始點為齒輪之 ①節圓 ②基圓 ③齒根圓 ④滾動圓。

11.(2) 齒數分別為 120 與 24、模數為 2 之兩內接齒輪囓合，其中心距離為 ① 80mm ② 96mm ③ 120mm ④ 144mm。

12.(4) 齒數分別為 120 與 24、模數為 3 之兩外接齒輪囓合，其中心距離為 ① 80mm ② 96mm ③ 144mm ④ 216mm。

13.（4）下列何種齒輪適用於較大之減速比　①正齒輪　②螺旋齒輪　③斜齒輪　④蝸桿與蝸輪。

14.（1）螺旋角為30°、周節為26.594mm 之螺旋齒輪，其法向周節為　①23.031mm　②30.031mm　③46.062mm　④50.062mm。

15.（1）20°短齒制齒輪之齒冠高為模數之　①0.8　②1　③1.25　④1.5。

16.（3）依CNS標準，20°全齒深標準齒輪之齒根高度為模數之　①0.8　②1　③1.25　④1.5。

17.（3）下列何者為不宜採用之常用齒輪模數值　①2.00　②2.25　③2.35　④2.75。

18.（2）齒冠圓與相嚙合齒根圓間的距離，稱為　①背隙　②齒間隙　③齒間　④工作間隙。

19.（2）相鄰兩漸開線齒在節圓上的弧長，稱為　①基節　②周節　③徑節　④節圓。

20.（1）傳動機構之機械效率恆為　①小於1　②大於1　③等於1　④等於2。

21.（3）我國國家標準(CNS)採用公制齒輪壓力角是　①14.5度　②15度　③20度　④22.5度。

22.（3）兩嚙合齒輪的一對輪齒，自接觸點開始直到節點止，齒輪所旋轉的角度，稱為　①作用角　②壓力角　③漸近角　④漸遠角。

23.（1）兩嚙合齒輪之作用線與節圓公切線的夾角，稱為　①壓力角　②漸近角　③漸遠角　④作用角。

24.（2）下列何種齒輪嚙合時，兩軸夾角大於 90°？　①直齒斜齒輪　②冠狀齒輪　③斜方齒輪　④人字齒輪。

25.(2) 公制齒輪節圓直徑與齒數之比，稱為 ①周節 ②模數 ③徑節 ④工作深度。

26.(1) 齒頂高與齒根高之和，稱為 ①齒深 ②工作深度 ③齒寬 ④齒厚。

27.(4) 欲使兩齒輪傳動時壓力角保持一定，齒輪輪齒的曲線應為 ①螺旋線 ②拋物線 ③雙曲線 ④漸開線。

28.(2) 兩內接漸開線正齒輪的特性為 ①兩軸心相交成45度 ②兩輪轉向相同 ③不會發生囓合干涉 ④速比與齒數成正比。

29.(2) 一齒輪之齒數為30，外徑為128mm，則模數為 ①3mm ②4mm ③30mm ④40mm。

30.(4) 彈簧床使用的彈簧是 ①拉伸彈簧 ②扭轉彈簧 ③葉片彈簧 ④壓縮彈簧。

31.(3) 具有儲存能量功能的機件是 ①鍵 ②銷 ③彈簧 ④軸承。

32.(3) 一彈簧承受150N之負荷，壓縮量為15mm時，則其彈簧常數應為 ①0.1 N/mm ②5 N/mm ③10 N/mm ④50 N/mm。

33.(4) 為了防止平皮帶從帶輪脫落，其輪面常製成 ①完全平滑 ②凹凸不平 ③中間凹下 ④中間凸出。

34.(1) 下列何種撓性傳動在負荷太大時，最容易產生滑移現象？ ①皮帶輪 ②鏈輪 ③齒輪 ④時規帶輪。

35.(2) 距離較遠但速比需正確時，最佳的傳動方式是採用 ①皮帶 ②鏈條 ③繩子 ④鋼索。

36.(4) 鏈條與鏈輪的傳動方式是屬於 ①剛性直接接觸 ②剛性間接接觸 ③撓性直接接觸 ④撓性間接接觸。

37.(4) 能傳遞拉力的機件組合是 ①齒輪組 ②凸輪組 ③摩擦輪組 ④鏈條與鏈輪。

38.(3) 一般卡車的傳動軸使用之接頭為　①歐丹連接器　②套筒連接器　③萬向接頭　④凸緣接頭。

39.(3) 歐丹聯軸器常用於下列何者之聯結？　①兩軸交角小於 5 度　②兩軸交角小於 30 度　③兩軸平行且軸心距小　④兩軸平行且軸心距大。

40.(3) 省時而費力之機構，其機械利益為　①大於 1　②等於 1　③小於 1　④大於等於 1。

41.(3) 在同一高度之斜面向上推物時，斜面愈長則愈　①省時省力　②費力費時　③省力費時　④費力省時。

42.(1) 省力但費時之機構，其機械利益為　①大於 1　②等於 1　③小於 1　④等於 0。

二、複選題：

43.(2 3)　公制 V 形螺紋的敘述，下列何者正確？　①牙頂為弧形　②牙角為 60°　③牙底為弧形　④節徑為公稱尺寸。

44.(1 2 3) 下列何者為螺絲的功用？　①結合機件　②傳達運動或輸送動力　③調整機件位置　④儲藏能量。

45.(1 2 3) 下列何者為帶頭斜鍵的功用？　①鎚擊後承受振動不致脫落　②防止軸上的機件沿軸向移動　③鉤狀頭部有利拆卸　④利用摩擦阻力傳達動力。

46.(1 2 3) 下列何者為彈簧的主要功用？　①可儲存能量　②可吸收振動　③可量測力量的大小　④減小摩擦。

47.(1 3 4) 可用於承受軸向推力的軸承為　①滾珠軸承　②滾針軸承　③斜滾柱軸承　④止推軸承。

48.(1 2 3) 連接兩個軸的敘述，下列何者為正確？　①永久性結合者稱為聯結器　②可迅速連結或脫離者稱為離合器　③歐式連結器用於兩軸心線平行且有一些偏位　④錐形離合器的半錐角一般為 5°。

49.(1 3)　英制三角皮帶的敘述，下列何者正確？　①常用規格有 A、B、C、D 及 E 五類　②A20 的三角皮帶是用於直徑 20 公分的皮帶輪　③滑動少　④適用於軸間距極小或極大的場合。

50.(1 2 4) 鏈輪的敘述，下列何者正確？　①速比固定　②不易受熱及溼氣的影響　③兩軸不平行可使用　④鬆邊的張力幾近於零。

51.(1 2)　齒輪系的惰輪主要功能為　①改變轉向　②帶動被動輪　③增加速比　④減少齒輪中心距。

52.(1 2)　三角皮帶傳動的優點　①噪音小　②中心距離較大　③速比較固定　④轉速比都大於 8。

工作項目 07：電腦概論

一、單選題：

1.(3) 下列敘述何者錯誤？　① 1Byte = 8bits　② 1KB = 2^{10}bytes　③ 1MB = 2^{15}bytes　④ 1GB = 2^{30}bytes。

2.(2) 不屬於建構網路的專用裝置為　①網路卡　②滑鼠　③IP 分享器　④路由器(Router)。

3.(1) 在 Outlook Express 中，「內送郵件伺服器」係指　① POP3 伺服器　②FTP 伺服器　③BBS 伺服器　④SMTP 伺服器。

4.(2) 下列敘述何者正確？　①Winzip 為電子郵件軟體　②Microsoft Access 為資料庫管理軟體　③ SSL 為全球資訊網頁瀏覽器軟體　④ Microsoft FrontPage 為檔案傳輸軟體。

5.(2) 傳輸媒體的有效傳輸距離最短,且易受地形地物之干擾者為　①同軸電纜　②紅外線　③光纖　④雙絞線。

6.(2) 資料在網路傳輸過程中,下列何者較適合防止被竊讀?　①防火牆　②加密　③廣告攔截　④無線網路。

7.(1) 部份永久存於唯讀記憶體中之軟體稱為　①韌體　②軟體　③輔助記憶體　④硬體。

8.(1) 下列 URL(Uniform Resource Locator)格式,何者正確?
　①http://abc.com/543/　②http:happy.edu:168
　③ftp:\\ftp.chsen.net　④happy@www.chsen.gov。

9.(3) 下列何者可能增加電腦病毒侵入機會?　①隨時備份檔案　②定期更新作業系統　③執行來路不明的程式　④視需要才連接網際網路。

10.(1) 下列網路傳輸設備中,可將網路訊號增強後再送出者為　①中繼器(Repeater)　②橋接器(Bridge)　③交換器(Switch)　④路由器(Router)。

11.(1) 在電腦硬體的組成單元中,下列何者與算術邏輯單元(ALU)合稱為中央處理單元(CPU)?　①控制單元　②輸出單元　③儲存單元　④輸入單元。

12.(1) 在區域網路中,通常資料的傳輸是採用　①串列方式　②並列方式　③串列與並列混合方式　④不拘任何方式。

13.(2) 資料通訊之傳輸速度單位為　①BPI　②BPS　③CPI　④CPS。

14.(3) 下列中英文專有名詞對照,何者錯誤?　①電子郵件:E-Mail　②網際網路:WWW　③廣域網路:LAN　④電子佈告欄:BBS。

15.(1) 下列何者不屬於電腦網路之應用?　①檔案管理系統　②視訊會議　③電子郵件　④遠距教學。

16.(2)下列有關使用電腦之敘述，何者正確？ ①軟式磁片上之刮痕係電腦病毒所造成 ②資料檔案與備份檔案不宜保存在同一電腦以策安全 ③綠色電腦指可保護眼睛之綠色螢幕之電腦 ④電腦實習課程可權宜使用盜版軟體，只要套數不得超過40份。

17.(2)最適合撰寫、編輯、擷取、儲存及列印各種文件資料的軟體為 ①會計軟體 ②文書處理軟體 ③繪圖軟體 ④通訊軟體。

18.(4)CAD系統中所用的數位板(Digitizer)是屬於 ①控制單元 ②輸出單元 ③記憶單元 ④輸入單元。

19.(4)下列敘述何者錯誤？ ① CAD 軟體若與現況需求不符而不用時，可轉贈他人 ②首次啟用 CAD 軟體標註尺度前，應先設定符合CNS標準之尺度型式 ③應依規定，每工作 2 小時至少應有 15 分鐘休息以保護繪圖員之視力 ④ CAD 軟體係用於機械設計，無法應用於電路設計。

20.(2)CAD 軟體是屬於 ①作業系統 ②應用軟體 ③編譯程式 ④直譯程式。

21.(1)下列敘述何者錯誤？ ①使用 CAD 後，對於傳統機械製圖的學習都是多餘的 ②使用 CAD 可將圖形旋轉方向，並搬移至新的位置 ③繪圖機與印表機是電腦的輸出裝置 ④ CAD 之座標系有多種。

22.(2)電腦輔助機械製圖若與傳統機械製圖相比，其應用上之最大優勢為 ①繪製簡單形狀之工作圖 ②圖形較易儲存及編修 ③較易畫草圖 ④設備價格較低。

23.(3)電腦輔助製圖通常簡稱為 ①CAM ②CAE ③CAD ④CAS。

24.(4)在Windows XP中，使用網路之公用繪圖機出圖時，應先設定 ①服務 ②網路印表機 ③新增印表機 ④網路 TCP/IP。

25.(3) 在 Microsoft Word 2003 中，B4 大小的文件若要直接列印在 A4 紙張，應　①再重新排版為A4 大小的文件，無法直接列印　②選取「一般工具列」按「列印」　③選取「檔案」/「列印」/在「配合紙張調整大小」/選「A4」/再按「確定」　④選取「檔案」/「列印」/再按「確定」。

26.(4) 在 Windows Vista 系統下，「控制台」中之「同步中心」具　①調整顯示器亮度、音量、電源選項及其他常用的攜帶型電腦設定功能　②設定 Windows Side Show 設定功能　③設定 Windows 資訊看板功能　④同步處理使用中的電腦與其他電腦、裝置及網路資料夾之間的資訊功能。

27.(1) 在 Microsoft Power Point 2003 中，投影片方向要調整時，需　①選取「檔案/版面設定」　②選取「編輯/版面設定」　③選取「檔案/列印」　④選取「橫向」即可。

28.(3) 下列何者較宜使用固定IP位址？　①網路競標　②網路訂票　③建立個人網站　④網路 ATM 轉帳。

29.(2) 下列有關於雙核心 CPU 的敘述，何者正確？　① CPU 加入了 Hy per-Threading技術　②利用平行運算技術以提高效能　③是 32 位元的 2 倍，即 64 位元CPU　④時脈是單核心CPU時脈的 2 倍。

30.(3) 在 Microsoft Excel 2003 中，列印「活頁簿內所有工作表的內容」應選取　①列印「所有工作表的內容」　②「檔案/列印/列印範圍」之「全部」　③「檔案/列印/列印內容」之「整本活頁簿」　④「檔案/版面設定」之「工作表」。

31.(1) 在 Windows XP 的「檔案總管」中，若將選自D磁碟中的資料夾拖曳至E磁碟中，則其執行　①複製　②搬移　③刪除　④剪下。

32.(1)電子郵件在傳輸時，下列何者有助於防止資料被竊取？ ①加密 ②副本 ③壓縮 ④回傳給本人。

33.(4)Outlook Express 中，寄出郵件可保留一份在 ①草稿 ②寄件匣 ③收件匣 ④寄件備份。

34.(4)在 Windows XP 的「控制台/系統/硬體/裝置管理員」中，若裝置間互相發生嚴重衝突，則會在該裝置前面顯示 ①$ ②% ③? ④!。

35.(1)下列的 URL 表示法，何者錯誤？ ①bss://www.labor.gov.tw/ ②https://nice.ntou.edu.tw ③ftp://ftp.labor.gov.tw/ ④mms://www.labor.gov.tw/labor.wma。

36.(1)在 Windows XP Professional 中，可以查詢目前系統的網路卡 IP 位址之指令為 ①ipconfig ②config ③ping ④netstat。

37.(2)在 Microsoft Excel 2003 中，若將 B2 儲存格內所定義之公式「=A$1+$B2*C$1」，複製至 C5 儲存格內，則在 C5 儲存格內所定義之公式可為 ①「=A$1+$B5*C$1」 ②「=B$1+$B5*D$1」 ③「=B$1+$C5*D$1」 ④「=A$2+$B2*C$5」。

38.(1)下列有關 Windows XP 之敘述，何者錯誤？ ①HTTP 協定適合用於網路上的安全交易 ②IE 能支援背景聲音為 MIDI 的音效 ③Windows 2003 Server 作業系統預設管理者帳號為 administrator ④可使用附屬應用程式中的「記事本」編輯網頁。

39.(3)下列有關電腦病毒之敘述，何者錯誤？ ①有些電腦病毒能夠自行複製與傳播到其他程式中 ②電腦病毒是一段附在電腦系統的程式碼，讓使用者不便 ③所有的電腦病毒都只會破壞軟體，不會破壞硬體 ④開機型病毒經常隱藏於磁片或磁碟的啟動磁區。

40.(3) 下列有關Microsoft Office 2003 之敘述，何者錯誤？　①「字數統計」也將全形的標點符號計算成一個字數　②列印講義時，每一頁最多可以列印9張投影片　③ Word 製作文件之預設的副檔名.PTT　④文件可以直接進行「簡體中文」與「繁體中文」的轉換。

41.(1) 下列有關「電子郵件信箱」的敘述，何者正確？　①使用者可自訂郵件夾　②移轉到垃圾箱之郵件無法回復　③不能同時發多個郵件帳號信箱　④寄出的郵件不可設定同時進行寄件備份。

42.(2) Microsoft Word文書處理軟體，要在表格中插入定位點操作可按何快速鍵　①Tab　②Ctrl+Tab　③Shift+Tab　④Alt+Tab。

工作項目 08：氣油壓概論

一、單選題：

1.(3) 氣壓元件符號 ，係指　①乾燥器　②潤滑器　③調理組合　④冷卻器。

2.(1) 液壓油以流量25ℓ/min通過內徑11mm的油壓管，則其流速約為　①4.3 m/s　②5.3 m/s　③6.3 m/s　④7.3 m/s。

3.(2) 元件符號 ，係指　①單向定排量油壓馬達　②單向定排量油壓泵　③單向可變排量油壓泵　④單向可變排量油壓馬達。

4.(4) 管路內的流體作均勻且有規律之流動時，稱為　①亂流　②擾流　③順流　④層流。

5.(4) 油壓元件符號 ，係指　①單動缸　②雙動缸　③單動雙緩衝缸　④雙動雙緩衝缸。

6.(3) 元件符號 ⊢╎⊐，係指　①雙動雙緩衝油壓缸　②單動雙緩衝油壓缸　③雙動油壓缸　④單動油壓缸。

7.(2) 流體在管路內流動，因黏度在管路內摩擦而損失的能量為　①動能　②熱能　③壓力能　④位能。

8.(2) 如右圖所示之單動氣壓缸控制迴路，係採
　　①直接控制　②間接控制
　　③伺服控制　④閉迴路控制。

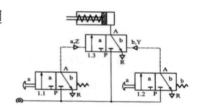

9.(4) 油壓元件符號 ，係指　①卸載閥　②減壓閥　③順序閥　④釋壓閥。

10.(3) 液壓系統之一部份流體受到壓力時，將此壓力傳遞至系統內各處且壓力相同，係利用　①續流原理　②伯努力定理　③巴斯卡原理　④波義耳定理。

11.(2) 下列何者不是油壓系統內油箱之功用？　①儲油　②排水　③散熱　④沉澱雜質。

12.(1) 氣壓控制系統由壓力源、各種閥門、檢知器、致動器及管路系統組成，其中壓力源就如同人體組成之　①心臟　②骨骼　③肌肉與神經　④大腦。

13.(2) 如右圖所示之油壓系統裝置，適用於
　　①車床刀架
　　②千斤頂
　　③火箭推進系統
　　④銑床進給機構。

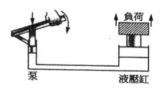

14.(4) 如右圖所示之液壓系統基本電路圖，
　　　　元件 A 表示
　　　　①繼電器　②定時器
　　　　③油壓閥　④開關。

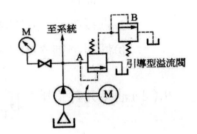

15.(3) 一般油壓系統不包含　①致動器　②儲油箱　③水箱　④控制
　　　　閥。

16.(2) 如右圖所示之系統裝置是一種
　　　　①空壓系統
　　　　②油壓系統
　　　　③油氣壓系統
　　　　④電氣控制系統。

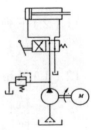

17.(1) 油壓元件符號 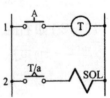，係指　①減壓閥　②卸載閥　③流量閥
　　　　④安全閥。

18.(4) 如右圖所示之液壓系統裝置，元件 M 表示
　　　　①油壓馬達
　　　　②油壓泵
　　　　③油壓箱
　　　　④電動馬達。

19.(1) 如右圖所示之液壓系統基本電路圖，元件 T
　　　　表示
　　　　①定時器　②反向器
　　　　③轉轍器　④安定器。

20.(3) 有關儲氣筒之敘述，下列何者錯誤？　①表面積愈大愈利於散熱　②可防止管路發生浪壓　③排氣口應安裝於最下方　④能分離空氣和水。

21.(4) 利用高速度而產生高動能的氣壓缸是　①緩衝式氣壓缸　②多位式氣壓缸　③膜片式氣壓缸　④衝擊式氣壓缸。

22.(2) 如右圖所示之油壓系統裝置，其中之壓力控制閥係一種
　①減壓閥
　②溢流閥
　③順序閥
　④卸載閥。

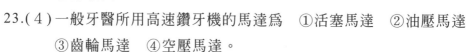

23.(4) 一般牙醫所用高速鑽牙機的馬達為　①活塞馬達　②油壓馬達　③齒輪馬達　④空壓馬達。

24.(3) 若空氣壓力 $5kg/cm^2$、活塞面積 $10cm^2$，則氣壓缸理論出力為　① 49 N　② 50 N　③ 490 N　④ 600 N。

25.(3) 油壓工作特性敘述，下列何者錯誤？　①可改變工作力大小　②可改變工作方向　③工作環境更易保持整潔　④可改變工作速度。

26.(2) 如右圖所示之氣壓元件符號，係指　① 3/2 常開方向閥　② 3/2 常閉方向閥　③ 2/3 常開方向閥　④ 2/3 常閉方向閥。

27.(1) 依續流原理可得知，當流速一定，則管之斷面積與流體之　①流量成正比　②壓力成正比　③能量成正比　④方向無關。

28.(1) 流體在管路內流動，若管路為水平時，則　①位能差為零　②動能之差為零　③壓力能之差為零　④位能差不為零。

29.(2) 元件符號 ⊕＝，係指　①雙向定排量油壓馬達　②雙向定排量油壓泵　③雙向可變排量油壓馬達　④雙向可變排量油壓泵。

30.(4) 下列何者不是為壓力損失之主因？　①管路忽大忽小　②流體黏度太大　③配管不當　④流體流速太慢。

31.(2) 油壓系統特性敘述，下列何者正確？　①體積小出力小　②可無段變速　③漏油容易修護　④易燃燒爆炸。

32.(4) 油壓系統特性敘述，下列何者錯誤？　①液壓油黏度會受溫度影響　②空壓效率比液壓效率高　③管內流速容易調整　④液壓控制較電氣反應快。

33.(2) 油壓系統之泵，其電動機的極數愈多，轉速　①愈快　②愈慢　③與極數無關　④忽快忽慢。

34.(2) 下列何者可設計成可變排量？　①螺旋泵　②輪葉泵　③齒輪泵　④魯氏泵。

35.(1) 外接齒輪泵會有閉鎖現象，其防止方法為　①於閉鎖處開逃油槽　②使用兩個不同直徑之正齒輪　③降低系統壓力　④調整齒輪之中心距。

36.(1) 下列密封環，何者不適用於高壓系統？　①O形環　②V形環　③L形環　④X形環。

37.(3) 轉速600 rpm之泵者，若每弧度排量為10cc，則其每分鐘排量約為　①58公升　②48公升　③38公升　④28公升。

38.(4) 壓力控制閥屬於常開式者是　①順序閥　②卸載閥　③抗衡閥　④減壓閥。

39.(3) 下列何者為流量控制閥？　①梭動閥　②止回閥　③節流閥　④雙壓閥。

40.(1) 下列有關壓力的關係式，何者正確？　① 1atm ＞ 1bar

② 1kg/cm² ＞ 1atm　③ 1atm ＝ 760mm H₂O　④ 1atm ＝ 76mmHg。

41.(3) 公車自動門的開關，一般是利用　①彈簧　②水壓　③氣壓

④油壓。

42.(1) 氣壓元件符號 "⊁" 為　①節流閥　②止回閥　③方向控

制閥　④壓力控制閥。

43.(2) 液壓元件符號 "—◯—" 為　①壓力計　②流量計　③蓄

壓計　④過濾器。

44.(3) 下列何種空氣壓縮機，使壓縮後之空氣不產生脈衝波動？　①

活塞往復式　②膜片往復式　③迴轉式　④氣流式。

45.(4) 下列何項不屬於液壓油必須具備的條件？　①防火性　②潤滑

性　③流動性　④冷卻性。

二、單選題：

46.(1 2 3) 氣壓系統的三點組合包括　①過濾　②調壓　③油霧　④

冷卻。

47.(2 3 4) 下列何者為油壓之止回閥的快速接頭？　①→　②-◇-

③-◇←　④-◇-◇-。

48.(1 3) 　下列何者為氣、油壓之控制系統的輸入元件？　①極限開

關　②電容器　③微動開關　④繼電器。

49.(1 3 4) 下列何者屬於油壓之壓力控制元件？　①配衡閥　②計量

閥　③溢流閥　④順序閥。

50.(1 2 4) 下列何種類型是直線往復式之油壓缸？　①單動型　②復

動型　③擺動型　④差動型。

51.(1 3 4) 油壓之蓄壓器有哪些功能？ ①補充作動油 ②減少流量 ③充當輔助動力 ④減少脈衝。

52.(1 2 3) 油壓泵只排出少許油量的可能原因為 ①油泵破損 ②吸入空氣 ③轉速不足 ④轉向相反。

53.(1 2 4) 氣壓之過濾器元件可以過濾哪些？ ①灰塵 ②水滴 ③水蒸氣 ④顆粒較大的粒狀物。

54.(1 2 3) 下列何者為壓力單位？ ①bar ②psi ③kgf/cm² ④cal。

55.(1 4) 下列敘述何者為正確？ ①只裝置過濾器不能將水份全部除去 ②貯氣筒應遠離壓縮機 ③壓縮機之進氣口應緊靠在牆壁上 ④通常壓縮機 所產生之壓縮空氣可經乾燥機處理。

工作項目 09：品質管制

一、單選題：

1.(1) 根據一次樣本的檢驗結果，即判定該批為合格或不合格的方式，稱為 ①單次抽樣檢驗 ②雙次抽樣檢驗 ③多次抽樣檢驗 ④逐次抽樣檢驗。

2.(3) 下列何者不適用於抽樣檢驗？ ①產品生產量多到無法全檢 ②產品只適用破壞性檢驗 ③產品中不允許有不良品者 ④欲縮短檢驗時間與減少費用。

3.(1) 在設定的抽樣計畫下，用以表示抽驗的各批樣本被允收機率之曲線，稱為 ①作業特性曲線 ②不良率曲線 ③允收曲線 ④拒收曲線。

4.(1) 抽樣檢驗之作業特性曲線圖中，橫軸表示產品不良率，縱軸表示 ①允收機率 ②拒收機率 ③不良數 ④缺點數。

5.(3) 批量1000個零件進行雙次抽樣計畫：第一次抽樣30個，允收數2個，拒收數5個；第二次抽樣30個，合併允收數6個，拒收數8個。若第一次抽樣發現不良品4個，則該批應 ①允收 ②拒收 ③進行二次抽樣 ④進行全檢。

6.(1) 批量800個零件進行雙次抽樣計畫：第一次抽樣20個，允收數1個，拒收數4個；第二次抽樣20個，合併允收數5個，拒收數6個。若第一次抽樣發現不良品2個，第二次抽樣發現不良品2個，則該批應 ①允收 ②拒收 ③進行三次抽樣 ④進行全檢。

7.(2) 批量600個零件進行雙次抽樣計畫：第一次抽樣15個，允收數1個，拒收數3個；第二次抽樣15個，合併允收數4個，拒收數5個。若第一次抽樣發現不良品2個，第二次抽樣發現不良品3個，則該批應 ①允收 ②拒收 ③進行三次抽樣 ④進行全檢。

8.(2) 一般製程所生產之產品品質特性，其分佈皆成常態模式，超出3倍標準差之機率約為 ①0.17% ②0.27% ③0.37% ④0.47%。

9.(2) 一般品質管制之管制圖中，其管制界限是指樣本平均值加減幾倍標準差 ①2倍 ②3倍 ③4倍 ④5倍。

10.(4) 品質管制之管制圖中，管制下限之英文代號為 ① UCL ② UCLA ③ CL ④ LCL。

11.(3) 規定繪製其上限與下限之線條為 ①黑色實線 ②黑色虛線 ③紅色虛線 ④紅色實線。

12.(1) 一般品質管制之管制圖中，規定繪製其中心線之線條為 ①黑色實線 ②黑色虛線 ③紅色虛線 ④紅色實線。

13.(3) 10 個機件之測定公差值分別為 0.05、0.03、0.01、0.01、0.02、0.02、0.04、0.07、0.02、0.03，則其平均值為 ① 0.01 ② 0.02 ③ 0.03 ④ 0.04。

14.(1) 10 個機件之測定公差值分別為 0.05、0.03、0.01、0.01、0.02、0.02、0.04、0.07、0.02 及 0.03，則其全距為 ① 0.06 ② 0.05 ③ 0.04 ④ 0.03。

15.(3) 某工廠每個小時抽取 5 個樣本之測定值分別為 29.5、30.0、30.0、31.0、30.5，則其平均值為 ① 30.0 ② 30.1 ③ 30.2 ④ 30.3。

16.(3) 某工廠每個小時抽取 5 個樣本之測定值分別為 29.5、30.0、30.0、31.0、30.5，則其全距為 ① 0 ② 1 ③ 1.5 ④ 2。

17.(2) 下列何者不適用於品質管制？ ①平均值與全距管制圖 ②標準差與全距管制圖 ③不良率管制圖 ④不良數管制圖。

18.(1) 不良率管制圖之中心線為不良率之 ①平均值 ②最大值 ③最小值 ④標準差。

19.(3) 總檢驗數 50000、不良件總數 1000，則不良率為 ① 0.001 ② 0.01 ③ 0.02 ④ 0.03。

20.(3) 有關不良數管制圖之敘述，下列何者不正確？ ①又稱 np 管制圖 ②樣本數必須相等 ③須以不良率表示 ④不必計算不良率。

21.(4) 每組樣本數同為 1000 個，檢驗 3 組之不良數分別為 35、25、30 個，則其平均不良率為 ① 0.001 ② 0.01 ③ 0.02 ④ 0.03。

22.(3) 每組樣本數同為 1000 個，檢驗 4 組之不良數分別為 35、25、20、40 個，則其不良率管制圖之中心線為 ① 0.01 ② 0.02 ③ 0.03 ④ 0.04。

23.(3) 下列何者不屬於常用工廠品管圈編組之原則？　①工作性質較相同的人組成　②同一工作場所的人組成　③不同建制的人組成　④同一建制的人組成。

24.(1) 品管圈最適當之組成人數為　① 3～15 人　② 20～50 人　③ 51～100 人　④ 100～200 人。

25.(4) 下列何者不是工廠品管圈活動之原則？　①注重自主性與自發性　②提高圈長之領導力與管理能力　③召開公司內品管圈大會　④不與他公司互相觀摩。

26.(3) 下列何者不是成功辦理工廠品管圈之原則？　①全員參與　②革新觀念　③自我滿足　④自我管理。

27.(3) 抽樣檢驗 7 件試片之材料強度，分別為 63.5MPa(1 件)、66.5MPa(2 件)、69.5MPa(3 件)、72.5MPa(1 件)，則其平均值約為　① 64.51 MPa　② 67.51 MPa　③ 68.21 MPa　④ 69.21 MPa。

28.(1) 製品會造成使用或維護人員發生危險或不安全時，應判為　①嚴重缺點　②主要缺點　③次要缺點　④輕微缺點。

29.(2) 抽樣檢驗計畫中，常用 "n" 表示　①批量大小　②樣本大小　③不良品個數　④不合格品個數。

30.(2) 平均值與全距($\overline{\text{X}}$-R)管制圖，每組樣本大小(n)最好是抽　① 2 或 3 個　② 4 或 5 個　③ 6 或 7 個　④ 8 或 10 個。

31.(3) 在製程管制中，將平均值($\overline{\text{X}}$)管制圖與下列何種管制圖配合使用較為有效？　①不良率(p)管制圖　②不良數(np)管制圖　③全距(R)管制圖　④缺點數(c)管制圖。

32.(3) 使用通過與不通過之量規檢驗產品，若以不合格之比率來表示其品質，且每次檢驗數目不一定，宜選用　①平均值與全距　②不良數　③不良率　④缺點數　管制圖。

33.(4) 一批製品中所含的不良品個數，除以該批總數再乘 100%即得
　　　　①退貨率(%)　②缺點率(%)　③故障率(%)　④不良率(%)。

34.(3) 下列何種為計數值管制圖？　①平均值($\overline{\mathrm{X}}$)管制圖　②全距(R)
　　　　管制圖　③缺點數(c)管制圖　④標準差(s)管制圖。

35.(1) 平均值與全距($\overline{\mathrm{X}}$-R)管制圖是一種　①計量值　②缺點數　③
　　　　計數值　④品質不良率　管制圖。

36.(2) 品質成本中，退貨損失是屬於　①內部失敗成本　②外部失敗
　　　　成本　③預防成本　④鑑定成本。

37.(1) 建立品質成本系統的第一步驟是　①品質成本的識別與歸類
　　　　②品質成本的蒐集　③品質成本的分析　④品質成本的分攤。

38.(3) 品質管制之管制圖中，管制上限之英文代號為　① LCL　②
　　　　CL　③ UCL　④ CUL。

▶ 7.3　不分級共同學科試題

工作項目 01：職業安全衛生

一、單選題：

1.（2）對於核計勞工所得有無低於基本工資，下列敘述何者有誤？
①僅計入在正常工時內之報酬　②應計入加班費　③不計入休假日出勤加給之工資　④不計入競賽獎金。

2.（3）下列何者之工資日數得列入計算平均工資？　①請事假期間
②職災醫療期間　③發生計算事由之前6個月　④放無薪假期間。

3.（1）下列何者，非屬法定之勞工？　①委任之經理人　②被派遣之工作者　③部分工時之工作者　④受薪之工讀生。

4.（4）以下對於「例假」之敘述，何者有誤？　①每7日應休息1日
②工資照給　③出勤時，工資加倍及補休　④須給假，不必給工資。

5.（4）勞動基準法第84條之1規定之工作者，因工作性質特殊，就其工作時間，下列何者正確？　①完全不受限制　②無例假與休假　③不另給予延時工資　④勞雇間應有合理協商彈性。

6.（3）依勞動基準法規定，雇主應置備勞工工資清冊並應保存幾年？
①1年②2年③5年④10年。

7.（4）事業單位僱用勞工多少人以上者，應依勞動基準法規定訂立工作規則？　①200人　②100人　③50人　④30人。

8.（3）依勞動基準法規定，雇主延長勞工之工作時間連同正常工作時間，每日不得超過多少小時？　①10　②11　③12　④15。

9.(4) 依勞動基準法規定，下列何者屬不定期契約？ ①臨時性或短期性的工作 ②季節性的工作 ③特定性的工作 ④有繼續性的工作。

10.(1) 依職業安全衛生法規定事業單位勞動場所發生死亡職業災害時，雇主應於多少小時內通報勞動檢查機構？ ①8 ②12 ③24 ④48。

11.(1) 事業單位之勞工代表如何產生？ ①由企業工會推派之 ②由產業工會推派之 ③由勞資雙方協議推派之 ④由勞工輪流擔任之。

12.(4) 職業安全衛生法所稱有母性健康危害之虞之工作，不包括下列何種工作型態？ ①長時間站立姿勢作業 ②人力提舉、搬運及推拉重物 ③輪班及夜間工作 ④駕駛運輸車輛。

13.(1) 職業安全衛生法之立法意旨為保障工作者安全與健康，防止下列何種災害？ ①職業災害 ②交通災害 ③公共災害 ④天然災害。

14.(3) 依職業安全衛生法施行細則規定，下列何者非屬特別危害健康之作業？ ①噪音作業 ②游離輻射作業 ③會計作業 ④粉塵作業。

15.(3) 從事於易踏穿材料構築之屋頂修繕作業時，應有何種作業主管在場執行主管業務？ ①施工架組配 ②擋土支撐組配 ③屋頂 ④模板支撐。

16.(1) 對於職業災害之受領補償規定，下列敘述何者正確？ ①受領補償權，自得受領之日起，因2年間不行使而消滅 ②勞工若離職將喪失受領補償 ③勞工得將受領補償權讓與、抵銷、扣押或擔保 ④須視雇主確有過失責任，勞工方具有受領補償權。

17.(4) 以下對於「工讀生」之敘述，何者正確？ ①工資不得低於基本工資之 80 ％ ②屬短期工作者，加班只能補休 ③每日正常工作時間得超過 8 小時 ④國定假日出勤，工資加倍發給。

18.(3) 經勞動部核定公告為勞動基準法第 84 條之 1 規定之工作者，得由勞雇雙方另行約定之勞動條件，事業單位仍應報請下列哪個機關核備？ ①勞動檢查機構 ②勞動部 ③當地主管機關 ④法院公證處。

19.(3) 勞工工作時手部嚴重受傷，住院醫療期間公司應按下列何者給予職業災害補償？ ①前 6 個月平均工資 ②前 1 年平均工資 ③原領工資 ④基本工資。

20.(2) 勞工在何種情況下，雇主得不經預告終止勞動契約？ ①確定被法院判刑 6 個月以內並諭知緩刑超過 1 年以上者 ②不服指揮對雇主暴力相向者 ③經常遲到早退者 ④非連續曠工但一個月內累計達 3 日以上者。

21.(3) 對於吹哨者保護規定，下列敘述何者有誤？ ①事業單位不得對勞工申訴人終止勞動契約 ②勞動檢查機構受理勞工申訴必須保密 ③為實施勞動檢查，必要時得告知事業單位有關勞工申訴人身分 ④任何情況下，事業單位都不得有不利勞工申訴人之行為。

22.(4) 勞工發生死亡職業災害時，雇主應經以下何單位之許可，方得移動或破壞現場？ ①保險公司 ②調解委員會 ③法律輔助機構 ④勞動檢查機構。

23.(4) 職業安全衛生法所稱有母性健康危害之虞之工作，係指對於具生育能力之女性勞工從事工作，可能會導致的一些影響。下列何者除外？ ①胚胎發育 ②妊娠期間之母體健康 ③哺乳期間之幼兒健康 ④經期紊亂。

24.(3) 下列何者非屬職業安全衛生法規定之勞工法定義務？　①定期接受健康檢查　②參加安全衛生教育訓練　③實施自動檢查　④遵守安全衛生工作守則。

25.(2) 下列何者非屬應對在職勞工施行之健康檢查？　①一般健康檢查　②體格檢查　③特殊健康檢查　④特定對象及特定項目之檢查。

26.(4) 下列何者非爲防範有害物食入之方法？　①有害物與食物隔離　②不在工作場所進食或飲水　③常洗手、漱口　④穿工作服。

27.(1) 有關承攬管理責任，下列敘述何者正確？　①原事業單位交付廠商承攬，如不幸發生承攬廠商所僱勞工墜落致死職業災害，原事業單位應與承攬廠商負連帶補償責任　②原事業單位交付承攬，不需負連帶補償責任　③承攬廠商應自負職業災害之賠償責任　④勞工投保單位即爲職業災害之賠償單位。

28.(4) 依勞動基準法規定，主管機關或檢查機構於接獲勞工申訴事業單位違反本法及其他勞工法令規定後，應爲必要之調查，並於幾日內將處理情形，以書面通知勞工？　① 14　② 20　③ 30　④ 60。

29.(4) 依職業安全衛生教育訓練規則規定，新僱勞工所接受之一般安全衛生教育訓練，不得少於幾小時？　① 0.5　② 1　③ 2　④ 3。

30.(3) 我國中央勞工行政主管機關爲下列何者？　①內政部　②勞工保險局　③勞動部　④經濟部。

31.(4) 對於勞動部公告列入應實施型式驗證之機械、設備或器具，下列何種情形不得免驗證？　①依其他法律規定實施驗證者　②供國防軍事用途使用者　③輸入僅供科技研發之專用機　④輸入僅供收藏使用之限量品。

32.(4) 對於墜落危險之預防措施，下列敘述何者妥適？ ①在外牆施工架等高處作業應盡量使用繫腰式安全帶 ②安全帶應確實配掛在低於足下之堅固點 ③高度 2m 以上之邊緣開口部分處應圍起警示帶 ④高度 2m 以上之開口處應設護欄或安全網。

33.(3) 下列對於感電電流流過人體的現象之敘述何者有誤？ ①痛覺 ②強烈痙攣 ③血壓降低、呼吸急促、精神亢奮 ④顏面、手腳燒傷。

34.(2) 下列何者非屬於容易發生墜落災害的作業場所？ ①施工架 ②廚房 ③屋頂 ④梯子、合梯。

35.(1) 下列何者非屬危險物儲存場所應採取之火災爆炸預防措施？ ①使用工業用電風扇 ②裝設可燃性氣體偵測裝置 ③使用防爆電氣設備 ④標示「嚴禁煙火」。

36.(3) 雇主於臨時用電設備加裝漏電斷路器，可減少下列何種災害發生？ ①墜落 ②物體倒塌；崩塌 ③感電 ④被撞。

37.(3) 雇主要求確實管制人員不得進入吊舉物下方，可避免下列何種災害發生？ ①感電 ②墜落 ③物體飛落 ④被撞。

38.(1) 職業上危害因子所引起的勞工疾病，稱為何種疾病？ ①職業疾病 ②法定傳染病 ③流行性疾病 ④遺傳性疾病。

39.(4) 事業招人承攬時，其承攬人就承攬部分負雇主之責任，原事業單位就職業災害補償部分之責任為何？ ①視職業災害原因判定是否補償 ②依工程性質決定責任 ③依承攬契約決定責任 ④仍應與承攬人負連帶責任。

40.(2) 預防職業病最根本的措施為何？ ①實施特殊健康檢查 ②實施作業環境改善 ③實施定期健康檢查 ④實施僱用前體格檢查。

41.(1) 以下為假設性情境:「在地下室作業,當通風換氣充分時,則不易發生一氧化碳中毒或缺氧危害」,請問「通風換氣充分」係此「一氧化碳中毒或缺氧危害」之何種描述? ①風險控制方法 ②發生機率 ③危害源 ④風險。

42.(1) 勞工為節省時間,在未斷電情況下清理機臺,易發生那些危害? ①捲夾感電 ②缺氧 ③墜落 ④崩塌。

43.(2) 工作場所化學性有害物進入人體最常見路徑為下列何者? ①口腔 ②呼吸道 ③皮膚 ④眼睛。

44.(3) 於營造工地潮濕場所中使用電動機具,為防止感電危害,應於該電路設置何種安全裝置? ①閉關箱 ②自動電擊防止裝置 ③高感度高速型漏電斷路器 ④高容量保險絲。

45.(3) 活線作業勞工應佩戴何種防護手套? ①棉紗手套 ②耐熱手套 ③絕緣手套 ④防振手套。

46.(4) 下列何者非屬電氣災害類型? ①電弧灼傷 ②電氣火災 ③靜電危害 ④雷電閃爍。

47.(3) 下列何者非屬電氣之絕緣材料? ①空氣 ②氟氯烷 ③漂白水 ④絕緣油。

48.(3) 下列何者非屬於工作場所作業會發生墜落災害的潛在危害因子? ①開口未設置護欄 ②未設置安全之上下設備 ③未確實戴安全帽 ④屋頂開口下方未張掛安全網。

49.(2) 在噪音防治之對策中,從下列哪一方面著手最為有效? ①偵測儀器 ②噪音源 ③傳播途徑 ④個人防護具。

50.(4) 勞工於室外高氣溫作業環境工作,可能對身體產生熱危害,以下何者為非? ①熱衰竭 ②中暑 ③熱痙攣 ④痛風。

51.(2) 勞動場所發生職業災害，災害搶救中第一要務為何？　①搶救材料減少損失　②搶救罹災勞工迅速送醫　③災害場所持續工作減少損失　④ 24 小時內通報勞動檢查機構。

52.(3) 以下何者是消除職業病發生率之源頭管理對策？　①使用個人防護具　②健康檢查　③改善作業環境　④多運動。

53.(1) 下列何者非為職業病預防之危害因子？　①遺傳性疾病　②物理性危害　③人因工程危害　④化學性危害。

54.(3) 對於染有油污之破布、紙屑等應如何處置？　①與一般廢棄物一起處置　②應分類置於回收桶內　③應蓋藏於不燃性之容器內　④無特別規定，以方便丟棄即可。

55.(3) 下列何者非屬使用合梯，應符合之規定？　①合梯應具有堅固之構造　②合梯材質不得有顯著之損傷、腐蝕等　③梯腳與地面之角度應在 80 度以上　④有安全之防滑梯面。

56.(4) 下列何者非屬勞工從事電氣工作，應符合之規定？　①使其使用電工安全帽　②穿戴絕緣防護具　③停電作業應檢電掛接地　④穿戴棉質手套絕緣。

57.(3) 為防止勞工感電，下列何者為非？　①使用防水插頭　②避免不當延長接線　③設備有接地即可免裝漏電斷路器　④電線架高或加以防護。

58.(3) 電氣設備接地之目的為何？　①防止電弧產生　②防止短路發生　③防止人員感電　④防止電阻增加。

59.(2) 不當抬舉導致肌肉骨骼傷害或肌肉疲勞之現象，可稱之為下列何者？　①感電事件　②不當動作③不安全環境　④被撞事件。

60.(3) 使用鑽孔機時，不應使用下列何護具？　①耳塞　②防塵口罩③棉紗手套　④護目鏡。

61.(1)腕道症候群常發生於下列何種作業？ ①電腦鍵盤作業 ②潛水作業 ③堆高機作業 ④第一種壓力容器作業。

62.(3)若廢機油引起火災，最不應以下列何者滅火？ ①厚棉被 ②砂土 ③水 ④乾粉滅火器。

63.(1)對於化學燒傷傷患的一般處理原則，下列何者正確？ ①立即用大量清水沖洗 ②傷患必須臥下，而且頭、胸部須高於身體其他部位 ③於燒傷處塗抹油膏、油脂或發酵粉 ④使用酸鹼中和。

64.(2)下列何者屬安全的行為？ ①不適當之支撐或防護 ②使用防護具 ③不適當之警告裝置 ④有缺陷的設備。

65.(4)下列何者非屬防止搬運事故之一般原則？ ①以機械代替人力 ②以機動車輛搬運 ③採取適當之搬運方法 ④儘量增加搬運距離。

66.(3)對於脊柱或頸部受傷患者，下列何者不是適當處理原則？ ①不輕易移動傷患 ②速請醫師 ③如無合用的器材，需2人作徒手搬運 ④向急救中心聯絡。

67.(3)防止噪音危害之治本對策為何？ ①使用耳塞、耳罩 ②實施職業安全衛生教育訓練 ③消除發生源 ④實施特殊健康檢查。

68.(1)進出電梯時應以下列何者為宜？ ①裡面的人先出，外面的人再進入 ②外面的人先進去，裡面的人才出來 ③可同時進出 ④爭先恐後無妨。

69.(1)安全帽承受巨大外力衝擊後，雖外觀良好，應採下列何種處理方式？ ①廢棄 ②繼續使用 ③送修 ④油漆保護。

70.(4)下列何者可做為電器線路過電流保護之用？ ①變壓器 ②電阻器 ③避雷器 ④熔絲斷路器。

71.(2) 因舉重而扭腰係由於身體動作不自然姿勢，動作之反彈，引起扭筋、扭腰及形成類似狀態造成職業災害，其災害類型為下列何者？　①不當狀態　②不當動作　③不當方針　④不當設備。

72.(3) 下列有關工作場所安全衛生之敘述何者有誤？　①對於勞工從事其身體或衣著有被污染之虞之特殊作業時，應備置該勞工洗眼、洗澡、漱口、更衣、洗濯等設備　②事業單位應備置足夠急救藥品及器材　③事業單位應備置足夠的零食自動販賣機　④勞工應定期接受健康檢查。

73.(2) 毒性物質進入人體的途徑，經由那個途徑影響人體健康最快且中毒效應最高？　①吸入　②食入　③皮膚接觸　④手指觸摸。

74.(3) 安全門或緊急出口平時應維持何狀態？　①門可上鎖但不可封死　②保持開門狀態以保持逃生路徑暢通　③門應關上但不可上鎖　④與一般進出門相同，視各樓層規定可開可關。

75.(3) 下列何種防護具較能消減噪音對聽力的危害？　①棉花球　②耳塞　③耳罩　④碎布球。

76.(3) 流行病學實證研究顯示，輪班、夜間及長時間工作與心肌梗塞、高血壓、睡眠障礙、憂鬱等的罹病風險之相關性一般為何？　①無相關性　②呈負相關　③呈正相關　④部分為正相關，部分為負相關。

77.(2) 勞工若面臨長期工作負荷壓力及工作疲勞累積，沒有獲得適當休息及充足睡眠，便可能影響體能及精神狀態，甚而較易促發下列何種疾病？　①皮膚癌　②腦心血管疾病　③多發性神經病變　④肺水腫。

78.(2) 「勞工腦心血管疾病發病的風險與年齡、抽菸、總膽固醇數值、家族病史、生活型態、心臟方面疾病」之相關性為何？　①無　②正　③負　④可正可負。

79.(2) 勞工常處於高溫及低溫間交替暴露的情況、或常在有明顯溫差之場所間出入，對勞工的生(心)理工作負荷之影響一般為何？
① 無　② 增加　③ 減少　④ 不一定。

80.(3)「感覺心力交瘁，感覺挫折，而且上班時都很難熬」此現象與下列何者較不相關？　① 可能已經快被工作累垮了　② 工作相關過勞程度可能嚴重　③ 工作相關過勞程度輕微　④ 可能需要尋找專業人員諮詢。

81.(3) 下列何者不屬於職場暴力？　① 肢體暴力　② 語言暴力　③ 家庭暴力　④ 性騷擾。

82.(4) 職場內部常見之身體或精神不法侵害不包含下列何者？　① 脅迫、名譽損毀、侮辱、嚴重辱罵勞工　② 強求勞工執行業務上明顯不必要或不可能之工作　③ 過度介入勞工私人事宜　④ 使勞工執行與能力、經驗相符的工作。

83.(1) 勞工服務對象若屬特殊高風險族群，如酗酒、藥癮、心理疾患或家暴者，則此勞工較易遭受下列何種危害？　① 身體或心理不法侵害　② 中樞神經系統退化　③ 聽力損失　④ 白指症。

84.(3) 下列何措施較可避免工作單調重複或負荷過重？　① 連續夜班　② 工時過長　③ 排班保有規律性　④ 經常性加班。

85.(3) 一般而言下列何者不屬對孕婦有危害之作業或場所？　① 經常搬抬物件上下階梯或梯架　② 暴露游離輻射　③ 工作區域地面平坦、未濕滑且無未固定之線路　④ 經常變換高低位之工作姿勢。

86.(3) 長時間電腦終端機作業較不易產生下列何狀況？　① 眼睛乾澀　② 頸肩部僵硬不適　③ 體溫、心跳和血壓之變化幅度比較大　④ 腕道症候群。

87.（1）減輕皮膚燒傷程度之最重要步驟爲何？　①儘速用清水沖洗　②立即刺破水泡　③立即在燒傷處塗抹油脂　④在燒傷處塗抹麵粉。

88.（3）眼內噴入化學物或其他異物，應立即使用下列何者沖洗眼睛？　①牛奶　②蘇打水　③清水　④稀釋的醋。

89.（3）石綿最可能引起下列何種疾病？　①白指症　②心臟病　③間皮細胞瘤　④巴金森氏症。

90.（2）作業場所高頻率噪音較易導致下列何種症狀？　①失眠　②聽力損失　③肺部疾病　④腕道症候群。

91.（2）下列何種患者不宜從事高溫作業？　①近視　②心臟病　③遠視　④重聽。

92.（2）廚房設置之排油煙機爲下列何者？　①整體換氣裝置　②局部排氣裝置　③吹吸型換氣裝置　④排氣煙函。

93.（3）消除靜電的有效方法爲下列何者？　①隔離　②摩擦　③接地　④絕緣。

94.（4）防塵口罩選用原則，下列敘述何者錯誤？　①捕集效率愈高愈好　②吸氣阻抗愈低愈好　③重量愈輕愈好　④視野愈小愈好。

95.（3）「勞工於職場上遭受主管或同事利用職務或地位上的優勢予以不當之對待，及遭受顧客、服務對象或其他相關人士之肢體攻擊、言語侮辱、恐嚇、威脅等霸凌或暴力事件，致發生精神或身體上的傷害」此等危害可歸類於下列何種職業危害？　①物理性　②化學性　③社會心理性　④生物性。

96.（1）有關高風險或高負荷、夜間工作之安排或防護措施，下列何者不恰當？　①若受威脅或加害時，在加害人離開前觸動警報系統，激怒加害人，使對方抓狂　②參照醫師之適性配工建議　③考量人力或性別之適任性　④獨自作業，宜考量潛在危害，如性暴力。

97.(2) 若勞工工作性質需與陌生人接觸、工作中需處理不可預期的突發事件或工作場所治安狀況較差，較容易遭遇下列何種危害？①組織內部不法侵害　②組織外部不法侵害　③多發性神經病變　④潛涵症。

98.(3) 以下何者不是發生電氣火災的主要原因？　①電器接點短路　②電氣火花　③電纜線置於地上　④漏電。

工作項目2　工作倫理與職業道德

一、單選題

1.(3) 請問下列何者「不是」個人資料保護法所定義的個人資料？①身分證號碼　②最高學歷　③綽號　④護照號碼。

2.(4) 下列何者「違反」個人資料保護法？　①公司基於人事管理之特定目的，張貼榮譽榜揭示績優員工姓名　②縣市政府提供村里長轄區內符合資格之老人名冊供發放敬老金　③網路購物公司為辦理退貨，將客戶之住家地址提供予宅配公司　④學校將應屆畢業生之住家地址提供補習班招生使用。

3.(1) 非公務機關利用個人資料進行行銷時，下列敘述何者「錯誤」？①若已取得當事人書面同意，當事人即不得拒絕利用其個人資料行銷　②於首次行銷時，應提供當事人表示拒絕行銷之方式　③當事人表示拒絕接受行銷時，應停止利用其個人資料　④倘非公務機關違反「應即停止利用其個人資料行銷」之義務，未於限期內改正者，按次處新臺幣2萬元以上20萬元以下罰鍰。

4.(4) 個人資料保護法為保護當事人權益，多少位以上的當事人提出告訴，就可以進行團體訴訟：　①5人　②10人　③15人　④20人。

5.(2) 關於個人資料保護法之敘述,下列何者「錯誤」？ ①公務機關執行法定職務必要範圍內,可以蒐集、處理或利用一般性個人資料 ②間接蒐集之個人資料,於處理或利用前,不必告知當事人個人資料來源 ③非公務機關亦應維護個人資料之正確,並主動或依當事人之請求更正或補充 ④外國學生在臺灣短期進修或留學,也受到我國個人資料保護法的保障。

6.(2) 下列關於個人資料保護法的敘述,下列敘述何者錯誤？ ①不管是否使用電腦處理的個人資料,都受個人資料保護法保護 ②公務機關依法執行公權力,不受個人資料保護法規範 ③身分證字號、婚姻、指紋都是個人資料 ④我的病歷資料雖然是由醫生所撰寫,但也屬於是我的個人資料範圍。

7.(3) 對於依照個人資料保護法應告知之事項,下列何者不在法定應告知的事項內？ ①個人資料利用之期間、地區、對象及方式 ②蒐集之目的 ③蒐集機關的負責人姓名 ④如拒絕提供或提供不正確個人資料將造成之影響。

8.(2) 請問下列何者非為個人資料保護法第 3 條所規範之當事人權利？ ①查詢或請求閱覽 ②請求刪除他人之資料 ③請求補充或更正 ④請求停止蒐集、處理或利用。

9.(4) 下列何者非安全使用電腦內的個人資料檔案的做法？ ①利用帳號與密碼登入機制來管理可以存取個資者的人 ②規範不同人員可讀取的個人資料檔案範圍 ③個人資料檔案使用完畢後立即退出應用程式,不得留置於電腦中 ④為確保重要的個人資料可即時取得,將登入密碼標示在螢幕下方。

10.(1) 下列何者行為非屬個人資料保護法所稱之國際傳輸？ ①將個人資料傳送給經濟部 ②將個人資料傳送給美國的分公司 ③將個人資料傳送給法國的人事部門 ④將個人資料傳送給日本的委託公司。

11.(1) 有關專利權的敘述，何者正確？ ①專利有規定保護年限，當某商品、技術的專利保護年限屆滿，任何人皆可運用該項專利 ②我發明了某項商品，卻被他人率先申請專利權，我仍可主張擁有這項商品的專利權 ③專利權可涵蓋、保護抽象的概念性商品 ④專利權為世界所共有，在本國申請專利之商品進軍國外，不需向他國申請專利權。

12.(4) 下列使用重製行為，何者已超出「合理使用」範圍？ ①將著作權人之作品及資訊，下載供自己使用 ②直接轉貼高普考考古題在FACEBOOK ③以分享網址的方式轉貼資訊分享於BBS ④將講師的授課內容錄音供分贈友人。

13.(1) 下列有關智慧財產權行為之敘述，何者有誤？ ①製造、販售仿冒註冊商標的商品不屬於公訴罪之範疇，但已侵害商標權之行為 ②以101大樓、美麗華百貨公司做為拍攝電影的背景，屬於合理使用的範圍 ③原作者自行創作某音樂作品後，即可宣稱擁有該作品之著作權 ④著作權是為促進文化發展為目的，所保護的財產權之一。

14.(2) 專利權又可區分為發明、新型與設計三種專利權，其中，發明專利權是否有保護期限？期限為何？ ①有，5 年 ②有，20 年 ③有，50 年 ④無期限，只要申請後就永久歸申請人所有。

15.(1) 下列有關著作權之概念，何者正確？ ①國外學者之著作，可受我國著作權法的保護 ②公務機關所函頒之公文，受我國著作權法的保護 ③著作權要待向智慧財產權申請通過後才可主張 ④以傳達事實之新聞報導，依然受著作權之保障。

16.(2) 受雇人於職務上所完成之著作，如果沒有特別以契約約定，其著作人為下列何者？ ①雇用人 ②受雇人 ③雇用公司或機關法人代表 ④由雇用人指定之自然人或法人。

17.(1) 任職於某公司的程式設計工程師，因職務所編寫之電腦程式，如果沒有特別以契約約定，則該電腦程式重製之權利歸屬下列何者？ ①公司 ②編寫程式之工程師 ③公司全體股東共有 ④公司與編寫程式之工程師共有。

18.(3) 某公司員工因執行業務，擅自以重製之方法侵害他人之著作財產權，若被害人提起告訴，下列對於處罰對象的敘述，何者正確？ ①僅處罰侵犯他人著作財產權之員工 ②僅處罰雇用該名員工的公司 ③該名員工及其雇主皆須受罰 ④員工只要在從事侵犯他人著作財產權之行為前請示雇主並獲同意，便可以不受處罰。

19.(1) 某廠商之商標在我國已經獲准註冊，請問若希望將商品行銷販賣到國外，請問是否需在當地申請註冊才能受到保護？ ①是，因為商標權註冊採取屬地保護原則 ②否，因為我國申請註冊之商標權在國外也會受到承認 ③不一定，需視我國是否與商品希望行銷販賣的國家訂有相互商標承認之協定 ④不一定，需視商品希望行銷販賣的國家是否為 WTO 會員國。

20.(1) 受雇人於職務上所完成之發明、新型或設計，其專利申請權及專利權如未特別約定屬於下列何者？ ①雇用人 ②受雇人 ③雇用人所指定之自然人或法人 ④雇用人與受雇人共有。

21.(4) 任職大發公司的郝聰明，專門從事技術研發，有關研發技術的專利申請權及專利權歸屬，下列敘述何者錯誤？ ①職務上所完成的發明，除契約另有約定外，專利申請權及專利權屬於大發公司 ②職務上所完成的發明，雖然專利申請權及專利權屬於大發公司，但是郝聰明享有姓名表示權 ③郝聰明完成非職務上的發明，應即以書面通知大發公司 ④大發公司與郝聰明之雇傭契約約定，郝聰明非職務上的發明，全部屬於公司，約定有效。

22.(3) 有關著作權的下列敘述何者不正確？ ①我們到表演場所觀看表演時，不可隨便錄音或錄影 ②到攝影展上，拿相機拍攝展示的作品，分贈給朋友，是侵害著作權的行為 ③網路上供人下載的免費軟體，都不受著作權法保護，所以我可以燒成大補帖光碟，再去賣給別人 ④高普考試題，不受著作權法保護。

23.(3) 有關著作權的下列敘述何者錯誤？ ①撰寫碩博士論文時，在合理範圍內引用他人的著作，只要註明出處，不會構成侵害著作權 ②在網路散布盜版光碟，不管有沒有營利，會構成侵害著作權 ③在網路的部落格看到一篇文章很棒，只要註明出處，就可以把文章複製在自己的部落格 ④將補習班老師的上課內容錄音檔，放到網路上拍賣，會構成侵害著作權。

24.(4) 有關商標權的下列敘述何者錯誤？ ①要取得商標權一定要申請商標註冊 ②商標註冊後可取得 10 年商標權 ③商標註冊後，3 年不使用，會被廢止商標權 ④在夜市買的仿冒品，品質不好，上網拍賣，不會構成侵權。

25.(1) 下列關於營業秘密的敘述，何者不正確？ ①受雇人於非職務上研究或開發之營業秘密，仍歸雇用人所有 ②營業秘密不得為質權及強制執行之標的 ③營業秘密所有人得授權他人使用其營業秘密 ④營業秘密得全部或部分讓與他人或與他人共有。

26.(1) 下列何者「非」屬於營業秘密？ ①具廣告性質的不動產交易底價 ②須授權取得之產品設計或開發流程圖示 ③公司內部管制的各種計畫方案 ④客戶名單。

27.(3) 營業秘密可分為「技術機密」與「商業機密」，下列何者屬於「商業機密」？ ①程式 ②設計圖 ③客戶名單 ④生產製程。

28.(1)甲公司將其新開發受營業秘密法保護之技術，授權乙公司使用，下列何者不得爲之？　①乙公司已獲授權，所以可以未經甲公司同意，再授權丙公司使用　②約定授權使用限於一定之地域、時間　③約定授權使用限於特定之內容、一定之使用方法　④要求被授權人乙公司在一定期間負有保密義務。

29.(3)甲公司嚴格保密之最新配方產品大賣，下列何者侵害甲公司之營業秘密？　①鑑定人A因司法審理而知悉配方　②甲公司授權乙公司使用其配方　③甲公司之B員工擅自將配方盜賣給乙公司　④甲公司與乙公司協議共有配方。

30.(3)故意侵害他人之營業秘密，法院因被害人之請求，最高得酌定損害額幾倍之賠償？　①1倍　②2倍　③3倍　④4倍。

31.(4)受雇者因承辦業務而知悉營業秘密，在離職後對於該營業秘密的處理方式，下列敘述何者正確？　①聘雇關係解除後便不再負有保障營業秘密之責　②僅能自用而不得販售獲取利益　③自離職日起3年後便不再負有保障營業秘密之責　④離職後仍不得洩漏該營業秘密。

32.(3)按照現行法律規定，侵害他人營業秘密，其法律責任爲：　①僅需負刑事責任　②僅需負民事損害賠償責任　③刑事責任與民事損害賠償責任皆須負擔　④刑事責任與民事損害賠償責任皆不須負擔。

33.(3)企業內部之營業秘密，可以概分爲「商業性營業秘密」及「技術性營業秘密」二大類型，請問下列何者屬於「技術性營業秘密」？　①人事管理　②經銷據點　③產品配方　④客戶名單。

34.(3) 某離職同事請求在職員工將離職前所製作之某份文件傳送給他，請問下列回應方式何者正確？ ①由於該項文件係由該離職員工製作，因此可以傳送文件 ②若其目的僅為保留檔案備份，便可以傳送文件 ③可能構成對於營業秘密之侵害，應予拒絕並請他直接向公司提出請求 ④視彼此交情決定是否傳送文件。

35.(1) 行為人以竊取等不正當方法取得營業秘密，下列敘述何者正確？ ①已構成犯罪 ②只要後續沒有洩漏便不構成犯罪 ③只要後續沒有出現使用之行為便不構成犯罪 ④只要後續沒有造成所有人之損害便不構成犯罪。

36.(3) 針對在我國境內竊取營業秘密後，意圖在外國、中國大陸或港澳地區使用者，營業秘密法是否可以適用？ ①無法適用 ②可以適用，但若屬未遂犯則不罰 ③可以適用並加重其刑 ④能否適用需視該國家或地區與我國是否簽訂相互保護營業秘密之條約或協定。

37.(4) 所謂營業秘密，係指方法、技術、製程、配方、程式、設計或其他可用於生產、銷售或經營之資訊，但其保障所需符合的要件不包括下列何者？ ①因其秘密性而具有實際之經濟價值者 ②所有人已採取合理之保密措施者 ③因其秘密性而具有潛在之經濟價值者 ④一般涉及該類資訊之人所知者。

38.(1) 因故意或過失而不法侵害他人之營業秘密者，負損害賠償責任該損害賠償之請求權，自請求權人知有行為及賠償義務人時起，幾年間不行使就會消滅？ ①2 年 ②5 年 ③7 年 ④10 年。

39.(1) 公務機關首長要求人事單位聘僱自己的弟弟擔任工友，違反何
種法令？ ①公職人員利益衝突迴避法 ②刑法 ③貪污治罪
條例 ④未違反法令。

40.(4) 依新修公布之公職人員利益衝突迴避法(以下簡稱本法)規定，
公職人員甲與其關係人下列何種行為不違反本法？①甲要求受
其監督之機關聘用兒子乙 ②配偶乙以請託關說之方式，請求
甲之服務機關通過其名下農地變更使用申請案 ③甲承辦案件
時，明知有利益衝突之情事，但因自認為人公正，故不自行迴
避 ④關係人丁經政府採購法公告程序取得甲服務機關之年度
採購標案。

41.(1) 公司負責人為了要節省開銷，將員工薪資以高報低來投保全民
健保及勞保，是觸犯了刑法上之何種罪刑？ ①詐欺罪 ②侵
占罪 ③背信罪 ④工商秘密罪。

42.(2) A受僱於公司擔任會計，因自己的財務陷入危機，多次將公司
帳款轉入妻兒戶頭，是觸犯 刑法上之何種罪刑？ ①洩漏工
商秘密罪 ②侵占罪 ③詐欺罪 ④偽造文書罪。

43.(3) 某甲於公司擔任業務經理時，未依規定經董事會同意，私自與
自己親友之公司訂定生意合約，會觸犯下列何種罪刑？ ①侵
占罪 ②貪污罪 ③背信罪 ④詐欺罪。

44.(1) 如果你擔任公司採購的職務，親朋好友們會向你推銷自家的產
品，希望你要採購時，你應該 ①適時地婉拒，說明利益需要
迴避的考量，請他們見諒 ②既然是親朋好友，就應該互相幫
忙 ③建議親朋好友將產品折扣，折扣部分歸於自己，就會採
購 ④可以暗中地幫忙親朋好友，進行採購，不要被發現有親
友關係便可。

45.(3) 小美是公司的業務經理,有一天巧遇國中同班的死黨小林,發現他是公司的下游廠商老闆。最近小美處理一件公司的招標案件,小林的公司也在其中,私下約小美見面,請求她提供這次招標案的底標,並馬上要給予幾十萬元的前謝金,請問小美該怎麼辦? ①退回錢,並告訴小林都是老朋友,一定會全力幫忙 ②收下錢,將錢拿出來給單位同事們分紅 ③應該堅決拒絕,並避免每次見面都與小林談論相關業務問題 ④朋友一場,給他一個比較接近底標的金額,反正又不是正確的,所以沒關係。

46.(3) 公司發給每人一台平板電腦提供業務上使用,但是發現根本很少再使用,爲了讓它有效的利用,所以將它拿回家給親人使用,這樣的行爲是 ①可以的,這樣就不用花錢買 ②可以的,因爲,反正如果放在那裡不用它,是浪費資源的 ③不可以的,因爲這是公司的財產,不能私用 ④不可以的,因爲使用年限未到,如果年限到報廢了,便可以拿回家。

47.(3) 公司的車子,假日又沒人使用,你是鑰匙保管者,請問假日可以開出去嗎? ①可以,只要付費加油即可 ②可以,反正假日不影響公務 ③不可以,因爲是公司的,並非私人擁有 ④不可以,應該是讓公司想要使用的員工,輪流使用才可。

48.(4) 阿哲是財經線的新聞記者,某次採訪中得知A公司在一個月內將有一個大的併購案,這個併購案顯示公司的財力,且能讓A公司股價往上飆升。請問阿哲得知此消息後,可以立刻購買該公司的股票嗎? ①可以,有錢大家賺 ②可以,這是我努力獲得的消息 ③可以,不賺白不賺 ④不可以,屬於內線消息,必須保持記者之操守,不得洩漏。

49.（4）與公務機關接洽業務時，下列敘述何者「正確」？ ①沒有要求公務員違背職務，花錢疏通而已，並不違法 ②唆使公務機關承辦採購人員配合浮報價額，僅屬偽造文書行為 ③口頭允諾行賄金額但還沒送錢，尚不構成犯罪 ④與公務員同謀之共犯，即便不具公務員身分，仍會依據貪污治罪條例處刑。

50.（3）公司總務部門員工因辦理政府採購案，而與公務機關人員有互動時，下列敘述何者「正確」？ ①對於機關承辦人，經常給予不超過新台幣 5 佰元以下的好處，無論有無對價關係，對方收受皆符合廉政倫理規範 ②招待驗收人員至餐廳用餐，是慣例屬社交禮貌行為 ③因民俗節慶公開舉辦之活動，機關公務員在簽准後可受邀參與 ④以借貸名義，餽贈財物予公務員，即可規避刑事追究。

51.（1）與公務機關有業務往來構成職務利害關係者，下列敘述何者「正確」？ ①將餽贈之財物請公務員父母代轉，該公務員亦已違反規定 ②與公務機關承辦人飲宴應酬為增進基本關係的必要方法 ③高級茶葉低價售予有利害關係之承辦公務員，有價購行為就不算違反法規 ④機關公務員藉子女婚宴廣邀業務往來廠商之行為，並無不妥。

52.（4）貪污治罪條例所稱之「賄賂或不正利益」與公務員廉政倫理規範所稱之「餽贈財物」，其最大差異在於下列何者之有無？ ①利害關係 ②補助關係 ③隸屬關係 ④對價關係。

53.（4）廠商某甲承攬公共工程，工程進行期間，甲與其工程人員經常招待該公共工程委辦機關之監工及驗收之公務員喝花酒或招待出國旅遊，下列敘述何者為對？ ①公務員若沒有收現金，就沒有罪 ②只要工程沒有問題，某甲與監工及驗收等相關公務員就沒有犯罪 ③因為不是送錢，所以都沒有犯罪 ④某甲與相關公務員均已涉嫌觸犯貪污治罪條例。

54.(1) 行(受)賄罪成立要素之一為具有對價關係，而作為公務員職務之對價有「賄賂」或「不正利益」，下列何者「不」屬於「賄賂」或「不正利益」？ ①開工邀請公務員觀禮 ②送百貨公司大額禮券 ③免除債務 ④招待吃米其林等級之高檔大餐。

55.(1) 下列關於政府採購人員之敘述，何者為正確？ ①非主動向廠商求取，偶發地收取廠商致贈價值在新臺幣 500 元以下之廣告物、促銷品、紀念品 ②要求廠商提供與採購無關之額外服務 ③利用職務關係向廠商借貸 ④利用職務關係媒介親友至廠商處所任職。

56.(4) 下列有關貪腐的敘述何者錯誤？ ①貪腐會危害永續發展和法治 ②貪腐會破壞民主體制及價值觀 ③貪腐會破壞倫理道德與正義 ④貪腐有助降低企業的經營成本。

57.(3) 下列有關促進參與預防和打擊貪腐的敘述何者錯誤？ ①提高政府決策透明度 ②廉政機構應受理匿名檢舉 ③儘量不讓公民團體、非政府組織與社區組織有參與的機會 ④向社會大眾及學生宣導貪腐「零容忍」觀念。

58.(4) 下列何者不是設置反貪腐專責機構須具備的必要條件？ ①賦予該機構必要的獨立性 ②使該機構的工作人員行使職權不會受到不當干預 ③提供該機構必要的資源、專職工作人員及必要培訓 ④賦予該機構的工作人員有權力可隨時逮捕貪污嫌疑人。

59.(2) 為建立良好之公司治理制度，公司內部宜納入何種檢舉人制度？ ①告訴乃論制度 ②吹哨者(whistleblower)管道及保護制度 ③不告不理制度 ④非告訴乃論制度。

60.(2) 檢舉人向有偵查權機關或政風機構檢舉貪污瀆職，必須於何時為之始可能給與獎金？ ①犯罪未起訴前 ②犯罪未發覺前 ③犯罪未遂前 ④預備犯罪前。

61.(4) 公司訂定誠信經營守則時，不包括下列何者？ ①禁止不誠信行為 ②禁止行賄及收賄 ③禁止提供不法政治獻金 ④禁止適當慈善捐助或贊助。

62.(3) 檢舉人應以何種方式檢舉貪污瀆職始能核給獎金？ ①匿名 ②委託他人檢舉 ③以真實姓名檢舉 ④以他人名義檢舉。

63.(4) 我國制定何法以保護刑事案件之證人，使其勇於出面作證，俾利犯罪之偵查、審判？ ①貪污治罪條例 ②刑事訴訟法 ③行政程序法 ④證人保護法。

64.(1) 下列何者「非」屬公司對於企業社會責任實踐之原則？ ①加強個人資料揭露 ②維護社會公益 ③發展永續環境 ④落實公司治理。

65.(1) 下列何者「不」屬於職業素養的範疇？ ①獲利能力 ②正確的職業價值觀 ③職業知識技能 ④良好的職業行為習慣。

66.(4) 下列行為何者「不」屬於敬業精神的表現？ ①遵守時間約定 ②遵守法律規定 ③保守顧客隱私 ④隱匿公司產品瑕疵訊息。

67.(4) 下列何者符合專業人員的職業道德？ ①未經雇主同意，於上班時間從事私人事務 ②利用雇主的機具設備私自接單生產 ③未經顧客同意，任意散佈或利用顧客資料 ④盡力維護雇主及客戶的權益。

68.(4) 身為公司員工必須維護公司利益，下列何者是正確的工作態度或行為？ ①將公司逾期的產品更改標籤 ②施工時以省時、省料為獲利首要考量，不顧品質 ③服務時首先考慮公司的利益，然後再考量顧客權益 ④工作時謹守本分，以積極態度解決問題。

69.(3) 身為專業技術工作人士，應以何種認知及態度服務客戶？ ①若客戶不瞭解，就儘量減少成本支出，抬高報價 ②遇到維修問題，儘量拖過保固期 ③主動告知可能碰到問題及預防方法 ④隨著個人心情來提供服務的內容及品質。

70.(2) 因為工作本身需要高度專業技術及知識，所以在對客戶服務時應 ①不用理會顧客的意見 ②保持親切、真誠、客戶至上的態度 ③若價錢較低，就敷衍了事 ④以專業機密為由，不用對客戶說明及解釋。

71.(2) 從事專業性工作，在與客戶約定時間應 ①保持彈性，任意調整 ②儘可能準時，依約定時間完成工作 ③能拖就拖，能改就改 ④自己方便就好，不必理會客戶的要求。

72.(1) 從事專業性工作，在服務顧客時應有的態度是 ①選擇最安全、經濟及有效的方法完成工作 ②選擇工時較長、獲利較多的方法服務客戶 ③為了降低成本，可以降低安全標準 ④不必顧及雇主和顧客的立場。

73.(1) 當發現公司的產品可能會對顧客身體產生危害時，正確的作法或行動應是 ①立即向主管或有關單位報告 ②若無其事，置之不理 ③儘量隱瞞事實，協助掩飾問題 ④透過管道告知媒體或競爭對手。

74.(4) 以下哪一項員工的作為符合敬業精神？ ①利用正常工作時間從事私人事務 ②運用雇主的資源，從事個人工作 ③未經雇主同意擅離工作崗位 ④謹守職場紀律及禮節，尊重客戶隱私。

75.(2) 如果發現有同事，利用公司的財產做私人的事，我們應該要 ①未經查證或勸阻立即向主管報告 ②應該立即勸阻，告知他這是不對的行為 ③不關我的事，我只要管好自己便可以 ④應該告訴其他同事，讓大家來共同糾正與斥責他。

76.(2) 小禎離開異鄉就業，來到小明的公司上班，小明是當地的人，他應該： ①不關他的事，自己管好就好 ②多關心小禎的生活適應情況，如有困難加以協助 ③小禎非當地人，應該不容易相處，不要有太多接觸 ④小禎是同單位的人，是個競爭對手，應該多加防範。

77.(3) 小張獲選為小孩學校的家長會長，這個月要召開會議，沒時間準備資料，所以，利用上班期間有空檔，非休息時間來完成，請問是否可以： ①可以，因為不耽誤他的工作 ②可以，因為他能力好，能夠同時完成很多事 ③不可以，因為這是私事，不可以利用上班時間完成 ④可以，只要不要被發現。

78.(2) 小吳是公司的專用司機，為了能夠隨時用車，經過公司同意，每晚都將公司的車開回家，然而，他發現反正每天上班路線，都要經過女兒學校，就順便載女兒上學，請問可以嗎？ ①可以，反正順路 ②不可以，這是公司的車不能私用 ③可以，只要不被公司發現即可 ④可以，要資源須有效使用。

79.(2) 如果公司受到不當與不正確的毀謗與指控，你應該是： ①加入毀謗行列，將公司內部的事情，都說出來告訴大家 ②相信公司，幫助公司對抗這些不實的指控 ③向媒體爆料，更多不實的內容 ④不關我的事，只要能夠領到薪水就好。

80.(3) 筱珮要離職了，公司主管交代，她要做業務上的交接，她該怎麼辦？ ①不用理它，反正都要離開公司了 ②把以前的業務資料都刪除或設密碼，讓別人都打不開 ③應該將承辦業務整理歸檔清楚，並且留下聯絡的方式，未來有問題可以詢問她 ④盡量交接，如果離職日一到，就不關他的事。

81.(4)彥江是職場上的新鮮人,剛進公司不久,他應該具備怎樣的態度 ①上班、下班,管好自己便可 ②仔細觀察公司生態,加入某些小團體,以做為後盾 ③只要做好人脈關係,這樣以後就好辦事 ④努力做好自己職掌的業務,樂於工作,與同事之間有良好的互動,相互協助。

82.(4)在公司內部行使商務禮儀的過程,主要以參與者在公司中的何種條件來訂定順序 ①年齡 ②性別 ③社會地位 ④職位。

83.(1)一位職場新鮮人剛進公司時,良好的工作態度是 ①多觀察、多學習,了解企業文化和價值觀 ②多打聽哪一個部門比較輕鬆,升遷機會較多 ③多探聽哪一個公司在找人,隨時準備跳槽走人 ④多遊走各部門認識同事,建立自己的小圈圈。

84.(1)乘坐轎車時,如有司機駕駛,按照乘車禮儀,以司機的方位來看,首位應為 ①後排右側 ②前座右側 ③後排左側 ④後排中間。

85.(4)根據性別工作平等法,下列何者非屬職場性騷擾? ①公司員工執行職務時,客戶對其講黃色笑話,該員工感覺被冒犯 ②雇主對求職者要求交往,作為雇用與否之交換條件 ③公司員工執行職務時,遭到同事以「女人就是沒大腦」性別歧視用語加以辱罵,該員工感覺其人格尊嚴受損 ④公司員工下班後搭乘捷運,在捷運上遭到其他乘客偷拍。

86.(4)根據性別工作平等法,下列何者非屬職場性別歧視? ①雇主考量男性賺錢養家之社會期待,提供男性高於女性之薪資 ②雇主考量女性以家庭為重之社會期待,裁員時優先資遣女性 ③雇主事先與員工約定倘其有懷孕之情事,必須離職 ④有未滿2歲子女之男性員工,也可申請每日六十分鐘的哺乳時間。

87.(3) 根據性別工作平等法,有關雇主防治性騷擾之責任與罰則,下列何者錯誤? ①僱用受僱者 30 人以上者,應訂定性騷擾防治措施、申訴及懲戒辦法 ②雇主知悉性騷擾發生時,應採取立即有效之糾正及補救措施 ③雇主違反應訂定性騷擾防治措施之規定時,處以罰鍰即可,不用公布其姓名 ④雇主違反應訂定性騷擾申訴管道者,應限期令其改善,屆期未改善者,應按次處罰。

88.(1) 根據性騷擾防治法,有關性騷擾之責任與罰則,下列何者錯誤? ①對他人為性騷擾者,如果沒有造成他人財產上之損失,就無需負擔金錢賠償之責任 ②對於因教育、訓練、醫療、公務、業務、求職,受自己監督、照護之人,利用權勢或機會為性騷擾者,得加重科處罰鍰至二分之一 ③意圖性騷擾,乘人不及抗拒而為親吻、擁抱或觸摸其臀部、胸部或其他身體隱私處之行為者,處 2 年以下有期徒刑、拘役或科或併科 10 萬元以下罰金 ④對他人為性騷擾者,由直轄市、縣(市)主管機關處 1 萬元以上 10 萬元以下罰鍰。

89.(1) 根據消除對婦女一切形式歧視公約(CEDAW),下列何者正確? ①對婦女的歧視指基於性別而作的任何區別、排斥或限制 ②只關心女性在政治方面的人權和基本自由 ③未要求政府需消除個人或企業對女性的歧視 ④傳統習俗應予保護及傳承,即使含有歧視女性的部分,也不可以改變。

90.(2) 學校駐衛警察之遴選規定以服畢兵役作為遴選條件之一,根據消除對婦女一切形式歧視公約(CEDAW),下列何者錯誤? ①服畢兵役者仍以男性為主,此條件已排除多數女性被遴選的機會,屬性別歧視 ②此遴選條件雖明定限男性,但實務上不屬性別歧視 ③駐衛警察之遴選應以從事該工作所需的能力或資格作為條件 ④已違反 CEDAW 第 1 條對婦女的歧視。

91.(1) 某規範明定地政機關進用女性測量助理名額，不得超過該機關測量助理名額總數二分之一，根據消除對婦女一切形式歧視公約(CEDAW)，下列何者正確？ ①限制女性測量助理人數比例，屬於直接歧視 ②土地測量經常在戶外工作，基於保護女性所作的限制，不屬性別歧視 ③此項二分之一規定是爲促進男女比例平衡 ④此限制是爲確保機關業務順暢推動，並未歧視女性。

92.(4) 根據消除對婦女一切形式歧視公約(CEDAW)之間接歧視意涵，下列何者錯誤？ ①一項法律、政策、方案或措施表面上對男性和女性無任何歧視，但實際上卻產生歧視女性的效果 ②察覺間接歧視的一個方法，是善加利用性別統計與性別分析 ③如果未正視歧視之結構和歷史模式，及忽略男女權力關係之不平等，可能使現有不平等狀況更爲惡化 ④不論在任何情況下，只要以相同方式對待男性和女性，就能避免間接歧視之產生。

93.(3) 關於菸品對人體的危害的敘述，下列何者「正確」？ ①只要開電風扇、或是空調就可以去除二手菸 ②抽雪茄比抽紙菸危害還要小 ③吸菸者比不吸菸者容易得肺癌 ④只要不將菸吸入肺部，就不會對身體造成傷害。

94.(4) 下列何者「不是」菸害防制法之立法目的？ ①防制菸害 ②保護未成年免於菸害 ③保護孕婦免於菸害 ④促進菸品的使用。

95.(3) 有關菸害防制法規範，「不可販賣菸品」給幾歲以下的人？ ① 20 ② 19 ③ 18 ④ 17。

96.(1)按菸害防制法規定，對於在禁菸場所吸菸會被罰多少錢？　①新臺幣 2 千元至 1 萬元罰鍰　②新臺幣 1 千元至 5 千罰鍰　③新臺幣 1 萬元至 5 萬元罰鍰　④新臺幣 2 萬元至 10 萬元罰鍰。

97.(1)按菸害防制法規定，下列敘述何者錯誤？　①只有老闆、店員才可以出面勸阻在禁菸場所抽菸的人　②任何人都可以出面勸阻在禁菸場所抽菸的人　③餐廳、旅館設置室內吸菸室，需經專業技師簽證核可　④加油站屬易燃易爆場所，任何人都要勸阻在禁菸場所抽菸的人。

98.(3)按菸害防制法規定，對於主管每天在辦公室內吸菸，應如何處理？　①未違反菸害防制法　②因為是主管，所以只好忍耐　③撥打菸害申訴專線檢舉(0800-531-531)　④開空氣清淨機，睜一隻眼閉一睜眼。

99.(4)對電子煙的敘述，何者錯誤？　①含有尼古丁會成癮　②會有爆炸危險　③含有毒致癌物質　④可以幫助戒菸。

100.(4)下列何者是錯誤的「戒菸」方式？　①撥打戒菸專線 0800-63-63-63　②求助醫療院所、社區藥局專業戒菸　③參加醫院或衛生所所辦理的戒菸班　④自己購買電子煙來戒菸。

工作項目 3　環境保護

一、單選題

1.(1)世界環境日是在每一年的　①6 月 5 日　②4 月 10 日　③3 月 8 日　④11 月 12 日。

2.(3)2015 年巴黎協議之目的為何？　①避免臭氧層破壞　②減少持久性污染物排放　③遏阻全球暖化趨勢　④生物多樣性保育。

3.(3)下列何者為環境保護的正確作為？　①多吃肉少蔬食　②自己開車不共乘　③鐵馬步行　④不隨手關燈。

4.(2) 下列何種行為對生態環境會造成較大的衝擊？ ①植種原生樹木 ②引進外來物種 ③設立國家公園 ④設立自然保護區。

5.(2) 下列哪一種飲食習慣能減碳抗暖化？ ①多吃速食 ②多吃天然蔬果 ③多吃牛肉 ④多選擇吃到飽的餐館。

6.(3) 小明隨地亂丟垃圾，遇依廢棄物清理法執行稽查人員要求提示身分證明，如小明無故拒絕提供，將受何處分？ ①勸導改善 ②移送警察局 ③處新臺幣6百元以上3千元以下罰鍰 ④接受環境講習。

7.(1) 小狗在道路或其他公共場所便溺時，應由何人負責清除？ ①主人 ②清潔隊 ③警察 ④土地所有權人。

8.(3) 四公尺以內之公共巷、弄路面及水溝之廢棄物，應由何人負責清除？ ①里辦公處 ②清潔隊 ③相對戶或相鄰戶分別各半清除 ④環保志工。

9.(1) 外食自備餐具是落實綠色消費的哪一項表現？ ①重複使用 ②回收再生 ③環保選購 ④降低成本。

10.(2) 再生能源一般是指可永續利用之能源，主要包括哪些：A.化石燃料 B.風力 C.太陽能 D.水力？ ① ACD ② BCD ③ ABD ④ ABCD。

11.(3) 何謂水足跡，下列何者是正確的？ ①水利用的途徑 ②每人用水量紀錄 ③消費者所購買的商品，在生產過程中消耗的用水量 ④水循環的過程。

12.(4) 依環境基本法第3條規定，基於國家長期利益，經濟、科技及社會發展均應兼顧環境保護。但如果經濟、科技及社會發展對環境有嚴重不良影響或有危害時，應以何者優先？ ①經濟 ②科技 ③社會 ④環境。

13.(4) 為了保護環境，政府提出了 4 個 R 的口號，下列何者不是 4R 中的其中一項？ ①減少使用 ②再利用 ③再循環 ④再創新。

14.(2) 逛夜市時常有攤位在販賣滅蟑藥，下列何者正確？ ①滅蟑藥是藥，中央主管機關為衛生福利部 ②滅蟑藥是環境衛生用藥，中央主管機關是環境保護署 ③只要批貨，人人皆可販賣滅蟑藥，不須領得許可執照 ④滅蟑藥之包裝上不用標示有效期限。

15.(1) 森林面積的減少甚至消失可能導致哪些影響：A.水資源減少 B.減緩全球暖化 C.加劇全球暖化 D.降低生物多樣性？ ① ACD ② BCD ③ ABD ④ ABCD。

16.(3) 塑膠為海洋生態的殺手，所以環保署推動「無塑海洋」政策，下列何項不是減少塑膠危害海洋生態的重要措施？ ①擴大禁止免費供應塑膠袋 ②禁止製造、進口及販售含塑膠柔珠的清潔用品 ③定期進行海水水質監測 ④淨灘、淨海。

17.(2) 違反環境保護法律或自治條例之行政法上義務，經處分機關處停工、停業處分或處新臺幣五千元以上罰鍰者，應接受下列何種講習？ ①道路交通安全講習 ②環境講習 ③衛生講習 ④消防講習。

18.(2) 綠色設計主要為節能、生態與下列何者？ ①生產成本低廉的產品 ②表示健康的、安全的商品 ③售價低廉易購買的商品 ④包裝紙一定要用綠色系統者。

19.(1) 下列何者為環保標章？

① ② ③ ④ 。

20.(2)「聖嬰現象」是指哪一區域的溫度異常升高？　①西太平洋表層海水　②東太平洋表層海水　③西印度洋表層海水　④東印度洋表層海水。

21.(1)「酸雨」定義為雨水酸鹼值達多少以下時稱之？　① 5.0　② 6.0　③ 7.0　④ 8.0。

22.(2)一般而言，水中溶氧量隨水溫之上升而呈下列那一種趨勢？①增加　②減少　③不變　④不一定。

23.(4)二手菸中包含多種危害人體的化學物質，甚至多種物質有致癌性，會危害到下列何者的健康？　①只對 12 歲以下孩童有影響　②只對孕婦比較有影響　③只有 65 歲以上之民眾有影響　④全民皆有影響。

24.(2)二氧化碳和其他溫室氣體含量增加是造成全球暖化的主因之一，下列何種飲食方式也能降低碳排放量，對環境保護做出貢獻：A.少吃肉，多吃蔬菜；B.玉米產量減少時，購買玉米罐頭食用；C.選擇當地食材；D.使用免洗餐具，減少清洗用水與清潔劑？　① AB　② AC　③ AD　④ ACD。

25.(1)上下班的交通方式有很多種，其中包括：A.騎腳踏車；B.搭乘大眾交通工具；C自行開車，請將前述幾種交通方式之單位排碳量由少至多之排列方式為何？　① ABC　② ACB　③ BAC　④ CBA。

26.(3)下列何者「不是」室內空氣污染源？　①建材　②辦公室事務機　③廢紙回收箱　④油漆及塗料。

27.(4)下列何者不是自來水消毒採用的方式？　①加入臭氧　②加入氯氣　③紫外線消毒　④加入二氧化碳。

28.（4）下列何者不是造成全球暖化的元凶？　①汽機車排放的廢氣　②工廠所排放的廢氣　③火力發電廠所排放的廢氣　④種植樹木。

29.（2）下列何者不是造成臺灣水資源減少的主要因素？　①超抽地下水　②雨水酸化　③水庫淤積　④濫用水資源。

30.（4）下列何者不是溫室效應所產生的現象？　①氣溫升高而使海平面上升　②北極熊棲地減少　③造成全球氣候變遷，導致不正常暴雨、乾旱現象　④造成臭氧層產生破洞。

31.（4）下列何者是室內空氣污染物之來源：A.使用殺蟲劑；B.使用雷射印表機；C.在室內抽煙；D.戶外的污染物飄進室內？　①ABC　②BCD　③ACD　④ABCD。

32.（1）下列何者是海洋受污染的現象？　①形成紅潮　②形成黑潮　③溫室效應　④臭氧層破洞。

33.（2）下列何者是造成臺灣雨水酸鹼(pH)值下降的主要原因？　①國外火山噴發　②工業排放廢氣　③森林減少　④降雨量減少。

34.（2）水中生化需氧量(BOD)愈高，其所代表的意義為下列何者？　①水為硬水　②有機污染物多　③水質偏酸　④分解污染物時不需消耗太多氧。

35.（1）下列何者是酸雨對環境的影響？　①湖泊水質酸化　②增加森林生長速度　③土壤肥沃　④增加水生動物種類。

36.（2）下列何者是懸浮微粒與落塵的差異？　①採樣地區　②粒徑大小　③分布濃度　④物體顏色。

37.（1）下列何者屬地下水超抽情形？　①地下水抽水量「超越」天然補注量　②天然補注量「超越」地下水抽水量　③地下水抽水量「低於」降雨量　④地下水抽水量「低於」天然補注量。

38.(3) 下列何種行為無法減少「溫室氣體」排放？ ①騎自行車取代開車 ②多搭乘公共運輸系統 ③多吃肉少蔬菜 ④使用再生紙張。

39.(2) 下列那一項水質濃度降低會導致河川魚類大量死亡？ ①氨氮 ②溶氧 ③二氧化碳 ④生化需氧量。

40.(1) 下列何種生活小習慣的改變可減少細懸浮微粒($PM_{2.5}$)排放，共同為改善空氣品質盡一份心力？ ①少吃燒烤食物 ②使用吸塵器 ③養成運動習慣 ④每天喝500cc的水。

41.(4) 下列哪種措施不能用來降低空氣污染？ ①汽機車強制定期排氣檢測 ②汰換老舊柴油車 ③禁止露天燃燒稻草 ④汽機車加裝消音器。

42.(3) 大氣層中臭氧層有何作用？ ①保持溫度 ②對流最旺盛的區域 ③吸收紫外線 ④造成光害。

43.(1) 小李具有乙級廢水專責人員證照，某工廠希望以高價租用證照的方式合作，請問下列何者正確？ ①這是違法行為 ②互蒙其利 ③價錢合理即可 ④經環保局同意即可。

44.(2) 可藉由下列何者改善河川水質且兼具提供動植物良好棲地環境？①運動公園 ②人工溼地 ③滯洪池 ④水庫。

45.(1) 台北市周先生早晨在河濱公園散步時，發現有大面積的河面被染成紅色，岸邊還有許多死魚，此時周先生應該打電話給哪個單位通報處理？ ①環保局 ②警察局 ③衛生局 ④交通局。

46.(3) 台灣地區地形陡峭雨旱季分明，水資源開發不易常有缺水現象，目前推動生活污水經處理再生利用，可填補部分水資源，主要可供哪些用途：A.工業用水、B.景觀澆灌、C.飲用水、D.消防用水？ ①ACD ②BCD ③ABD ④ABCD。

47.（2）台灣自來水之水源主要取自　①海洋的水　②河川及水庫的水　③綠洲的水　④灌溉渠道的水。

48.（1）民眾焚香燒紙錢常會產生哪些空氣污染物增加罹癌的機率：A.苯、B.細懸浮微粒($PM_{2.5}$)、C.二氧化碳(CO_2)、D.甲烷(CH_4)？　① AB　② AC　③ BC　④ CD。

49.（1）生活中經常使用的物品，下列何者含有破壞臭氧層的化學物質？①噴霧劑　②免洗筷　③保麗龍　④寶特瓶。

50.（2）目前市面清潔劑均會強調「無磷」，是因爲含磷的清潔劑使用後，若廢水排至河川或湖泊等水域會造成甚麼影響？　①綠牡蠣　②優養化　③秘雕魚　④烏腳病。

51.（1）冰箱在廢棄回收時應特別注意哪一項物質，以避免逸散至大氣中造成臭氧層的破壞？　①冷媒　②甲醛　③汞　④苯。

52.（1）在五金行買來的強力膠中，主要有下列哪一種會對人體產生危害的化學物質？　①甲苯　②乙苯　③甲醛　④乙醛。

53.（2）在同一操作條件下，煤、天然氣、油、核能的二氧化碳排放比例之大小，由大而小爲　①油＞煤＞天然氣＞核能　②煤＞油＞天然氣＞核能　③煤＞天然氣＞油＞核能　④油＞煤＞核能＞天然氣。

54.（1）如何降低飲用水中消毒副產物三鹵甲烷？　①先將水煮沸，打開壺蓋再煮三分鐘以上　②先將水過濾，加氯消毒　③先將水煮沸，加氯消毒　④先將水過濾，打開壺蓋使其自然蒸發。

55.（4）自行煮水、包裝飲用水及包裝飲料，依生命週期評估的排碳量大小順序爲　①包裝飲用水＞自行煮水＞包裝飲料　②包裝飲料＞自行煮水＞包裝飲用水　③自行煮水＞包裝飲料＞包裝飲用水　④包裝飲料＞包裝飲用水＞自行煮水。

56.(1) 何項不是噪音的危害所造成的現象？ ①精神很集中 ②煩躁、失眠 ③緊張、焦慮 ④工作效率低落。

57.(2) 我國移動污染源空氣污染防制費的徵收機制為何？ ①依車輛里程數計費 ②隨油品銷售徵收 ③依牌照徵收 ④依照排氣量徵收。

58.(2) 室內裝潢時，若不謹慎選擇建材，將會逸散出氣狀污染物。其中會刺激皮膚、眼、鼻和呼吸道，也是致癌物質，可能為下列哪一種污染物？ ①臭氧 ②甲醛 ③氟氯碳化合物 ④二氧化碳。

59.(1) 下列哪一種氣體較易造成臭氧層被嚴重的破壞？ ①氟氯碳化物 ②二氧化硫 ③氮氧化合物 ④二氧化碳。

60.(1) 高速公路旁常見有農田違法焚燒稻草，除易產生濃煙影響行車安全外，也會產生下列何種空氣污染物對人體健康造成不良的作用？ ①懸浮微粒 ②二氧化碳(CO_2) ③臭氧(O_3) ④沼氣。

61.(2) 都市中常產生的「熱島效應」會造成何種影響？ ①增加降雨 ②空氣污染物不易擴散 ③空氣污染物易擴散 ④溫度降低。

62.(3) 廢塑膠等廢棄於環境除不易腐化外，若隨一般垃圾進入焚化廠處理，可能產生下列哪一種空氣污染物對人體有致癌疑慮？ ①臭氧 ②一氧化碳 ③戴奧辛 ④沼氣。

63.(2) 「垃圾強制分類」的主要目的為：A.減少垃圾清運量 B.回收有用資源 C.回收廚餘予以再利用 D.變賣賺錢？ ①ABCD ②ABC ③ACD ④BCD。

64.(4) 一般人生活產生之廢棄物，何者屬有害廢棄物？ ①廚餘 ②鐵鋁罐 ③廢玻璃 ④廢日光燈管。

65.（2）一般辦公室影印機的碳粉匣，應如何回收？ ①拿到便利商店回收 ②交由販賣商回收 ③交由清潔隊回收 ④交給拾荒者回收。

66.（4）下列何者不是蚊蟲會傳染的疾病 ①日本腦炎 ②瘧疾 ③登革熱 ④痢疾。

67.（4）下列何者非屬資源回收分類項目中「廢紙類」的回收物？ ①報紙 ②雜誌 ③紙袋 ④用過的衛生紙。

68.（1）下列何者對飲用瓶裝水之形容是正確的：A.飲用後之寶特瓶容器為地球增加了一個廢棄物；B.運送瓶裝水時卡車會排放空氣污染物；C.瓶裝水一定比經煮沸之自來水安全衛生？ ① AB ② BC ③ AC ④ ABC。

69.（2）下列哪一項是我們在家中常見的環境衛生用藥？ ①體香劑 ②殺蟲劑 ③洗滌劑 ④乾燥劑。

70.（1）下列哪一種是公告應回收廢棄物中的容器類：A.廢鋁箔包 B.廢紙容器 C.寶特瓶？ ① ABC ② AC ③ BC ④ C。

71.（1）下列哪些廢紙類不可以進行資源回收？ ①紙尿褲 ②包裝紙 ③雜誌 ④報紙。

72.（4）小明拿到「垃圾強制分類」的宣導海報，標語寫著「分 3 類，好 OK」，標語中的分 3 類是指家戶日常生活中產生的垃圾可以區分哪三類？ ①資源、廚餘、事業廢棄物 ②資源、一般廢棄物、事業廢棄物 ③一般廢棄物、事業廢棄物、放射性廢棄物 ④資源、廚餘、一般垃圾。

73.（3）日光燈管、水銀溫度計等，因含有哪一種重金屬，可能對清潔隊員造成傷害，應與一般垃圾分開處理？ ①鉛 ②鎘 ③汞 ④鐵。

74.(2)家裡有過期的藥品，請問這些藥品要如何處理？　①倒入馬桶沖掉　②交由藥局回收　③繼續服用　④送給相同疾病的朋友。

75.(2)台灣西部海岸曾發生的綠牡蠣事件是下列何種物質污染水體有關？　①汞　②銅　③磷　④鎘。

76.(4)在生物鏈越上端的物種其體內累積持久性有機污染物(POPs)濃度將越高，危害性也將越大，這是說明 POPs 具有下列何種特性？　①持久性　②半揮發性　③高毒性　④生物累積性。

77.(3)有關小黑蚊敘述下列何者為非？　①活動時間又以中午十二點到下午三點為活動高峰期　②小黑蚊的幼蟲以腐植質、青苔和藻類為食　③無論雄蚊或雌蚊皆會吸食哺乳類動物血液　④多存在竹林、灌木叢、雜草叢、果園等邊緣地帶等處。

78.(1)利用垃圾焚化廠處理垃圾的最主要優點為何？　①減少處理後的垃圾體積　②去除垃圾中所有毒物　③減少空氣污染　④減少處理垃圾的程序。

79.(3)利用豬隻的排泄物當燃料發電，是屬於哪一種能源？　①地熱能　②太陽能　③生質能　④核能。

80.(2)每個人日常生活皆會產生垃圾，下列何種處理垃圾的觀念與方式是不正確的？　①垃圾分類，使資源回收再利用　②所有垃圾皆掩埋處理，垃圾將會自然分解　③廚餘回收堆肥後製成肥料　④可燃性垃圾經焚化燃燒可有效減少垃圾體積。

81.(2)防治蟲害最好的方法是　①使用殺蟲劑　②清除孳生源　③網子捕捉　④拍打。

82.(2)依廢棄物清理法之規定，隨地吐檳榔汁、檳榔渣者，應接受幾小時之戒檳班講習？　①2小時　②4小時　③6小時　④8小時。

83.(1) 室內裝修業者承攬裝修工程，工程中所產生的廢棄物應該如何
　　　 處理？　①委託合法清除機構清運　②倒在偏遠山坡地　③河
　　　 岸邊掩埋　④交給清潔隊垃圾車。

84.(1) 若使用後的廢電池未經回收，直接廢棄所含重金屬物質曝露於
　　　 環境中可能產生那些影響：A.地下水污染、B.對人體產生中毒
　　　 等不良作用、C.對生物產生重金屬累積及濃縮作用、D.造成優
　　　 養化？　① ABC　② ABCD　③ ACD　④ BCD。

85.(3) 哪一種家庭廢棄物可用來作為製造肥皂的主要原料？　①食醋
　　　 ②果皮　③回鍋油　④熟廚餘。

86.(2) 家戶大型垃圾應由誰負責處理　①行政院環境保護署　②當地
　　　 政府清潔隊　③行政院　④內政部。

87.(3) 根據環保署資料顯示，世紀之毒「戴奧辛」主要透過何者方式
　　　 進入人體？　①透過觸摸　②透過呼吸　③透過飲食　④透過
　　　 雨水。

88.(2) 陳先生到機車行換機油時，發現機車行老闆將廢機油直接倒入
　　　 路旁的排水溝，請問這樣的行為是違反了　①道路交通管理處
　　　 罰條例　②廢棄物清理法　③職業安全衛生法　④水污染防治法。

89.(1) 亂丟香菸蒂，此行為已違反什麼規定？　①廢棄物清理法　②
　　　 民法　③刑法　④毒性化學物質管理法。

90.(4) 實施「垃圾費隨袋徵收」政策的好處為何：A.減少家戶垃圾費
　　　 用支出B.全民主動參與資源回收C.有效垃圾減量？　① AB
　　　 ② AC　③ BC　④ ABC。

91.(1) 臺灣地狹人稠，垃圾處理一直是不易解決的問題，下列何種是
　　　 較佳的因應對策？　①垃圾分類資源回收　②蓋焚化廠　③運
　　　 至國外處理　④向海爭地掩埋。

92.(2)臺灣嘉南沿海一帶發生的烏腳病可能為哪一種重金屬引起？
①汞 ②砷 ③鉛 ④鎘。

93.(2)遛狗不清理狗的排泄物係違反哪一法規？ ①水污染防治法
②廢棄物清理法 ③毒性化學物質管理法 ④空氣污染防制法。

94.(3)酸雨對土壤可能造成的影響，下列何者正確？ ①土壤更肥沃
②土壤液化 ③土壤中的重金屬釋出 ④土壤礦化。

95.(3)購買下列哪一種商品對環境比較友善？ ①用過即丟的商品
②一次性的產品 ③材質可以回收的商品 ④過度包裝的商品。

96.(4)醫療院所用過的棉球、紗布、針筒、針頭等感染性事業廢棄物
屬於 ①一般事業廢棄物 ②資源回收物 ③一般廢棄物 ④
有害事業廢棄物。

97.(2)下列何項法規的立法目的為預防及減輕開發行為對環境造成不
良影響，藉以達成環境保護之目的？ ①公害糾紛處理法 ②
環境影響評估法 ③環境基本法 ④環境教育法。

98.(4)下列何種開發行為若對環境有不良影響之虞者，應實施環境影
響評估：A.開發科學園區；B.新建捷運工程；C.探礦。 ①
AB ②BC ③AC ④ABC。

99.(1)主管機關審查環境影響說明書或評估書，如認為已足以判斷未
對環境有重大影響之虞，作成之審查結論可能為下列何者？
①通過環境影響評估審查 ②應繼續進行第二階段環境影響評
估 ③認定不應開發 ④補充修正資料再審。

100.(4)依環境影響評估法規定，對環境有重大影響之虞的開發行為應
繼續進行第二階段環境影響評估，下列何者不是上述對環境有
重大影響之虞或應進行第二階段環境影響評估的決定方式？
①明訂開發行為及規模 ②環評委員會審查認定 ③自願進行
④有民眾或團體抗爭。

工作項目 4　節能減碳

一、單選題

1.(3) 依能源局「指定能源用戶應遵行之節約能源規定」，下列何場所未在其管制之範圍？　①旅館　②餐廳　③住家　④美容美髮店。

2.(1) 依能源局「指定能源用戶應遵行之節約能源規定」，在正常使用條件下，公眾出入之場所其室內冷氣溫度平均值不得低於攝氏幾度？　① 26　② 25　③ 24　④ 22。

3.(2) 下列何者為節能標章？

① 　② 　③ 　④ 。

4.(4) 各產業中耗能佔比最大的產業為　①服務業　②公用事業　③農林漁牧業　④能源密集產業。

5.(1) 下列何者非節省能源的做法？　①電冰箱溫度長時間調在強冷或急冷　②影印機當 15 分鐘無人使用時，自動進入省電模式　③電視機勿背著窗戶或面對窗戶，並避免太陽直射　④汽車不行駛短程，較短程旅運應儘量搭乘公車、騎單車或步行。

6.(3) 經濟部能源局的能源效率標示分為幾個等級？　① 1　② 3　③ 5　④ 7。

7.(2) 溫室氣體排放量：指自排放源排出之各種溫室氣體量乘以各該物質溫暖化潛勢所得之合計量，以　①氧化亞氮(N_2O)　②二氧化碳(CO_2)　③甲烷(CH_4)　④六氟化硫(SF_6)　當量表示。

8.(4) 國家溫室氣體長期減量目標為中華民國 139 年溫室氣體排放量降為中華民國 94 年溫室氣體排放量百分之多少以下？　① 20　② 30　③ 40　④ 50。

9.(2) 溫室氣體減量及管理法所稱主管機關，在中央為下列何單位？①經濟部能源局　②行政院環境保護署　③國家發展委員會④衛生福利部。

10.(3) 溫室氣體減量及管理法中所稱：一單位之排放額度相當於允許排放　①一公斤　②一立方米　③一公噸　④一公擔　之二氧化碳當量。

11.(3) 下列何者不是全球暖化帶來的影響？　①洪水　②熱浪　③地震　④旱災。

12.(1) 下列何種方法無法減少二氧化碳？　①想吃多少儘量點，剩下可當廚餘回收　②選購當地、當季食材，減少運輸碳足跡　③多吃蔬菜，少吃肉　④自備杯筷，減少免洗用具垃圾量。

13.(3) 下列何者不會減少溫室氣體的排放？　①減少使用煤、石油等化石燃料　②大量植樹造林，禁止亂砍亂伐　③增高燃煤氣體排放的煙囪　④開發太陽能、水能等新能源。

14.(4) 關於綠色採購的敘述，下列何者錯誤？　①採購回收材料製造之物品　②採購的產品對環境及人類健康有最小的傷害性　③選購產品對環境傷害較少、污染程度較低者　④以精美包裝為主要首選。

15.(1) 一旦大氣中的二氧化碳含量增加，會引起哪一種後果？　①溫室效應惡化　②臭氧層破洞　③冰期來臨　④海平面下降。

16.(3) 關於建築中常用的金屬玻璃帷幕牆，下列何者敘述正確？ ①玻璃帷幕牆的使用能節省室內空調使用 ②玻璃帷幕牆適用於臺灣，讓夏天的室內產生溫暖的感覺 ③在溫度高的國家，建築使用金屬玻璃帷幕會造成日照輻射熱，產生室內「溫室效應」 ④臺灣的氣候溼熱，特別適合在大樓以金屬玻璃帷幕作為建材。

17.(4) 下列何者不是能源之類型？ ①電力 ②壓縮空氣 ③蒸汽 ④熱傳。

18.(1) 我國已制定能源管理系統標準為 ① CNS 50001 ② CNS 12681 ③ CNS 14001 ④ CNS 22000。

19.(1) 台灣電力公司所謂的離峰用電時段為何？ ① 22：30~07：30 ② 22：00~07：00 ③ 23：00~08：00 ④ 23：30~08：30。

20.(1) 基於節能減碳的目標，下列何種光源發光效率最低，不鼓勵使用？ ①白熾燈泡 ②LED燈泡 ③省電燈泡 ④螢光燈管。

21.(1) 下列哪一項的能源效率標示級數較省電？ ① 1 ② 2 ③ 3 ④ 4。

22.(4) 下列何者不是目前台灣主要的發電方式？ ①燃煤 ②燃氣 ③核能 ④地熱。

23.(2) 有關延長線及電線的使用，下列敘述何者錯誤？ ①拔下延長線插頭時，應手握插頭取下 ②使用中之延長線如有異味產生，屬正常現象不須理會 ③應避開火源，以免外覆塑膠熔解，致使用時造成短路 ④使用老舊之延長線，容易造成短路、漏電或觸電等危險情形，應立即更換。

24.(1) 有關觸電的處理方式，下列敘述何者錯誤？ ①應立刻將觸電者拉離現場 ②把電源開關關閉 ③通知救護人員 ④使用絕緣的裝備來移除電源。

25.(2) 目前電費單中，係以「度」為收費依據，請問下列何者為其單位？ ①kW ②kWh ③kJ ④kJh。

26.(4) 依據台灣電力公司三段式時間電價(尖峰、半尖峰及離峰時段)的規定，請問哪個時段電價最便宜？ ①尖峰時段 ②夏月半尖峰時段 ③非夏月半尖峰時段 ④離峰時段。

27.(2) 當電力設備遭遇電源不足或輸配電設備受限制時，導致用戶暫停或減少用電的情形，常以下列何者名稱出現？ ①停電 ②限電 ③斷電 ④配電。

28.(2) 照明控制可以達到節能與省電費的好處，下列何種方法最適合一般住宅社區兼顧節能、經濟性與實際照明需求？ ①加裝DALI 全自動控制系統 ②走廊與地下停車場選用紅外線感應控制電燈 ③全面調低照度需求 ④晚上關閉所有公共區域的照明。

29.(2) 上班性質的商辦大樓為了降低尖峰時段用電，下列何者是錯的？①使用儲冰式空調系統減少白天空調電能需求 ②白天有陽光照明，所以白天可以將照明設備全關掉 ③汰換老舊電梯馬達並使用變頻控制 ④電梯設定隔層停止控制，減少頻繁啟動。

30.(2) 為了節能與降低電費的需求，家電產品的正確選用應該如何？①選用高功率的產品效率較高 ②優先選用取得節能標章的產品 ③設備沒有壞，還是堪用，繼續用，不會增加支出 ④選用能效分級數字較高的產品，效率較高，5 級的比 1 級的電器產品更省電。

31.(3) 有效而正確的節能從選購產品開始，就一般而言，下列的因素中，何者是選購電氣設備的最優先考量項目？ ①用電量消耗電功率是多少瓦攸關電費支出，用電量小的優先 ②採購價格比較，便宜優先 ③安全第一，一定要通過安規檢驗合格 ④名人或演藝明星推薦，應該口碑較好。

32.(3) 高效率燈具如果要降低眩光的不舒服，下列何者與降低刺眼眩光影響無關？ ①光源下方加裝擴散板或擴散膜 ②燈具的遮光板 ③光源的色溫 ④採用間接照明。

33.(1) 一般而言，螢光燈的發光效率與長度有關嗎？ ①有關，越長的螢光燈管，發光效率越高 ②無關，發光效率只與燈管直徑有關 ③有關，越長的螢光燈管，發光效率越低 ④無關，發光效率只與色溫有關。

34.(4) 用電熱爐煮火鍋，採用中溫50%加熱，比用高溫100%加熱，將同一鍋水煮開，下列何者是對的？ ①中溫50%加熱比較省電 ②高溫100%加熱比較省電 ③中溫50%加熱，電流反而比較大 ④兩種方式用電量是一樣的。

35.(2) 電力公司為降低尖峰負載時段超載停電風險，將尖峰時段電價費率(每度電單價)提高，離峰時段的費率降低，引導用戶轉移部分負載至離峰時段，這種電能管理策略稱為 ①需量競價 ②時間電價 ③可停電力 ④表燈用戶彈性電價。

36.(2) 集合式住宅的地下停車場需要維持通風良好的空氣品質，又要兼顧節能效益，下列的排風扇控制方式何者是不恰當的？ ①淘汰老舊排風扇，改裝取得節能標章、適當容量高效率風扇 ②兩天一次運轉通風扇就好了 ③結合一氧化碳偵測器，自動啟動/停止控制 ④設定每天早晚二次定期啟動排風扇。

37.(2) 大樓電梯為了節能及生活便利需求，可設定部分控制功能，下列何者是錯誤或不正確的做法？ ①加感應開關，無人時自動關燈與通風扇 ②縮短每次開門/關門的時間 ③電梯設定隔樓層停靠，減少頻繁啟動 ④電梯馬達加裝變頻控制。

38.(4) 爲了節能及兼顧冰箱的保溫效果,下列何者是錯誤或不正確的做法? ①冰箱內上下層間不要塞滿,以利冷藏對流 ②食物存放位置紀錄清楚,一次拿齊食物,減少開門次數 ③冰箱門的密封壓條如果鬆弛,無法緊密關門,應儘速更新修復 ④冰箱內食物擺滿塞滿,效益最高。

39.(2) 就加熱及節能觀點來評比,電鍋剩飯持續保溫至隔天再食用,與先放冰箱冷藏,隔天用微波爐加熱,下列何者是對的? ①持續保溫較省電 ②微波爐再加熱比較省電又方便 ③兩者一樣 ④優先選電鍋保溫方式,因爲馬上就可以吃。

40.(2) 不斷電系統UPS與緊急發電機的裝置都是應付臨時性供電意外狀況,停電時,下列的陳述何者是對的? ①緊急發電機會先啓動,不斷電系統UPS是後備的 ②不斷電系統UPS先啓動,緊急發電機是後備的 ③兩者同時啓動 ④不斷電系統UPS可以撐比較久。

41.(2) 下列何者爲非再生能源? ①地熱能 ②核能 ③太陽能 ④水力能。

42.(1) 欲降低由玻璃部分侵入之熱負載,下列的改善方法何者錯誤? ①加裝深色窗簾 ②裝設百葉窗 ③換裝雙層玻璃 ④貼隔熱反射膠片 。

43.(1) 一般桶裝瓦斯(液化石油氣)主要成分爲 ①丙烷 ②甲烷 ③辛烷 ④乙炔 及丁烷。

44.(1) 在正常操作,且提供相同使用條件之情形下,下列何種暖氣設備之能源效率最高? ①冷暖氣機 ②電熱風扇 ③電熱輻射機 ④電暖爐。

45.(4) 下列何種熱水器所需能源費用最少? ①電熱水器 ②天然瓦斯熱水器 ③柴油鍋爐熱水器 ④熱泵熱水器。

46.(4) 某公司希望能進行節能減碳，爲地球盡點心力，以下何種作爲
並不恰當？　①將採購規定列入以下文字：「汰換設備時首先
考慮具有節能標章、或能源效率1級之產品」　②盤查所有能
源使用設備　③實行能源管理　④爲考慮經營成本，汰換設備
時採買最便宜的機種。

47.(2) 冷氣外洩會造成能源之消耗，下列何者最耗能？　①全開式有
氣簾　②全開式無氣簾　③自動門有氣簾　④自動門無氣簾。

48.(4) 下列何者不是潔淨能源？　①風能　②地熱　③太陽能　④頁
岩氣。

49.(2) 有關再生能源的使用限制，下列何者敘述有誤？　①風力、太
陽能屬間歇性能源，供應不穩定　②不易受天氣影響　③需較
大的土地面積　④設置成本較高。

50.(4) 全球暖化潛勢(Global Warming Potential, GWP)是衡量溫室氣
體對全球暖化的影響，下列之 GWP 哪項表現較差？　① 200
② 300　③ 400　④ 500。

51.(3) 有關台灣能源發展所面臨的挑戰，下列何者爲非？　①進口能
源依存度高，能源安全易受國際影響　②化石能源所占比例
高，溫室氣體減量壓力大　③自產能源充足，不需仰賴進口
④能源密集度較先進國家仍有改善空間。

52.(3) 若發生瓦斯外洩之情形，下列處理方法何者錯誤？　①應先關
閉瓦斯爐或熱水器等開關　②緩慢地打開門窗，讓瓦斯自然飄
散　③開啓電風扇，加強空氣流動　④在漏氣止住前，應保持
警戒，嚴禁煙火。

53.(1) 全球暖化潛勢(Global Warming Potential, GWP)是衡量溫室氣
體對全球暖化的影響，其中是以何者爲比較基準？　① CO_2
② CH_4　③ SF_6　④ N_2O。

54.(4) 有關建築之外殼節能設計，下列敘述何者錯誤？ ①開窗區域設置遮陽設備 ②大開窗面避免設置於東西日曬方位 ③做好屋頂隔熱設施 ④宜採用全面玻璃造型設計，以利自然採光。

55.(1) 下列何者燈泡發光效率最高？ ① LED 燈泡 ②省電燈泡 ③白熾燈泡 ④鹵素燈泡。

56.(4) 有關吹風機使用注意事項，下列敘述何者有誤？ ①請勿在潮濕的地方使用，以免觸電危險 ②應保持吹風機進、出風口之空氣流通，以免造成過熱 ③應避免長時間使用，使用時應保持適當的距離 ④可用來作為烘乾棉被及床單等用途。

57.(2) 下列何者是造成聖嬰現象發生的主要原因？ ①臭氧層破洞 ②溫室效應 ③霧霾 ④颱風。

58.(4) 為了避免漏電而危害生命安全，下列何者不是正確的做法？ ①做好設備金屬外殼的接地 ②有濕氣的用電場合，線路加裝漏電斷路器 ③加強定期的漏電檢查及維護 ④使用保險絲來防止漏電的危險性。

59.(1) 用電設備的線路保護用電力熔絲(保險絲)經常燒斷，造成停電的不便，下列何者不是正確的作法？ ①換大一級或大兩級規格的保險絲或斷路器就不會燒斷了 ②減少線路連接的電氣設備，降低用電量 ③重新設計線路，改較粗的導線或用兩迴路並聯 ④提高用電設備的功率因數。

60.(2) 政府為推廣節能設備而補助民眾汰換老舊設備，下列何者的節電效益最佳？ ①將桌上檯燈光源由螢光燈換為 LED 燈 ②優先淘汰 10 年以上的老舊冷氣機為能源效率標示分級中之一級冷氣機 ③汰換電風扇，改裝設能源效率標示分級為一級的冷氣機 ④因為經費有限，選擇便宜的產品比較重要。

61.(1) 依據我國現行國家標準規定，冷氣機的冷氣能力標示應以何種單位表示？　①kW　②BTU/h　③kcal/h　④RT。

62.(1) 漏電影響節電成效，並且影響用電安全，簡易的查修方法為①電氣材料行買支驗電起子，碰觸電氣設備的外殼，就可查出漏電與否　②用手碰觸就可以知道有無漏電　③用三用電表檢查　④看電費單有無紀錄。

63.(2) 使用了 10 幾年的通風換氣扇老舊又骯髒，噪音又大，維修時採取下列哪一種對策最為正確及節能？　①定期拆下來清洗油垢②不必再猶豫，10 年以上的電扇效率偏低，直接換為高效率通風扇　③直接噴沙拉脫清潔劑就可以了，省錢又方便　④高效率通風扇較貴，換同機型的廠內備用品就好了。

64.(3) 電氣設備維修時，在關掉電源後，最好停留 1 至 5 分鐘才開始檢修，其主要的理由是　①先平靜心情，做好準備才動手　②讓機器設備降溫下來再查修　③讓裡面的電容器有時間放電完畢，才安全　④法規沒有規定，這完全沒有必要。

65.(1) 電氣設備裝設於有潮濕水氣的環境時，最應該優先檢查及確認的措施是　①有無在線路上裝設漏電斷路器　②電氣設備上有無安全保險絲　③有無過載及過熱保護設備　④有無可能傾倒及生鏽。

66.(1) 為保持中央空調主機效率，每隔多久時間應請維護廠商或保養人員檢視中央空調主機？　①半年　②1年　③1.5年　④2年。

67.(1) 家庭用電最大宗來自於　①空調及照明　②電腦　③電視　④吹風機。

68.(2) 為減少日照所降低空調負載，下列何種處理方式是錯誤的？①窗戶裝設窗簾或貼隔熱紙　②將窗戶或門開啟，讓屋內外空氣自然對流　③屋頂加裝隔熱材、高反射率塗料或噴水　④於屋頂進行薄層綠化。

69.(2) 電冰箱放置處,四周應預留離牆多少公分之散熱空間,且過熱的食物,應等冷卻後才放入冰箱,以達省電效果? ①5 ②10 ③15 ④20。

70.(2) 下列何項不是照明節能改善需優先考量之因素? ①照明方式是否適當 ②燈具之外型是否美觀 ③照明之品質是否適當 ④照度是否適當。

71.(2) 醫院、飯店或宿舍之熱水系統耗能大,要設置熱水系統時,應優先選用何種熱水系統較節能? ①電能熱水系統 ②熱泵熱水系統 ③瓦斯熱水系統 ④重油熱水系統。

72.(4) 如右圖,你知道這是什麼標章嗎?
①省水標章
②環保標章
③奈米標章
④能源效率標示。

73.(3) 台灣電力公司電價表所指的夏月用電月份(電價比其他月份高)是為 ①4/1~7/31 ②5/1~8/31 ③6/1~9/30 ④7/1~10/31。

74.(1) 屋頂隔熱可有效降低空調用電,下列何項措施較不適當? ①屋頂儲水隔熱 ②屋頂綠化 ③於適當位置設置太陽能板發電同時加以隔熱 ④鋪設隔熱磚。

75.(1) 電腦機房使用時間長、耗電量大,下列何項措施對電腦機房之用電管理較不適當? ①機房設定較低之溫度 ②設置冷熱通道 ③使用較高效率之空調設備 ④使用新型高效能電腦設備。

76.(3) 下列有關省水標章的敘述何者正確？　①省水標章是環保署為推動使用節水器材，特別研定以作為消費者辨識省水產品的一種標誌　②獲得省水標章的產品並無嚴格測試，所以對消費者並無一定的保障　③省水標章能激勵廠商重視省水產品的研發與製造，進而達到推廣節水良性循環之目的　④省水標章除有用水設備外，亦可使用於冷氣或冰箱上。

77.(2) 透過淋浴習慣的改變就可以節約用水，以下的何種方式正確？①淋浴時抹肥皂，無需將蓮蓬頭暫時關上　②等待熱水前流出的冷水可以用水桶接起來再利用　③淋浴流下的水不可以刷洗浴室地板　④淋浴沖澡流下的水，可以儲蓄洗菜使用。

78.(1) 家人洗澡時，一個接一個連續洗，也是一種有效的省水方式嗎？①是，因為可以節省等熱水流出所流失的冷水　②否，這跟省水沒什麼關係，不用這麼麻煩　③否，因為等熱水時流出的水量不多　④有可能省水也可能不省水，無法定論。

79.(2) 下列何種方式有助於節省洗衣機的用水量？　①洗衣機洗滌的衣物盡量裝滿，一次洗完　②購買洗衣機時選購有省水標章的洗衣機，可有效節約用水　③無需將衣物適當分類　④洗濯衣物時盡量選擇高水位才洗的乾淨。

80.(3) 如果水龍頭流量過大，下列何種處理方式是錯誤的？　①加裝節水墊片或起波器　②加裝可自動關閉水龍頭的自動感應器　③直接換裝沒有省水標章的水龍頭　④直接調整水龍頭到適當水量。

81.(4) 洗菜水、洗碗水、洗衣水、洗澡水等等的清洗水，不可直接利用來做什麼用途？　①洗地板　②沖馬桶　③澆花　④飲用水。

82.(1) 如果馬桶有不正常的漏水問題，下列何者處理方式是錯誤的？ ①因為馬桶還能正常使用，所以不用著急，等到不能用時再報修即可 ②立刻檢查馬桶水箱零件有無鬆脫，並確認有無漏水 ③滴幾滴食用色素到水箱裡，檢查有無有色水流進馬桶，代表可能有漏水 ④通知水電行或檢修人員來檢修，徹底根絕漏水問題。

83.(3)「度」是水費的計量單位，你知道一度水的容量大約有多少？ ①2,000公升 ②3000個600cc的寶特瓶 ③1立方公尺的水量 ④3立方公尺的水量。

84.(3) 臺灣在一年中什麼時期會比較缺水(即枯水期)？ ①6月至9月 ②9月至12月 ③11月至次年4月 ④臺灣全年不缺水。

85.(4) 下列何種現象不是直接造成台灣缺水的原因？ ①降雨季節分佈不平均，有時候連續好幾個月不下雨，有時又會下起豪大雨 ②地形山高坡陡，所以雨一下很快就會流入大海 ③因為民生與工商業用水需求量都愈來愈大，所以缺水季節很容易無水可用 ④台灣地區夏天過熱，致蒸發量過大。

86.(3) 冷凍食品該如何讓它退冰，才是既「節能」又「省水」？ ①直接用水沖食物強迫退冰 ②使用微波爐解凍快速又方便 ③烹煮前盡早拿出來放置退冰 ④用熱水浸泡，每5分鐘更換一次。

87.(2) 洗碗、洗菜用何種方式可以達到清洗又省水的效果？ ①對著水龍頭直接沖洗，且要盡量將水龍頭開大才能確保洗的乾淨 ②將適量的水放在盆槽內洗濯，以減少用水 ③把碗盤、菜等浸在水盆裡，再開水龍頭拼命沖水 ④用熱水及冷水大量交叉沖洗達到最佳清洗效果。

88.(4) 解決台灣水荒(缺水)問題的無效對策是　①興建水庫、蓄洪(豐)濟枯　②全面節約用水　③水資源重複利用，海水淡化…等　④積極推動全民運動。

89.(3) 如右圖，你知道這是什麼標章嗎？　①奈米標章　②環保標章③省水標章　④節能標章。

90.(3) 澆花的時間何時較為適當，水分不易蒸發又對植物最好？　①正中午　②下午時段　③清晨或傍晚　④半夜十二點。

91.(3) 下列何種方式沒有辦法降低洗衣機之使用水量，所以不建議採用？　①使用低水位清洗　②選擇快洗行程　③兩、三件衣服也丟洗衣機洗　④選擇有自動調節水量的洗衣機，洗衣清洗前先脫水 1 次。

92.(3) 下列何種省水馬桶的使用觀念與方式是錯誤的？　①選用衛浴設備時最好能採用省水標章馬桶　②如果家裡的馬桶是傳統舊式，可以加裝二段式沖水配件　③省水馬桶因為水量較小，會有沖不乾淨的問題，所以應該多沖幾次　④因為馬桶是家裡用水的大宗，所以應該盡量採用省水馬桶來節約用水。

93.(3) 下列何種洗車方式無法節約用水？　①使用有開關的水管可以隨時控制出水　②用水桶及海綿抹布擦洗　③用水管加上噴槍強力沖洗　④利用機械自動洗車，洗車水處理循環使用。

94.(1) 下列何種現象無法看出家裡有漏水的問題？　①水龍頭打開使用時，水表的指針持續在轉動　②牆面、地面或天花板忽然出現潮濕的現象　③馬桶裡的水常在晃動，或是沒辦法止水　④水費有大幅度增加。

95.(2) 蓮篷頭出水量過大時，下列何者無法達到省水？ ①換裝有省水標章的低流量(5~10L/min)蓮篷頭 ②淋浴時水量開大，無需改變使用方法 ③洗澡時間盡量縮短，塗抹肥皂時要把蓮篷頭關起來 ④調整熱水器水量到適中位置。

96.(4) 自來水淨水步驟，何者為非？ ①混凝 ②沉澱 ③過濾 ④煮沸。

97.(1) 為了取得良好的水資源，通常在河川的哪一段興建水庫？ ①上游 ②中游 ③下游 ④下游出口。

98.(1) 台灣是屬缺水地區，每人每年實際分配到可利用水量是世界平均值的約多少？ ①六分之一 ②二分之一 ③四分之一 ④五分之一。

99.(3) 台灣年降雨量是世界平均值的 2.6 倍，卻仍屬缺水地區，原因何者為非？ ①台灣由於山坡陡峻，以及颱風豪雨雨勢急促，大部分的降雨量皆迅速流入海洋 ②降雨量在地域、季節分佈極不平均 ③水庫蓋得太少 ④台灣自來水水價過於便宜。

100.(3) 電源插座堆積灰塵可能引起電氣意外火災，維護保養時的正確做法是 ①可以先用刷子刷去積塵 ②直接用吹風機吹開灰塵就可以了 ③應先關閉電源總開關箱內控制該插座的分路開關 ④可以用金屬接點清潔劑噴在插座中去除銹蝕。

國家圖書館出版品預行編目資料

CNC 綜合切削中心機程式設計與應用/沈金旺編著.
-- 八版. -- 新北市 ： 全華圖書股份有限公司,
2022.06
　面 ；　公分
ISBN 978-626-328-240-7(平裝)

1.CST: 機械工作法　2.CST: 電腦程式設計
3.CST: 切削機

446.893029　　　　　　　　　　　　111009290

CNC 綜合切削中心機程式設計與應用

作者／沈金旺

發行人／陳本源

執行編輯／吳政翰

出版者／全華圖書股份有限公司

郵政帳號／0100836-1 號

印刷者／宏懋打字印刷股份有限公司

圖書編號／0572007

八版一刷／2022 年 07 月

定價／新台幣 550 元

ISBN／ 978-626-328-240-7(平裝)

全華圖書／www.chwa.com.tw

全華網路書店 Open Tech／www.opentech.com.tw

若您對本書有任何問題，歡迎來信指導 book@chwa.com.tw

臺北總公司(北區營業處)
地址：23671 新北市土城區忠義路 21 號
電話：(02) 2262-5666
傳真：(02) 6637-3695、6637-3696

南區營業處
地址：80769 高雄市三民區應安街 12 號
電話：(07) 381-1377
傳真：(07) 862-5562

中區營業處
地址：40256 臺中市南區樹義一巷 26 號
電話：(04) 2261-8485
傳真：(04) 3600-9806(高中職)
　　　(04) 3601-8600(大專)

歡迎加入 全華會員

● 會員獨享
會員享購書折扣、紅利積點、生日禮金、不定期優惠活動⋯等。

● 如何加入會員
掃 QRcode 或填妥讀者回函卡直接傳真(02) 2262-0900 或寄回，將由專人協助登入會員資料，待收到 E-MAIL 通知後即可成為會員。

如何購買

1. 網路購書
全華網路書店「http://www.opentech.com.tw」，加入會員購書更便利，並享有紅利積點回饋等各式優惠。

2. 實體門市
歡迎至全華門市（新北市土城區忠義路21號）或各大書局選購。

3. 來電訂購
(1) 訂購專線：(02) 2262-5666 轉 321-324
(2) 傳真專線：(02) 6637-3696
(3) 郵局劃撥（帳號：0100836-1　戶名：全華圖書股份有限公司）
※ 購書未滿 990 元者，酌收運費 80 元。

OpenTech 全華網路書店
全華網路書店 www.opentech.com.tw
E-mail: service@chwa.com.tw

※ 本會員制如有變更則以最新修訂制度為準，造成不便請見諒。

讀者回函卡

掃 QRcode 線上填寫 ▶▶▶

姓名：　　　　　　　　　　生日：西元　　　　　年　　　月　　　日　　性別：□男　□女

電話：（　　　）　　　　　　　　手機：

e-mail：　　　　　　　　　　　（必填）

註：數字零，請用 Φ 表示，數字 1 與英文 L 請另註明並書寫端正，謝謝。

通訊處：□□□□□

學歷：□高中．職　　□專科　　□大學　　□碩士　　□博士

職業：□工程師　　□教師　　□學生　　□軍．公　　□其他

學校/公司：　　　　　　　　　　　　　　科系／部門：

· 需求書類：

□A. 電子　□B. 電機　□C. 資訊　□D. 機械　□E. 汽車　□F. 工管　□G. 土木　□H. 化工
□I. 設計　□J. 商管　□K. 日文　□L. 美容　□M. 休閒　□N. 餐飲　□O. 其他

· 本次購買圖書為：　　　　　　　　　　　　　　　書號：

· 您對本書的評價：

封面設計：□非常滿意　□滿意　□尚可　□需改善，請說明
內容表達：□非常滿意　□滿意　□尚可　□需改善，請說明
版面編排：□非常滿意　□滿意　□尚可　□需改善，請說明
印刷品質：□非常滿意　□滿意　□尚可　□需改善，請說明
書籍定價：□非常滿意　□滿意　□尚可　□需改善，請說明
整體評價：請說明

· 您在何處購買本書？

□書局　　□網路書店　　□書展　　□團購　　□其他

· 您購買本書的原因？（可複選）

□個人需要　　□公司採購　　□親友推薦　　□老師指定用書　　□其他

· 您希望全華以何種方式提供出版訊息及特惠活動？

□電子報　　□DM　　□廣告（媒體名稱　　　　　　　　）

· 您是否上過全華網路書店？（www.opentech.com.tw）

□是　　□否　　您的建議

· 您希望全華出版哪些書籍？

· 您希望全華加強哪些服務？

感謝您提供寶貴意見，全華將秉持服務的熱忱，出版更多好書，以饗讀者。

填寫日期：　　／　　／

2020.09 修訂

親愛的讀者：

感謝您對全華圖書的支持與愛護，雖然我們很慎重的處理每一本書，但恐
仍有疏漏之處，若您發現本書有任何錯誤，請填寫於勘誤表內寄回，我們將於
再版時修正，您的批評與指教是我們進步的原動力，謝謝！

全華圖書　敬上

勘　誤　表

書　號		書　名	作　者
頁　數	行　數	錯誤或不當之詞句	建議修改之詞句

我有話要說：（其它之批評與建議，如封面、編排、內容、印刷品質等⋯⋯）